河（湖）长能力提升系列丛书

HE-HU SHENGTAI XITONG ZHILI

河湖生态系统治理

余学芳　编著

HE (HU) ZHANG NENGLI TISHENG XILIE CONGSHU

中国水利水电出版社
www.waterpub.com.cn
·北京·

内 容 提 要

本书为《河（湖）长能力提升系列丛书》之一，围绕河（湖）长管理河湖需要了解的基础知识，对河湖的概况、生态系统健康评价、生态系统治理模式与技术、生态系统治理案例分析和生态系统治理的经验等进行了介绍。

全书共分7章，主要内容包括：河湖生态系统的概念及构成、生态治理的发展过程、生态系统治理的内容；河湖生态建设的含义、河湖生态健康评价；河湖生态系统治理模式、治理技术；生态文明建设中的河流梯级开发；城市河湖生态系统治理案例；其他河湖生态系统治理案例；河湖生态系统治理的经验等。

本书适用于河（湖）长培训、高等学校土建和水利类各专业学习，也可供其他专业及有关工程技术人员参考。

图书在版编目（CIP）数据

河湖生态系统治理 / 余学芳编著. -- 北京 : 中国水利水电出版社, 2019.9
（河（湖）长能力提升系列丛书）
ISBN 978-7-5170-8264-4

Ⅰ. ①河… Ⅱ. ①余… Ⅲ. ①河流－生态环境－环境综合整治－研究－中国②湖泊－生态环境－环境综合整治－研究 Ⅳ. ①X520.6

中国版本图书馆CIP数据核字(2019)第277422号

书　　名	河（湖）长能力提升系列丛书 **河湖生态系统治理** HE－HU SHENGTAI XITONG ZHILI
作　　者	余学芳　编著
出版发行	中国水利水电出版社 （北京市海淀区玉渊潭南路1号D座　100038） 网址：www.waterpub.com.cn E－mail：sales@waterpub.com.cn 电话：（010）68367658（营销中心）
经　　售	北京科水图书销售中心（零售） 电话：（010）88383994、63202643、68545874 全国各地新华书店和相关出版物销售网点
排　　版	中国水利水电出版社微机排版中心
印　　刷	北京印匠彩色印刷有限公司
规　　格	184mm×260mm　16开本　17.75印张　337千字
版　　次	2019年9月第1版　2019年9月第1次印刷
印　　数	0001—6000册
定　　价	**88.00**元

《河（湖）长能力提升系列丛书》
编　委　会

丛书前言

FOREWORD

党的十八大首次提出了建设富强民主文明和谐美丽的社会主义现代化强国的目标，并将“绿水青山就是金山银山”写入党章。中共中央办公厅、国务院办公厅相继印发了《关于全面推行河长制的意见》《关于在湖泊实施湖长制的指导意见》的通知，对推进生态文明建设做出了全面战略部署，把生态文明建设纳入“五位一体”的总布局，明确了生态文明建设的目标。对此，全国各地迅速响应，广泛开展河（湖）长制相关工作。随着河（湖）长制的全面建立，河（湖）长的能力和素质就成为制约“河（湖）长治”能否长期有效的决定性因素，《河（湖）长能力提升系列丛书》的编写与出版正是在这样的环境和背景下开展的。

本丛书紧紧围绕河（湖）长六大任务，以技术简明、操作性强、语言简练、通俗易懂为原则，通过基本知识加案例的编写方式，较为系统地阐述了河（湖）长制的构架、河（湖）长职责、水生态、水污染、水环境等方面的基本知识和治理措施，介绍了河（湖）长巡河技术和方法，诠释了水文化等，可有效促进全国河（湖）长能力与素质的提升。

浙江省在“河长制”的探索和实践中积累了丰富的经验，是全国河长制建设的排头兵和领头羊，本丛书的编写团队主要由浙江省水利厅、浙江水利水电学院、浙江河长学院及基层河湖管理等单位的专家组成，团队中既有从事河（湖）长制管理的行政人员、经验丰富的河（湖）长，又有从事河（湖）长培训的专家学者、理论造诣深厚的高校教师，还有为河（湖）长提供服务的企业人员，有力地保障了这套丛书的编撰质量。

本丛书涵盖知识面广，语言深入浅出，着重介绍河（湖）长工作相关的基础知识，并辅以大量的案例，很接地气，适合我国各级河（湖）长尤其是县级及以下河（湖）长培训与自学，也可作为相关专业高等院校师生用书。

在《河（湖）长能力提升系列丛书》即将出版之际，谨向所有关心、支持和参与丛书编写与出版工作的领导、专家表示诚挚的感谢，对国家出版基金规划管理办公室给予的大力支持表示感谢，并诚恳地欢迎广大读者对书中存在的疏漏和错误给予批评指正。

华和元

2019年8月

本书前言

FOREWORD

2016年10月11日下午，中共中央总书记、国家主席、中央军委主席、中央全面深化改革领导小组组长习近平主持召开中央全面深化改革领导小组第二十八次会议，会议审议通过了《关于全面推行河长制的意见》，会议强调，保护江河湖泊，事关人民群众福祉，事关中华民族长远发展。全面推行河长制的目的是贯彻新发展理念，以保护水资源、防治水污染、改善水环境、修复水生态为主要任务，构建责任明确、协调有序、监管严格、保护有力的河湖管理保护机制，为维护河湖健康生命、实现河湖功能永续利用提供制度保障。对此，河长制的组织形式要求全面建立省、市、县、乡四级河长体系。各省（自治区、直辖市）设立总河长，由党委或政府主要负责同志担任；各省（自治区、直辖市）行政区域内主要河湖设立河长，由省级负责同志担任；各河湖所在市、县、乡均分级分段设立河长，由同级负责同志担任。县级及以上河长设置相应的河长制办公室，具体组成由各地根据实际确定。

2017年11月20日，习近平总书记主持召开十九届中央全面深化改革领导小组第一次会议，审议通过《关于在湖泊实施湖长制的指导意见》（以下简称《湖长制意见》）。《湖长制意见》中指出湖泊是江河水系的重要组成部分，是蓄洪储水的重要空间，在防洪、供水、航运、生态等方面具有不可替代的作用。长期以来，一些地方围垦湖泊、侵占水域、超标排污、违法养殖、非法采砂，造成湖泊面积萎缩、水域空间减少、水质恶化、生物栖息地破坏等问题突出，湖泊功能严重退化。在湖泊实施湖长制是贯彻党的十九大精神、加强生态文明建设的具体举措，是全面推行河长制的明确要求，是加强湖泊管理保护、改善湖泊生态环境、维护湖泊健康生命、实现湖泊功能永续利用的重要制度保障。同时，《湖长制意见》还指出要推进湖泊系统治理与自然修复，着力提升生态服务功能；开展湖泊健康状况评估，系统实施湖泊和入湖河流综合治理，有序推进湖泊自然修复；加大对生态环境良好湖泊的保护力度，开展清洁小流域建设，因地制宜推进湖泊生态岸线建设、滨湖绿化带建设和沿湖湿地公园建设，进一步提升生态功能和环境质量；加快推进生态恶化湖泊治理修复，综合采取截污控源、底泥清淤、生物净化、生态隔离等措施，加快实施退田还湖还湿、退渔还湖，恢复水系自然连通，逐步改善湖泊水质。

河（湖）长制提出了河湖治理的总体目标和基本措施，因地制宜实施“一河（湖）一策”，有针对性地确定治水方案；树立了上下游共同治理、标本兼治的联动机制；将“河（湖）长”履职的情况作为政绩考核的一项重要内容，实行“一票否决”。“河（湖）长制”的建立，为科学理性地实现和推进这些目标、措施提供了可能。

“河（湖）长制”最大限度地整合了各级政府及有关部门的执行力，弥补了早先工业污染归环保部门、河道保洁归水利部门、生活污水归城建部门的“九龙治水”的局面，形成了政府牵头、各部门行动、全民参与的治水、护水生态链。

河（湖）长制的内涵和外延、工作内容和工作流程、制度和规范等都需要进行系统研究总结梳理，通过编写教材，并进行专业培训示范实践，总结、提炼河（湖）长制的各项工作，有助于不断提高河（湖）长的履职能力，更好地推行河（湖）长制。

本书围绕河（湖）长管理河湖需要了解的基础知识，对河湖的概况、生态系统健康评价、生态系统治理模式与技术、生态系统治理案例分析和生态系统治理的经验等进行了介绍。本书中所提及的河湖包括河流、湖泊、水库和山塘（塘坝、池塘），其中水库和山塘（塘坝、池塘）可归入到湖泊。

全书共分7章，主要内容包括：河湖生态系统的概念及构成、生态治理的发展过程、生态系统治理的内容；河湖生态建设的含义、河湖生态健康评价；河湖生态系统的治理模式、治理技术；生态文明建设中的河流梯级开发；城市河湖生态系统治理案例；其他河湖生态系统治理案例；河湖生态系统治理的经验等。

本书由余学芳（浙江水利水电学院）主编，在编写过程中得到高礼洪（中国电建集团华东勘测设计研究院有限公司）、陈茹和朱浩川［上海市城市建设设计研究总院（集团）有限公司］、宗兵年和韦联平（上海同瑞环保科技有限公司）、李永建（杭州华清至美生态修复工程有限公司）、张浩（北京市水利规划设计研究院）和陈通（嘉善县水利投资有限公司）的大力支持，他们为本书提供了一些案例并解决了一些技术问题。白福青和张亦兰（浙江水利水电学院）亦提供了一些帮助，在此一并表示感谢。此外，还要感谢中国水利水电出版社编辑人员李莉、殷海军、王惠为本书编辑出版所付出的辛勤劳动。

限于作者水平和时间，书中难免存在疏漏乃至谬误之处，敬请批评指正。

作者

2019年6月于杭州

目录

CONTENTS

第1章

概　述

1.1　生态系统的概念及构成

1.1.1　生态系统的基本概念

所谓生态系统，指在自然界的一定空间内，由生物与其环境构成的统一整体，各组成要素之间依靠物种流动、能量流动、物质循环、信息传递和价值流动，而相互联系、相互制约，形成具有自我调节功能的复合体。

能量流动指生态系统中能量输入、传递、转化和散失的过程。能量流动是生态系统的重要功能，在生态系统中，生物与环境，生物与生物间的密切联系，可以通过能量流动来实现。能量流动具有单向流动、逐级递减两大特点。生态系统的能量来自太阳能，太阳能以光能的形式被生产者固定下来后，就开始了在生态系统中的传递，被生产者固定的能量仅仅是太阳能的0.8%。在生产者将太阳能固定后，能量就以化学能的形式在生态系统中传递。

能量在生态系统中的传递是不可逆的，而且逐级递减，递减率为10%～20%。能量传递的主要途径是食物链与食物网，这构成了营养关系，传递到每个营养级时，同化能量的去向为：未利用（用于今后繁殖、生长），代谢消耗（呼吸作用、排泄），被下一营养级利用（最高营养级除外）。生态系统中，生产者与消费者通过捕食、寄生等关系构成的相互联系被称作食物链；多条食物链相互交错就形成了食物网。食物链（网）是生态系统中能量传递的重要形式，其中：生产者被称为第一营养级，初级消费者被称为第二营养级，以此类推。由于能量有限，一条食物链的营养级一般不超过5个。

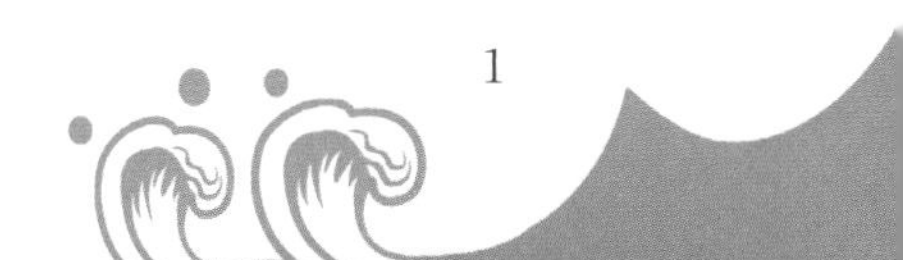

1.1.2 生态系统的构成

河湖生态系统是指河湖的生物群落与周围环境构成的统一整体，由水体（含河床、湖床）和河（湖）岸带两部分组成。

河湖生态系统的组成包括生物和非生物环境两大部分。非生物环境由能源、气候、基质和介质、物质代谢原料等因素组成，其中能源包括太阳能、水能；气候包括光照、温度、降水、风等；基质包括岩石、土壤及河床地质、地貌；介质包括水、空气；物质代谢原料包括参加物质循环的无机物质（碳、氮、磷、二氧化碳、水等）以及联系生物和非生物的有机化合物（蛋白质、脂肪、碳水化合物、腐殖质等）。生物部分则由生产者、消费者和分解者所组成。

水是生态系统不可缺少的环境要素。生态系统包括生命系统和生命支持系统。生命支持系统的第一要素是太阳能，太阳能通过绿色植物光合作用转换为生物能，并借食物链（网）流向动物和微生物；第二要素是把各个系统联系起来循环的水，水和营养物质（碳、氧、氢、磷等）通过食物链（网）不断地合成和分解，在环境与生物之间反复地进行着生物—地球—化学的循环作用。河流湖泊与数以百万计的物种共生共存，通过食物链、养分循环、能量交换、水文循环及气候系统，相互交织在一起（图1-1）。

河流作为营养物质的载体，既是陆地生态系统生命的动脉，也是水生生态系统的基本生境。首先，水是陆地生态系统植被光合作用的原料。有学者估计，陆地生态系统大约消耗了2/3的陆地降雨，总量估计达到718×10^5亿m^3，主要以蒸发蒸腾的方式加入水文循环。陆地生态系统直接影响河流径流条件。其次，在水生生态系统中，河流是各类生物群落的栖息地，是鱼类、无脊椎动物等生存繁殖的基本条件和水生植物生长的基础。

生态系统的核心是生命系统。非生命部分的生态要素直接或间接对生命系统产生影响，特别是影响河流的食物网和生物多样性。“二链并一网”河流生态系统实际存在两条食物链，这两条食物链联合起来又形成一个完整的食物网。作为河流食物网基础的初级生产有两种，具体如下：

一种称为“自生生产”，即河流通过光合作用，用氮、磷、碳、氧、氢等物质生产有机物。初级生产者是藻类、苔藓和大型植物。如果阳光充足并有无机

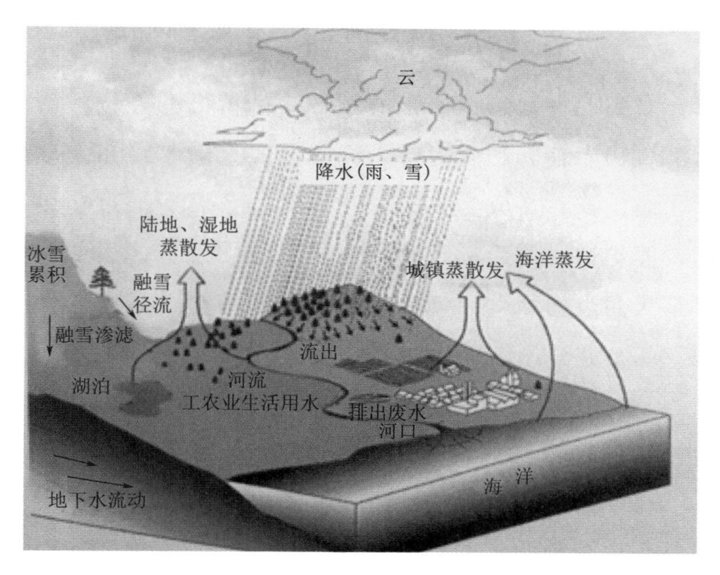

图 1-1 水文循环与生态系统的耦合

物输入，这些自养生物能够沿河繁殖生长，成为食物链的基础。这条食物链加入河湖食物网，形成的营养金字塔是：初级生产→食植动物→初级食肉动物→高级食肉动物。

另一种称为“外来生产”，是指由陆地环境进入河流的外来物质如落叶、残枝、枯草和其他有机物碎屑。这些粗颗粒有机物被大量碎食者、收集者和各种真菌和细菌破碎、冲击后转化成为细颗粒有机物，成为初级食肉动物的食物来源，从而成为另外一条食物链的基础。这条食物链加入河流食物网，形成的营养金字塔是：流域有机物输入→碎食者→收集者→初级食肉动物→高级食肉动物。由此可见，靠初级食肉动物或二级消费者把两条食物链结合起来，形成河流完整的食物网。这就是所谓“二链并一网”的食物网结构(图 1-2)。

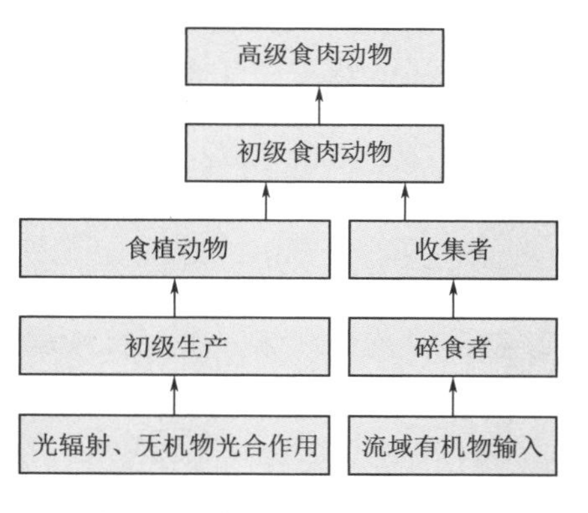

图 1-2 水生态系统“二链并一网”食物网结构

与河流生态系统类似，湖泊生态系统的初级生产也分为两种。一种初级生产是通过光合作用，使太阳能与氮、磷等营养物相结合生成新的有机物质。湖泊从事初级生产的物种因湖泊分区有所不同。湖滨带的初级生产者主要有浮游植物、大型水生植物和固着生物三类。敞水区的初级生产者主要有浮游植物和悬浮藻类两类。另外一种初级生产是流域产生的落叶、残枝、枯草和其他有机物碎屑，这些有机物靠水力和风力带入湖泊，成为微生物和大型无脊椎动物的食物。这两种初级生产，又成为食植动物的食物，其后通过初级食肉动物、高级食肉动物的营养传递，最终形成湖泊完整的食物网。这种食物网结构与河流食物网相似，都是通过初级食肉动物把两条食物链结合起来，构成完整的食物网，形成所谓“二链并一网”的食物网结构。

1.2 生态治理的发展过程

江河湖泊是大地的动脉，涌动着的江河水，一路滋润、一路养育，开辟了人类文明的纪元，明珠般的湖泊散落在祖国大地上，成为自然界生物繁衍生息的乐园。它们创造、塑造了大地容貌，变迁了沧海桑田，留下了峡谷绝壁；它们给予，衍生了人类文明，奉献了湖光山色，提供了衣食之源；它们狂躁，吞噬了沿岸良田，夺去了生命财产，打破了平和安详。

千百年来，生活在江河湖泊沿岸的居民，不断适应它们的柔顺、暴虐、壮丽、秀美、涨起、回落，在享受它们提供的灌溉、饮用、舟楫等种种恩惠的同时，也承受着洪水泛滥吞没家园的种种苦难。在人们认识、顺应、治理、保护江河湖泊的过程中，体现了江河湖泊治理的发展历程。

1.2.1 我国河流治理的发展历程

据史料记载，从公元前206年至1949年的2155年间，我国共发生较大洪灾1029次，平均约2年一次。长江从公元前206年至公元1911年的2117年间，共发生洪灾214次，平均约10年一次。黄河从公元前602年至公元1938年的2540年间，下游决口泛滥的年份有543年，决溢次数达1590余次，较大的改道26次。

1. 防御洪水阶段

临水而居是人类最初求生存的必然选择，随着社会的进步，农耕文明的兴起，人类对水源更加依赖。但是，自然灾害特别是洪水灾害的威胁随着人类居住区域的扩大和农业的发展而日益严重。大约在公元前22世纪，历史已经进入了原始公社末期，农业进入了锄耕阶段，人们逐渐由近山丘陵地区，移向土地肥沃、交通便利的黄河等大江大河的下游平原生活和生产。这时，遇到的主要是如何防止洪水的危害。相传当时黄河流域发生了一场空前的大洪水灾害，滔天的洪水淹没了广大平原，包围了丘陵和山岗，人畜死亡，房屋被吞没。而黄河、长江等地区属于温带、亚热带季风气候，夏季是耕作季节。洪涝灾害严重，给治水带来巨大的挑战。我国古代社会以农业为经济基础，农业发展、商业与水运都离不开水。历代君王都非常重视治水，素有“治国必先治水”之说，中华民族的发展史同时也是一部治水史。1949 年前我国的水问题主要是洪水与干旱，治水经历了一个由堙障阶段→障疏阶段→疏导阶段的过程，同时也是一个防御洪水阶段的过程。

（1）堙障阶段。在生产力不发达的古代，古人备受水灾之害，不得不投入到与水害的斗争中去。如果说对于远古时期居住在山上高处洞穴中的“山顶洞人”来说，洪水灾害还不是生死攸关的问题，那么，到了原始人居住在平原地区并且以农业为主要谋生手段的时期，如何利用“水之利”和如何对付“水之害”就成为生死攸关的问题了。

在传说中，我国古代最早进行治水活动的是共工氏族。《管子・揆度》载：“共工之王，水处什之七，陆处什之三。”说明当时水患危害很大。《国语・周语》云共工“壅防百川，堕高堙庳”。此话的意思是当年的共工削平高丘，填塞洼地，想要用堵塞的方法治理水患。稍后于共工的重要治水人物是鲧。大约在 4000 多年前，黄河流域发生了一次特大洪水灾害。当时正处于原始社会末期，生产力极端低下，生活非常困难。面对茫茫洪水，人们只得逃到山上去躲避。部落联盟首领尧，为了解除水患，召开了部落联盟会议，推举了鲧去完成治水任务。鲧用的是共工氏修筑堤防，并逐年加高加厚的办法，如《淮南子・原道训》所说，达“三仞”的高度，而不疏导河流，水无归宿。所以鲧虽经九年的努力，但终因“功用不成，水害不息”，治水失败，被殛之于羽山。《尚书・洪范》谓：“鲧堙洪水。”《国语・鲁语》称：“鲧障洪水。”由于鲧用的是“堙”“障”等堵塞围截的方法，治水九年，劳民伤财，不但没有把洪水治住，反而水灾越来越大。共工与鲧均采用堙障的方法导致治水失败。

（2）障疏阶段。在尧舜时期，尧让鲧去治水，鲧采取“堵”的办法，“九年而水不息，功用不成”。舜接替尧做部落联盟首领之后，惩处了鲧，又命鲧的儿子

禹继续治水。大禹请来了过去治水的长者和曾同他父亲鲧一道治过水害的人，总结过去失败的原因，寻找根治洪水的办法。有人认为：洪水泛滥是因为来势很猛，流不出去。有人建议：看样子，水是往低处流的。只要我们弄清楚地势的高低，顺着水流的方向开挖河流，把水引出去，就好办了。这些使大禹受到很大启发，他经过实地考察，制定了切实可行的方案：用开渠排水、疏通河流的办法，把洪水引到大海中去。用“疏导”的办法来根治水患。为了便于治水，大禹还把整个地域划分为九大州（图 1-3），即冀、兖、青、徐、扬、荆、豫、梁、雍等州。从此，一场规模浩大的治水工程便展开了。大禹亲自率领 20 多万治水群众，浩浩荡荡地全面展开了疏导洪水的艰苦卓绝的劳动。

图 1-3 大禹治水划九州

大禹和广大群众经过 10 多年的艰苦劳动，终于疏通了九条大河，使洪水沿着新开的河流流入大海，他们还继续疏通各地的支流沟洫，排除原野上的积水深潭，让它流入支流。从而制服了灾害，完成了流芳千古的伟大业绩。《尔雅·释水》一文指出了太史、复釜、胡苏、徒骇、钩盘、鬲津、马颊、简、洁等九河的名字。九河故道经流之地，均在黄河下游，即今河北、山东之间的平原上。黄河中下游流经黄土地带，饱含泥沙，大概在大禹治水以前，夏秋两季常在东方大平原上泛滥。这里的主流有十几条，大禹顺水势之自然，把主流干道加深加宽，使“水由地中行”，上流有所归，下流有所泄，使九河不至为患，东方水患得到治理，于是人们可以“降丘宅土”，发展农业生产。正如《孟子·滕文公上》所载："禹疏九河，瀹济漯而注诸海，然后中国可得而食也"。

(3) 疏导阶段。大禹采取"疏"的办法成功解除了水患，但光靠"疏"还不够，当洪水超过自然河流的承受能力时，也会泛滥成灾。为此，人们想到了修建堤防来防御洪水，实现了人们由利用自然到改造自然，由被动治水到主动治水的飞跃。修建堤防开启了人类工程治水的序幕。战国时期，李冰父子修筑了著名的都江堰（图1-4），巧妙利用人工鱼嘴分水，让洪水走大江，修筑飞沙堰排沙，同时宣泄过量的洪水，并开凿宝瓶口引水，多个工程组合在一起，协调洪枯季节，搭配合适比例，达到既引水灌溉，又排沙、防洪的多重功效，让川西平原两千多年旱涝保收，遂成"天府之国"。都江堰是世界上历史最悠久、设计最科学、保存最完整、至今发挥作用最好、以无坝引水为特征的大型水利生态工程。再如东汉水利专家王景发明了溢流堰来治水。当时黄河决口，在汴渠一带泛滥60余年，王景在堤岸一侧设置侧向溢流堰，专门用来分泄洪水，使河汴分流，实现了防洪、航运和稳定河流等多方面的巨大效益。

图1-4 都江堰水利工程

2. 传统水利治河阶段

在20世纪50—70年代，采用传统水利技术手段，全国开展了大规模的农田水利建设，新建了大批水库山塘、筑堤、修闸建泵、整治河流，有力地促进了我国农业经济的发展。一方面，形成了前所未有的防洪工程体系，水能得到极大的利用，空前地提高了控制洪水、除害兴利的能力，为20世纪人类社会的繁荣与发展，发挥了重要的保障与支撑作用。随着混凝土材料在土建工程中的大规模应用，使得在短期内修建高坝大库成为可能。机械化和电气化的快速发展大大提高了浇筑混凝土的强度。另一方面，经过工程化治理后的河流丧失天然河流的特征，裁弯取直，严重渠化，浅滩深潭消失，水流的多样性消失，生物栖息地遭到破坏，生物多样性下降，河流生态环境功能破坏严重。水库建设破坏了水流和生态的连续性，造成了一系列生态环境问题，硬质堤防的建设破坏了水陆的物质交换和连续性，使大量湿地、河漫滩消失，生态系统遭到破坏。随着人口的增加，山区毁林垦荒，水土流失加剧，中下游围湖占滩与水争地，每年仍不免有一定程度的水灾发生。

3. 防洪排涝功能治河阶段

20世纪80—90年代，以牺牲自然功能为代价，突出河流的社会服务功能为特点。以工程措施为主“清淤＋硬化河岸”的治理模式，忽略了河流生态服务功能，只满足了河流宣泄洪水、排除涝水及农业生产灌溉的任务。河流自然状态随之改变，打破了人与自然和谐相处的可持续发展模式。混凝土或浆砌石护坡硬化河流的同时，阻断了河流水体与外界土壤及周围环境的联系。丰水期河水上涨，由于工程性措施的阻隔，河水无法向堤岸外渗透储存，洪灾问题得不到应有的缓和。枯水期地下水无法因为水面高差而反渗入河流，无法调节河水水位和保证生态基流量，生物多样性降低，相应的水体的自净能力减弱，水环境容量减小。

为改善河流的防洪排涝功能，河流治理采用清淤疏浚、护岸修复、新建泵站、裁弯取直，河流被硬化/渠化（图1-5），生态旅游等功能完全丧失或得不到充分发挥，城市河流生态系统的自然景观多样性和美学价值遭到严重破坏。强化河流的行洪排涝功能，同时也造成了河流生态系统的毁灭性破坏，其自然功能逐步丧失，产生了河流淤积、水质恶化等问题，进而形成黑臭水体（图1-6），严重影响市民生活，很多城市不得不对河流进行掩埋处理。

图1-5 被硬化的河道

图1-6 黑臭河道

4. 综合治理阶段

随着人民生活水平的不断提高，我国进入了综合治理阶段。该阶段注重河流自然功能和社会服务功能的统一，以可持续发展的理念开展流域综合管理，不仅关注所有影响水资源系统的内部因素如水质、水量、沉积物和河岸等，而且也考虑影响水资源系统的所有外部因素，经济、社会和生态成为流域管理的导向。其目标是最大限度地利用自然动态过程，通过在整个流域进行有效的水土资源规划，达到保护、加强和适当修复整个流域环境的根本目的，最终实现人与自然和谐发展。例如，综合治理后的海盐县白洋河湿地如图1-7所示。

图1-7 综合治理后的海盐县白洋河湿地

江河湖库都存在着上下游、左右岸、干支流的问题，而在传统的河湖管理模式中，“环保不下河、水利不上岸”，难以根治河湖顽疾。在综合治理阶段，河流综合治理改变了以往重建设、轻管理的模式，为了避免“伪生态”等不可持续现象的发生，逐步建立了以水质考核为目标的长效管理模式，并在全国推广“河长制”。河长制改善了以往河流管理职能分散在城市管理、公安、交通、水利、环保、绿化等部门的局面，将各部门工作职能统一到水质考核目标中来，强化了河流的管理力量，为河流的长效治理提供了有力的制度保障。河长制最大的创新就在于重构了河湖管理模式。

河长制打破了各部门、各地市间各自为政的藩篱，通过建立覆盖省、市、县、乡、村，五级联动的河长体系，由河长统筹承担“管、治、保”责任。其中：县级以上河长着重牵头“治”；乡、村河长更加突出“管”“保”。2017年，浙江还首创了小微水体塘长、渠长，管理触角向沟渠、池塘等“毛细血管”水体延伸。河长制是河流管理工作的一项制度创新，也是我国水环境治理体系和保障国家水安全的制度创新。

1.2.2 我国湖泊治理的发展历程

湖泊是水资源的重要载体，是江河水系、国土空间和生态系统的重要组成部分，具有重要的资源功能、经济功能和生态功能。全国现有水面面积1km^{2}以上的天然湖泊2865个，总面积7.8万km^2，淡水资源量约占全国水资源量的8.5%。我国东部平原地区是湖泊淡水资源最丰富的地区，面积在1km^{2}以上的湖泊696个，占全国淡水湖泊总面积的71.5%，包括著名的五大淡水湖：鄱阳湖、洞庭湖、太湖、洪泽湖和巢湖。尤其是长江中下游平原及长江三角洲一带，水网交织，湖泊星罗棋布，一派“水乡泽国”的自然景观。

然而，随着经济的高速发展，人口膨胀，城市化进程加快，加之自上而下对湖泊生态系统的脆弱性认识不足，环保意识薄弱，单纯追求经济利益，过度开发利用，导致湖泊面积萎缩。例如，洞庭湖在近50年内，由于围垦等大规模生产活动，湖面面积由1949年的4350m^{2}到20世纪末萎缩为2625m^2，面积减少了39.6%（图1-8）。湖泊水环境面临一系列灾难性的恶变，以东部为主的人口密集区的大型湖泊多数处于富营养化水平。其中，太湖、滇池、巢湖三大水源性湖泊的问题最为严重。以太湖为例，太湖水域面积2425km^2，流域面积36500km^2，仅占全国总面积的0.4%，而该地区人口占全国的3%，国内生产总值超过全国的10%，财政收入则占全国的14%，是我国人口最稠密、经济最发达、城市化程度最高的地区之一，在我国社会经济发展中具有举足轻重的作用。太湖是流域周边城镇的重要水源地，同时作为流域物质的总汇集处，也变成了巨大的纳污场所。这里以太湖治理来说明湖泊治理的发展过程。

1. 治理洪水阶段（1995年以前）

太湖流域包括江苏省苏南大部分地区，浙江省的湖州及嘉兴市和杭州市的

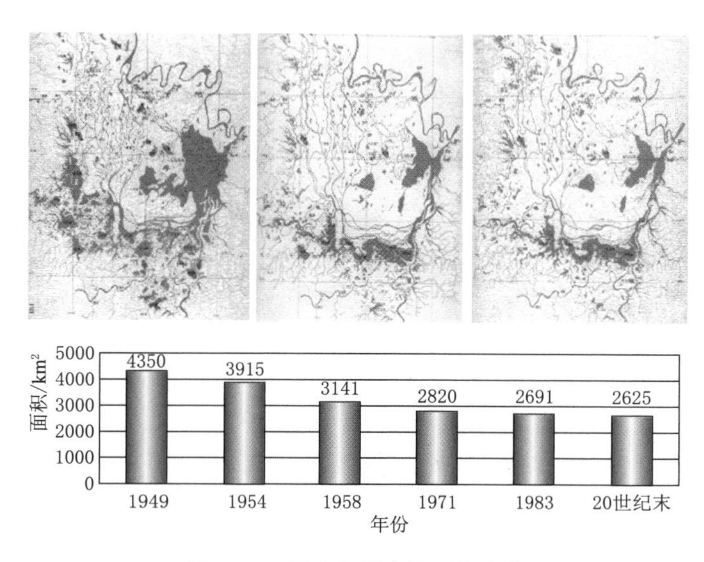

图 1-8 历史上洞庭湖面积变化

一部分，上海市的大部分，共43个县（市），总面积3.69万km²，耕地2500余万亩（图1-9）。太湖居于流域中心，湖水位3.14m时面积2425km²，水位2.50m时可蓄洪水约37亿m³，为全国五大淡水湖泊之一。太湖流域也是全国经济比较发达的地区之一。太湖上游入湖水系有两个：南路为苕溪水系，源于浙江天目山区，分东、西两支，在吴兴汇合，70%的径流量由小梅、大钱等口注入太湖，其余经杭嘉平原向东直接出海；西路为南溪水系和洮滆水系，源出宜溧山区和茅山山区，90%以上的水量经大浦港和百渎口附近各港渎流入太湖。太湖的洪水出路除小部分经各港分泄入长江外，80%以上的水量由黄浦江入海。

太湖地区水利开发较早。远在春秋战国时期便有人工开挖运河的记载。至唐代，水利已具相当规模，成为全国最重要的粮食产区和社会经济、文化发达的地区之一。但古代限于历史条件，难以有效地控制洪水灾害。从南宋以来近1000年中，曾发生50多次较大洪水灾害。南宋隆兴元年至二年（1163—1164年），连续两年太湖大水，苏州城、吴江、吴县等，“浸城廓、坏庐舍”“人溺死甚众”（《同治苏州府志》《乾隆吴江县志》）元至顺元年（1330年），苏州、吴江大水，“民饥疫，死者甚众”。一些特大洪水年份，如明万历十年（1582年）、十五年（1587年）、三十六年（1608年）和清道光三年（1823年）、十三年（1833年）、二十九年（1849年）的几次大水，波及范围广达80%的县。尤其晚

图1-9 太湖流域周边紧邻的城市

清至民国时期，水利失修，加之地形地貌等自然变化，洪水灾害加剧。当时的主要问题，首先是洪水没有专道宣泄，依靠湖泊、河网、洼地滞蓄后，缓慢迂回泄入江海；其次是太湖没有控制措施，自由纳吐，湖河连成一片，高低不分，洪涝不分；再次是水系紊乱，有网无纲，大水年洪水倾泻，下游潮水顶托，内水排不出，洪水无法宣泄。民国二十年（1931年）大水，太湖地区“水涨塘没，河港一片”，田中积水1～2m的重灾区达500万亩以上。

太湖的洪水出路，古有三江。《禹贡》载：“三江既入，震泽底定。”这是与太湖地区水利有关的最早记述。但《禹贡》三江之说，由于史迹很远，文字简奥，考证不一，莫衷一是，迄今尚无定论。今人认为：吴淞江、娄江、东江是

太湖流域成陆过程中自然形成的三条排洪大河，它在太湖水利史上占有重要地位。据华东师范大学地理系通过对这一地区的地貌调查和表层沉积物的分析，发现太湖尾闾存在着三个显著的线形低沙地带，由太湖辐射出来，其中两个与娄江、吴淞江符合，另一个则穿过澄湖、白蚬湖后，由淀泖地区向东南至海盐附近入海。现代的科学调查，结合文献记载，证实了太湖三江的存在，也查明了东江的古代河迹。

吴淞江古名松江，亦称松陵江，是古代太湖排洪入海的主要干道。吴淞江故道，首尾与今所经路线无大变迁，而深广则远不如昔。当时排水畅通，郏乔称“吴淞古江故道，深广可敌千浦”，到宋末渐趋萎缩，上、中游发生淤淀，元代后期河口段潮泥湮塞，水溢为患，明、清更为严重。到光绪十六年（1890年）疏浚时，河宽仅十丈，深一丈一尺，终于失去排泄太湖洪水的能力。

黄浦江原是吴淞江近海一条支流，宽仅“一矢之力”（同治《上海县志》卷三），以后逐步发展成太湖的主要排水河道。吴淞江淤塞后，苏松水患严重。明永乐元年（1403年）户部尚书夏原吉治水，提出开挖范家浜，新辟一条向东排洪入海之河道。范家浜在上海县东，据清嘉庆《上海县志》称：“古黄浦在其南，吴淞江在其北，浜居中流”。夏原吉利用地形选择了开挖范家浜出南跄浦口的路线。据《方舆纪要》载，范家浜开浚时，“河宽三十丈”，百米左右，只及今黄浦江的六分之一。范家浜一开，淀泖之水，以建瓴之势，直奔黄浦，不到半个世纪，就自然冲刷成深广大河，使太湖流域排水河道发生重大变化。而在这一时期，由于吴淞江、浏河的淤缩速度加快，又给黄浦江以更多的水源。“三吴水势，东南自嘉、秀沿海而北，皆趋松江循黄浦入海”，清代应宝时称：“今湖水下注，以十分计，八分由庞山湖东南行，迤逦归黄浦。”清《三江说》称：“黄浦者，乃震泽之尾闾也。”黄浦江终于从普通一浦而逐步代替吴淞江成为太湖排水的主要出路，并为上海开埠提供了条件。

对太湖洪水的治理，在宋代以前的文献中，没有留下有关这方面的记载或专著，直至北宋以后，一些有识之士，纷纷著书立说，提出各种治水论述。概括起来，主要有三种不同的治水主张：一是郏亶强调治田，提出恢复唐、五代以塘浦为四界的大圩古制，“使塘浦阔深而堤岸高厚，塘浦阔深则水通流，而不能为田之害也，堤岸高厚则自固，而水可拥而必趋江（吴淞江）也”；二是单锷主张上游刹减入湖水量，中游扩大湖水出路，下游大浚入江、入海河浦；三是郏侨主张下游修圩治田与疏浚通江、通海港浦并重，力主坚筑吴淞江两岸堤防，将太湖洪水直接排入大海。“为今之策，莫若先究上游水势，而筑吴淞江两岸堤塘，不惟水不北入于苏，而南亦不入于秀，二州之田乃可垦治”。郏侨这一思想，是用洪涝分开、高低分开的排水办法来处理太湖下游地区的洪涝矛盾。

中华人民共和国成立后，对太湖流域的治理，中央和有关省、市极为关注，特别在1954年大水后，仅江苏太湖地区这块“鱼米之乡”就有400多万亩农田受灾，广大人民群众殷切希望解决太湖水利问题。水利部于1957年4月在南京召开太湖流域规划会议，初步确定了太湖流域规划的方针，并决定在南京成立太湖流域规划办公室，由淮委负责组建，有关省、市参加，开展规划工作。1958年7月淮委撤销后，太湖流域规划委托江苏省水利厅进行。1958年11月和1959年1月，中共中央上海局在上海召开两次会议，研究太湖流域治理的初步意见，决定由江苏省组织开挖太浦河、望虞河，浙江省配合挖好太浦河浙江段。太浦河一期工程于1958年12月开工。太湖流域规划经江苏、浙江和上海市联合调查研究后，1959年6月江苏省水利厅编报了《江苏省太湖地区水利工程规划要点》（简称《规划要点》）。1959年12月8日，水电部批准《规划要点》，提出开辟太浦河、望虞河，建太湖控制线、拓浚沿江各河并建闸控制为主要内容的“两河一线”的太湖蓄泄控制工程。1960年1月上海会议期间，经有关省、市协商，谭震林副总理指示：太浦河江苏省仍按计划标准河底宽150m继续开挖。江苏省于2月10日进行太浦河一期工程第二次施工，到5月完成。

1960年以后，虽经多次规划，由于有关省、市对太湖流域规划有不同意见，迟迟没有确定，影响流域治理的实施。20世纪60年代，水电部上海勘测设计院和太湖水利局（1963年成立，受华东局和水电部双重领导），先后进行了一些专题调查和资料的分析研究工作，认为对水电部1959年批准的《规划要点》需要进一步协调和修正。1970年水电部上海勘测设计院撤销，太湖流域规划交长江流域规划办公室（以下简称长办）负责。1974年，长办会同两省一市进行查勘、研究，历时3个月，编报了《太湖流域防洪除涝骨干工程规划草案》。1977年4月又提出《规划草案的补充报告》。1978年10月向水电部编报了《太湖水系综合规划要点及开通太浦河计划任务书》。11月，水电部在北京召开两省一市水利厅（局）负责人会议，继续研究太湖治理，并决定先开通太浦河。江苏省根据水电部和长办提出的要求和标准，又进行了太浦河的第二期工程。这期间，江苏省组织力量进行太湖湖西水利规划，于1974年省水利厅编报《江苏省太湖湖西地区沿江引排骨干工程规划报告》，提出立足长江，设站抽水，排灌结合，从湖西抽排部分太湖洪水。并于1975年冬兴建大型谏壁电力抽水站工程。

1983年太湖大水后，中央、国务院十分关注，决定成立长江口及太湖流域开发整治领导小组负责太湖流域规划工作。江苏省水利厅于同年向水电部提出：要求开通太浦河、续建望虞河，打通太湖排洪出路；续建太湖控制线，实现洪涝分开；沿江设抽水站，减少湖西地区入湖水量；扩大拦路港，疏浚泖河，改善淀泖地区排水条件等。领导小组会同有关省、市，经过5年的努力，太湖流域治理总体规划方案终于在1987年经国家计划委员会批准定下来。该规划方案提出的流域治理骨干工程10个项目中，江苏有太浦河、望虞河、环湖大堤、湖西引排、武锡澄引排和浙江杭嘉湖北排通道（江苏段）等6项。对洪水的安排，遇到1954年型洪水，要求太浦河排洪量22.5亿m^3，太浦河南岸不建闸控制，需排南岸涝水11.6亿m^3，望虞河泄洪量增大为23.1亿m^3。

中华人民共和国成立后，经过38年的治理，江苏省先后开挖了境内的太浦河、望虞河，兴建长243km的环湖大堤，“两河一线”工程初步成形。与此同时，江苏在山丘区兴建大、中、小型水库179座，其中蓄水1亿m^3以上大型水库有沙河、横山、大溪等3座，中型水库6座，总库容6.28亿m^3，可控制山丘区来水面积947km^2。圩区实行联圩并圩，加固加高堤防，兴建大量机电排灌站。由于太浦河尚未全部开通，望虞河亦未与太湖衔接，部分控制涵闸有待兴建。因此，直到1987年工程离规划治理要求实现“高低分开，洪涝分开，内外分开”的原则还有一段距离。

2. 以工业污染治理为主阶段（1995—2000年）

1998年1月6日，国家制定了《太湖水污染防治“九五”计划及2010年规划》，提出到2000年实现“太湖水体变清”的目标，要求江苏省建设41项城镇污水处理设施，开展8项综合治理行动计划。“九五”期间，综合治理理念并没有很好落实，实际工作还是以工业污染事后治理为主，“太湖水体变清”的目标并没有实现。

3. 以工业、城镇污染治理为主阶段（2001—2005年）

2001年8月31日，国家制定了《太湖水污染防治“十五”计划》，要求江苏省建设9大类176项综合整治工程。与“九五”相比，城镇污染治理进展较快，部分地区综合整治也取得明显成效，项目完成率较高。但对照“十五”计划水质目标，虽然湖体基本达到要求，主要环湖河流出入湖断面水质达标率为61.9%，但跨省界河流交界断面水质达标率仅为53.3%。

4. 流域综合治理阶段（2005—2016年）

2008年5月，国家制定了《太湖流域水环境综合治理总体方案》，提出2012年和2020年的近远期目标。截至2011年底80%以上已建成投运，太湖水环境向好趋势已现端倪。2011年，湖体高锰酸盐指数、总氮、总磷、氨氮较2007年分别下降2.2%、15.7%、21.8%、59.3%；湖体综合营养状态指数从2007年的62.3下降到58.5，已步入轻度富营养状态，除总氮外，各项指标均提前实现2012年需达到的目标。

5. 湖长治水阶段（2017年至今）

2017年11月20日，习近平总书记主持召开十九届中央全面深化改革领导小组第一次会议，审议通过《关于在湖泊实施湖长制的指导意见》（以下简称《意见》），主要内容如下：

充分认识湖泊功能的重要性。湖泊是水资源的重要载体，是江河水系、国土空间和生态系统的重要组成部分，具有重要的资源功能、经济功能和生态功能。全国现有水面面积1km^2以上的天然湖泊2865个，总面积7.8万km^2，淡水资源量约占全国水资源量的8.5%。这些湖泊在防洪、供水、航运、生态等方面具有不可替代的作用，是大自然的璀璨明珠，是中华民族的宝贵财富，必须倍加珍惜、精心呵护。

充分认识湖泊生态的特殊性。与河流相比，湖泊水域较为封闭，水体流动相对缓慢，水体交换更新周期长，自我修复能力弱，生态平衡易受到自然和人类活动的影响，容易发生水质污染、水体富营养化，存在内源污染风险，遭受污染后治理修复难，对区域生态环境影响大，必须预防为先、保护为本，落实更加严格的管理保护措施。

充分认识湖泊问题的严峻性。长期以来，一些地方围垦湖泊、侵占水域、超标排污、违法养殖、非法采砂，造成湖泊面积萎缩、水域空间减少、水系连通不畅、水环境状况恶化、生物栖息地破坏，湖泊功能严重退化。虽然近年来各地积极采取退田还湖、退渔还湖等一系列措施，湖泊生态环境有所改善，但尚未

实现根本好转，必须加大工作力度，打好攻坚战，加快解决湖泊管护突出问题。

充分认识湖泊保护的复杂性。湖泊一般有多条河流汇入，河湖关系复杂，湖泊管理保护需要与入湖河流通盘考虑、协调推进；湖泊水体连通，边界监测断面难以确定，准确界定沿湖行政区域管理保护责任较为困难；湖泊水域岸线及周边普遍存在种植养殖、旅游开发等活动，如管理保护不当极易导致无序开发；加之不同湖泊差异明显，必须因地制宜、因湖施策，统筹做好湖泊管理保护工作。

准确把握湖长制总体要求，必须深入贯彻党的十九大精神，以习近平新时代中国特色社会主义思想为指导，牢固树立社会主义生态文明观，坚持节水优先、空间均衡、系统治理、两手发力，遵循湖泊的生态功能和特性，建立健全湖长组织体系、制度体系和责任体系，构建责任明确、协调有序、监管严格、保护有力的湖泊管理保护机制，为改善湖泊生态环境、维护湖泊健康生命、实现湖泊功能永续利用提供有力保障。

把坚持人与自然和谐共生作为基本遵循。党的十九大要求，必须树立和践行“绿水青山就是金山银山”的理念，坚持节约资源和保护环境的基本国策，像对待生命一样对待生态环境。实施湖长制，必须牢固树立尊重自然、顺应自然、保护自然的理念，处理好保护与开发、生态与发展、流域与区域、当前与长远的关系，全面推进湖泊生态环境保护和修复，还湖泊以宁静、和谐、美丽。

把满足人民美好生活需要作为目标导向。党的十九大强调，既要创造更多物质财富和精神财富以满足人民日益增长的美好生活需要，也要提供更多优质生态产品以满足人民日益增长的优美生态环境需要。要紧紧抓住人民群众关心的湖泊突出问题，坚持预防为主，标本兼治，持续提升湖泊生态系统质量和稳定性，进一步增强湖泊生态产品生产能力，不断增进人民群众的获得感和幸福感。

把落实地方党政领导责任作为关键抓手。党政领导担当履职是全面推行河长制积累的宝贵经验，也是落实湖长制改革举措的关键所在。要坚持领导带头、党政同责、高位推动、齐抓共管，逐个湖泊明确各级湖长，细化实化湖长职责，健全网格化管理责任体系，完善考核问责机制，落实湖泊生态环境损害责任终身追究制，督促各级湖长主动把湖泊管理保护责任扛在肩上、抓在手中。

把统筹湖泊生态系统治理作为科学方法。湖泊管理保护是一项十分复杂的系统工程。要充分认识湖泊的问题表现在水里、根子在岸上，加强源头控制，强化联防联控，统筹陆地水域、统筹岸线水体、统筹水量水质、统筹入湖河流与湖泊自身，增强湖泊管理保护的整体性、系统性和协同性。各部门要树立一盘棋观念，密切配合、协调联动，共同推进湖泊管理保护工作。

把鼓励引导公众广泛参与作为重要基础。在全面推行河长制工作的带动下，目前社会各界参与河湖管理保护的热情空前高涨。实施湖长制同样需要坚持开门治水，加大新闻宣传和舆论引导力度，建立湖泊管理保护信息发布平台，完善公众参与和社会监督机制，让湖泊管理保护意识深入人心，成为公众自觉行为和生活习惯，营造全社会关爱湖泊、珍惜湖泊、保护湖泊的浓厚氛围。

全面落实湖长制重点任务。《意见》明确要求2018年年底前全面建立湖长制。各地要加强组织领导，树立问题导向，强化分类指导，因湖施策开展专项行动，确保湖长制改革任务落地生根，推动湖泊面貌持续改善。

严格湖泊水域岸线管控，着力优化水生态空间格局。依法划定湖泊管理保护范围，严禁以任何形式围垦湖泊、违法占用湖泊水域岸线，从严管控跨湖、穿湖、临湖建设项目和各项活动，确保湖泊水域面积不缩小、行洪蓄洪能力不降低，生态环境功能不削弱。要强化湖泊岸线分区管理和用途管制，合理划分保护区、保留区、控制利用区和可开发利用区，严格控制岸线开发利用强度，实现节约集约利用，最大限度保持湖泊岸线的自然形态。

结合实施国家节水行动，着力抓好湖泊水资源的节约与保护。坚持以水定需、量水而行、因水制宜，实行湖泊取水、用水、排水全过程管理，从严控制湖泊水资源开发利用，切实保障湖泊生态水量。强化源头治理，加强湖区周边及入湖河流工矿企业、城镇生活、畜禽养殖、农业面源等污染防治，推动建立以水域纳污能力倒逼陆域污染减排的体制机制。落实污染物达标排放要求，规范入湖排污口设置管理，确保入湖污染物总量不突破湖泊限制纳污能力。

推进湖泊系统治理与自然修复，着力提升生态服务功能。开展湖泊健康状况评估，系统实施湖泊和入湖河流综合治理，有序推进湖泊自然修复。加大对生态环境良好湖泊的保护力度，开展清洁小流域建设，因地制宜推进湖泊生态岸线建设、滨湖绿化带建设和沿湖湿地公园建设，进一步提升生态功能和环境质量。加快推进生态恶化湖泊的治理修复，综合采取截污控源、底泥清淤、生物净化、生态隔离等措施，加快实施退田还湖还湿、退渔还湖，恢复水系自然连通，逐步改善湖泊水质。

健全湖泊执法监管机制，着力打击涉湖违法违规行为。建立健全多部门联合执法机制，完善行政执法与刑事司法衔接机制，依法取缔非法设置的入湖排污口，严厉打击废污水直接入湖和垃圾倾倒等违法行为，坚决清理整治围垦湖泊、侵占水域以及非法养殖、采砂、设障、捕捞、取用水等行为，集中整治湖泊岸线乱占滥用、多占少用、占而不用等突出问题。积极利用卫星遥感、无人机、视频监控等先进技术，实行湖泊动态监管，对涉湖违法违规行为做到早发现早制止早处理早恢复。

夯实湖泊保护管理基础工作，着力维护湖泊健康生命。科学布设入湖河流以及湖泊水质、水量、水生态等监测站点，收集分析湖泊管理保护的基础信息和综合管理信息，建立完善数据共享平台。组织制定湖泊名录，建立“一湖一档”，针对高原湖泊、内陆湖泊、平原湖泊、城市湖泊等不同湖泊的自然特性、功能属性和存在的突出问题，科学编制“一湖一策”方案，有针对性地开展专项治理行动，促进湖泊休养生息，让碧波荡漾的湖泊成为维护良好生态系统的重要纽带、提升人民生活质量的优美空间、展现美丽中国形象的生动载体。

水库山塘，是山区防洪抗旱的重要水利设施。中华人民共和国成立以来，全国开展了大规模的农田水利建设，大力开展了整修山塘河坝。20 世纪 50—60 年代新建了大批水库山塘，有力地促进了我国农业经济的发展。因受当时的财力、物力和技术条件限制，水库山塘也像其他设施一样，同样存在一个逐步老化问题，经过几十年运行，各种隐患逐渐暴露，其中大坝渗漏问题较为突出，多存在着“病”“险”问题，如不及时治理，这些水库山塘不但不是“水利”，而是“水害”，加快水库除险保安势在必行。20 世纪 90 年代至 2016 年，以中小型水库除险加固续建配套现有水利设施为主，实行山塘综合整治。

1.3 生态系统治理的内容

河湖生态系统治理首先要厘清河湖生态建设的含义、对河湖进行生态系统健康评价，找出原因。其次要注重河湖水质、河床的生态构建、河湖的生态护坡和护岸、河湖生物多样性、河湖污染源治理、河湖水系连通。最后注重河湖的亲水景观和文化功能。在河流的梯级开发中，水电开发是真正把绿水青山蕴含的生态产品价值转化为金山银山的践行者，需要正确把握生态环境保护和经济发展的关系。

第 2 章

河湖生态系统健康评价

随着经济社会的快速发展及人口数量的快速扩张，河湖发生了巨大的变化：水受到严重的污染、水生态系统崩溃、河湖原有的自然形态发生了巨大的改变、河湖沿岸的自然景观遭到严重破坏等，河湖对周边生态系统的调节作用逐渐被削弱。因此，在河湖治理过程中，应将城市建设、生态环境保护等专业知识与河湖建设融为一体，构建符合自然环境要求的生态河湖，从而维持和强化良好的河湖生态系统，改善水环境，达到人与自然的和谐发展。

在恢复河湖健康，水生态系统重建过程中，如何评价河湖健康状况正成为河湖生态学领域的重点之一。研究河湖健康状况的评价，不仅可应用于对河湖现状的客观描述和评估，而且有助于管理决策者确定河湖管理活动，对于河湖的可持续管理、区域生态环境建设都具有非常重要的意义。在当前普遍采用部分水质理化参数评价河湖健康及生态修复成果的基础上，增加河湖生物、水生态系统多样性、河湖水文特征、河湖生境状况等多因子表征河湖生态健康状况，对生态河湖建设中维护河湖健康可持续管理、区域生态环境建设都具有非常重要的意义。

2.1 河湖生态建设的含义

2.1.1 生态河湖的概念

生态河湖是通过在传统的河湖建设和整治中融入生态学原理，并根据河湖现状和功能，对工程进行生态设计，构建符合流域及地域生态特征的河湖水生态系统和河（湖）岸生态系统，创造适宜河湖内水生生物生存的生态环境，形

成物种丰富、结构合理、功能健全的河湖水生态系统，从而达到“人水和谐”、人与自然和谐。生态型河湖的建设不仅仅需要构建生态系统，还需要河湖的其他整治方法（如疏浚、控源消污等），应是一个综合建设和整治的过程。

生态河湖构建是融水利工程学、环境科学、生态学等多学科为一体的综合性工程，它的最终目标是恢复和强化河湖的生态功能，改善水环境，其设计理念与传统河湖整治思想有着质的区别。

2.1.2 生态河湖建设的理念

生态河湖建设的理念可基本归纳为以下三类。

（1）河湖修复。河湖修复是以有利于生态系统朝自然状态发展的方式，恢复河湖的自然生态过程。强调导致河湖生态环境恶化的因素［如污染物、河（湖）岸违章建筑、侵蚀等］，使河湖生态环境恢复到受干扰前的状态。

（2）河湖康复。其重点不是将河湖生态系统恢复到受干扰前的状态，而是在受干扰的背景下，使河湖生态系统恢复它的自然功能和过程。

（3）河湖改造。其目标是塑造一个自然稳定和相对健康的河湖生态系统，从而实现人们所期望的某些生态系统服务功能。如自然河湖通过人工改造后，在维持生态系统健康发展的同时，实现供人们娱乐、休闲、景观、文化等服务功能。

以上三类理念的核心都是提高河湖生态系统健康水平，恢复河湖自净功能，提高河湖纳污能力。

2.1.3 生态河湖建设现状评估体系

当前衡量生态河湖建设是否达标的主要依据是基于水质的物理—化学测试方法，采用常规水质理化因子，如水体透明度、溶解氧、化学需氧量（COD），氮磷含量等。普遍以这些水质指标是否达到《地表水环境质量标准》（GB 3838—2002）Ⅳ～Ⅴ类水为评价依据。其不足是忽略了生物栖息地质量的评估和水生态系统稳定性的考虑，这种评价方式存在严重的局限性。由于水质评价只能描述瞬时的采样点水质，不能真实反映一段时间的水质状况，因此在生态河湖验收评估时常以偏概全。这种方法过分看重水质状况，忽视了生态河湖建设的核心理念——河湖生态系统修复。

2.2 河湖生态健康评价

河湖生态系统稳定、结构完整时，其各项功能和效益才可以正常发挥，才能在一定程度上满足生态系统和人类健康及审美的需求，达到人与河湖和谐相处。因此，河湖的健康是保证河湖的各种生态系统服务功能得到正常发挥的前提。

由此可看出，河湖健康是一个极具社会和生态属性的概念，与社会、经济、人类、生态、环境等密切相关。河湖生态健康本质上是一种生态关系的健康。与河湖水质健康的概念相比，河湖生态健康的概念更强调对河湖生态系统状况进行综合评估，从而确定河湖生态系统所处的状态。开展河湖生态健康评价可为科学评价生态河湖建设、水生态系统恢复情况提供系统性的参考依据。

2.2.1 国内外河湖生态健康评价研究

近十多年来，河湖生态健康状况评价已在很多国家开展，其中以美国、英国、澳大利亚、南非的评价实践较具代表性。

美国环保署经过近 10 年的发展和完善，于 1999 年推出了新版的快速生物监测协议（Rapid Bioassessment Protocols，RBPs），该协议提供了河流藻类、大型无脊椎动物以及鱼类的监测及评价方法和标准。英国通过调查背景信息、河流数据、沉积物特征、植被类型、河岸侵蚀、河岸带特征以及土地利用等指标来评价河流生态环境的自然特征和质量，并判断河流生境现状与纯自然状态之间的差距；另一个值得关注的评价实践是 1998 年提出的“英国河流保护评价系统”，该评价系统通过调查评价由 35 个属性数据构成的六大恢复标准（即自然多样性、天然性、代表性、稀有性、物种丰富度以及特殊特征）来确定英国河流的保护价值，该评价系统已经成为一种被广泛运用于英国河流健康状况评价的技术方法。澳大利亚政府于 1992 年开展了“国家河流健康计划”，用于监测和评价澳大利亚河流的生态状况，评价现行水管理政策及实践的有效性，并为管理决策提供更全面的生态学及水文学数据，其中用于评价澳大利亚河流健康状况的主要工具是 AUSRIVAS，采用河流水文学、形态特征、河岸带状况、水质及水生生物 5 方面共计 22 项指标的评价指标体系试图了解河流健康状况，并评价长期河流管理和恢复中管理干扰的有效性。南非的水事务及森林部于1994年发起了“河流健康计划”，该计划选用河流无脊椎动物、鱼类、河岸植被、生境完整性、水质、水文、形态等河流生境状况作为河流健康的评价指标，提供了建立在等级基础上可以广泛应用于河流生物监测的框架，针对河口地区提出了用生物健康指数、水质指数以及美学健康指数来综合评估河口健康状况。

国内对河流生态健康评估方面的研究相对落后，董哲仁曾提出河流生态健康评估应包括物理-化学评估、生物栖息地质量评估、水文评估和生物群落评估等内容，并建议我国应因地制宜地为每一条河流建立健康评估体系及生物监测系统和网络。赵彦伟、杨志峰采用河流生态系统健康理论来研究城市河流健康问题，提出了包括水量、水质、水生生物、物理结构及河岸带等5大要素的指标体系，以及很健康、健康、亚健康、不健康、病态等5级河流健康评价标准，并用模糊评判模型对宁波市的多条河流进行了评价。龙笛、张思聪以生态系统健康理论和“压力—状态—响应”模型为基础，构建了滦河流域（内蒙古山区部分）的生态系统健康评价指标体系，并采用层次分析法进行了综合评价。目前国内对河流健康评价指标体系领域的研究，主要侧重于借助物理、化学手段评估河流状况，在河流生物监测及生物栖息地质量评估方面的生态健康评价尚缺乏经验，亟待建立一套适用于我国河流的生态健康评价指标体系，为生态河流建设提供决策依据。

目前，我国大多数湖泊都出现不同程度的退化，对湖泊生态系统进行健康评价已成为重要课题。生态系统健康是指一个生态系统所具有的稳定性以及维持其系统结构、自身调节和对压力的自我恢复能力。生态系统健康的提出虽然只有几十年的历史，却受到国内外学者的广泛关注，曾多次举办相关的国际会议，成立专门的研讨组织，并且出现了专门以生态系统健康命名的国际杂志，对水生态系统——海岸、海洋、湖泊、河流和湿地，以及部分陆地生态系统——草原、森林等进行了相关研究。目前，国内对湖泊生态系统健康评价的研究较多，如滇池、三峡库区、杭州西湖等，由于南水北调中线工程的建设，一些专家学者开始关注丹江口水库的生态环境，使其成为研究的热点区域。

2.2.2 河湖生态健康评价的重要性

（1）河湖生态健康状况评价可以描述和反映任何一个时段内河湖的健康水

平和整体状况，获取河湖健康状况的综合评价。目前国内河湖管理中主要侧重于借助化学手段以及少量生物监测评估河湖水质状况，而河湖健康状况评价的开展可为河湖管理者提供综合的现状背景资料，从而对我国河湖生态系统的保护和恢复工作起到很好的指导作用。

（2）利用河湖生态健康状况评价可以反映国内主要河湖的生态环境质量，可以提供进行横向比较的基准，构建一套适用于我国的河湖生态系统健康评价理论体系。评价国内河湖健康状况，能够诊断区域内不同河湖健康状况的差异，设立恢复优先权，同时对于不同区域的类似河流，评价结果可用于互相参考比较，从而提高恢复活动的有效性。

（3）河湖生态健康状况评价可以反映河湖某个方面（如水质、河岸带等）的健康状况。河湖健康状况中的单个指标评价值可直接反映河湖某方面所处的状态，从而在我国河湖管理过程中据此确定管理行为的优先顺序，制定相应的政策，进而影响公众的思想和行为。

（4）河湖生态健康状况评价可以评估和监测一定时期内的河湖健康状况的发展趋势。尤其是近年来我国河湖综合整治以及恢复活动开展频繁，评估河湖恢复的有效性、提高河湖恢复质量成为我国河湖管理中迫切需要解决的问题。而恢复前后的河湖健康状况评价结果可为管理决策者提供良好的基础比较资料和决策依据，通过比较干预之前以及干预之后的河湖条件或比较预期的以及实际的河湖条件，评估管理行为的有效性，从而提高我国河湖综合管理水平。

因此，考虑我国河湖生态系统的特征及经济社会发展背景，在充分吸收国外先进河湖健康评价理论及方法的基础上，构建体现地域特色和管理要求的河湖生态健康评价理论与方法体系，是我国河湖健康评价研究的一项紧迫任务。

2.2.3 河湖生态健康评价

如何针对河湖的特点选取合适的评价指标，建立评价指标体系以及采取什么样的评价方法更能真实地反映出河湖的健康状况及生态河湖建设成果，以期能准确地评价生态河湖治理前的生态健康状况并找出其生态退化的主要原因，进而提出生态河湖建设及整治的改善水环境、恢复河湖生态的对策及措施。以便有针对性地进行河湖生态建设，为构建河湖生态健康评价指标体系，改进评价方法，探索河湖生态恢复的途径和方法提供指南，进而为河湖管理部门提供

基础数据和决策支持，以期能更好地促进河湖生态的可持续发展与建设。

狭义的河湖生态系统是指有水生植物、水生动物、底栖生物等生物与水体等非生物环境组成的一类水生态系统；广义的河湖生态系统包括河岸带生态系统、水生生态系统、河湖湿地生态系统等一系列子系统组合而成的复合生态系统。河湖能否正常发挥其生态系统功能有赖于河湖生态系统健康的维持。

综上所述，建议在河湖水文水质评价的基础上增加生物评价、生物栖息地、河湖形态、生物与水流及泥沙之间的互适性评价及生物栖息质量评价等指标。鉴于河湖生态健康是一个庞大的、无法精确测量描述、没有严格划分等级的模糊现象，所以如何建立一个能够客观分析其状态的数学模型是对其进行科学评价的理论基础。而且，由于有关河湖生态的数据（或因素）众多，涵盖藻类、浮游动物、底栖动物、鱼类、固着藻类、水生植物等，其中不同类别的优势种、普生种、密度、生物量、优势度等重要性不一，这就需要确定评价因子前对这些数据（或因素）进行客观处理、甄别轻重，用数学方法描述其在河湖生态系统评价中的价值。如何处理这些繁杂而且重要性不一的数据（或因素），如何科学划分影响河湖生态健康的因素的当前等级是我们面临的重要问题——也即是需要解决技术参数的不确定性、约束条件的不确定性、因素的多样性和排斥性、概念描述的模糊性，这就需要决策者在遴选生态指标问题具有系统化、综合化、定量化等理念，决策过程必须遵循科学原则，并按照严格的程序进行，探求一个科学合理并具有可推广性的河湖生态健康评估体系。

2.2.3.1 基本原则

指标体系建立的根本目的在于通过选择适当指标，用以客观科学地反映和衡量河湖所处的状态，识别和诊断制约河湖健康的因素，从而为寻求河湖的可持续管理提供方向。然而，河湖健康状况评价指标涉及多学科、多领域，种类、项目繁多，因此需要从众多的原始数据和评价信息中筛选出便于度量的、内涵丰富的主导性指标作为评价指标。河湖健康指标体系的设置应力求全面考虑河湖健康状况有关的各类要素，并能反映区域河湖的实际和特点，为区域河湖的开发、治理和保护提供科学依据。

指标筛选必须达到 3 个目标：①指标体系能完整、准确地反映河湖生态系统的健康状况，必须能提供有意义的并且是准确的对河湖状态的描述；②对河湖生态系统的生物物理状况和人类胁迫进行监测，寻求自然、人为压力与河湖健康状况变化之间的联系，并探求河湖生态系统健康衰退的原因；③定期地为政府决策、科研及公众需求等提供基础数据和科学依据。为此，河湖健康评价指标的设置应遵循以下几方面的原则。

1. 整体性与层次性原则

建立河湖健康状况评价指标体系，应围绕评价目标，指标体系设置要系统全面，能够从河湖生态系统结构、功能以及人类价值等各个角度表征河湖健康状况，并组成一个完整的体系，综合地反映河湖健康的内涵、特征及评价水平。选取的指标应可衡量系统中各种生态关系的紧密程度及其整体效应，并能通过这些指标剖析系统整体功能的形成原因和变化机制。河湖健康状况涵盖河流自然状况，人类干预活动，其健康评价指标体系既是一个涉及社会、经济、环境、资源等的复杂系统，也是一个具有等级层次特征的动态系统。按其等级性要求，分层次构建指标体系，有利于建立明确的评价框架，提高工作效率，降低系统的复杂程度，同时通过分层分类的方法可以从各角度直观地判断河湖健康状况，便于评价结果的分析与总结。

2. 科学性与代表性原则

确定的指标体系要能客观真实地反映河湖健康的内涵和特征，所选取的指标要具有科学内涵和意义。河湖生态系统是一类非常复杂的系统，决定系统特征的因子较多，需要在这些表征因子中提取最具代表性的指标。评价指标的选择，必须在充分研究系统结构功能与评价目标之间的相互关系的基础上，提取信息量大、综合性强的指标，所选用的指标应具代表性，能综合反映系统的主要性状，同时也要避免指标之间的重叠。

3. 简明性与可操作性原则

所选指标应概念明确，结构清晰，简单明了，指标所反映的信息应能被非专业的管理人员和公众掌握和理解。评价指标的数据应便于采集和测定，方便统计和计算。资料收集应具有可行性和可操作性，并尽量节省成本，用最少的投入获得最大的信息量。

4. 主成分与独立性原则

从众多的变量中依其重要性筛选出数目足够少的，能表征该系统本质行为的最主要成分变量，这为主成分性原则。但所选指标变量如果过少，就有可能不足以或不能充分表征系统的真实行为或真实的行为轨迹。如过多，资料难以获取，综合分析过程也很困难，同时不能很好地兼顾到决策者应用上的方便，且增加了复杂性和冗余度，这就是独立性原则。两者的有效结合，有助于增加评价的科学性、准确性及可操作性。

5. 可比性和规范性原则

河湖健康状况评价所获取的数据和资料无论在时间上还是空间上，都应具有可比性。因而，所采用的指标的内容和方法都必须做到统一和规范。指标体系能在统一的基础上比较各个河湖的健康状况，对不同大小和不同开发程度的河湖、不同类型和处于不同时期及不同发展阶段的生态系统，同一指标应具有相对一致的计算方法，以便对河湖生态系统的整体健康状况和发展规律进行分析和研究。

6. 动态性与稳定性原则

指标是一种随时空变动的参数，不同发展水平应采用不同的指标体系，同时又应保持指标在一定时期内的稳定性，便于进行评价。此外指标信息的接受者（大众、决策者、科学工作者）的不同也决定了指标选用与制定的不同，因而指标的数量与具体形式应根据不同的信息接收对象来确定。

7. 定性与定量相结合的原则

指标要尽可能地量化，但由于任何事物都具有质的规定性和量的规定性，因此对于一些在目前认识水平上难以量化且意义重大的指标，可以用定性指标来描述，结合公众参与及专家评判的形式完成指标的研究，从而提高工作效率，提高可操作性及可接受性。

2.2.3.2 河湖评价指标体系框架的构建

按照以人为本，人水和谐的治水思路，健康的河湖是人类经济社会发展和生态环境保护相协调的整合性概念。只注重河湖的生态环境保护，拒绝人类经济社会发展对其服务功能的需求；或者只注重河湖的服务功能，忽视对其生态环境的保护都是片面的、不完整的。健康的河湖应是生态环境等自然属性和服务功能等社会属性的辩证统一，它应该既是生态良好的河湖，又是人水和谐相处的河湖。因此，根据河湖健康的内涵，健康的河湖不仅意味着要保持河湖形态结构合理、水环境状况良好、河湖水生物丰富多样、河（湖）岸带功能完善，还强调河湖生态系统的防洪、供水、通航等人类服务功能的有效发挥。

基于河湖健康的内涵，基本理论和以上评价指标构建的基本原则，在综合国内外最新研究成果和咨询国内专家意见的基础上，并结合研究区域的实际情况，将河湖健康评价指标体系设计为递阶层次结构，分为目标层、准则层和指标层。

河流、湖泊健康评价指标体系框架分别如图2-1和图2-2所示。

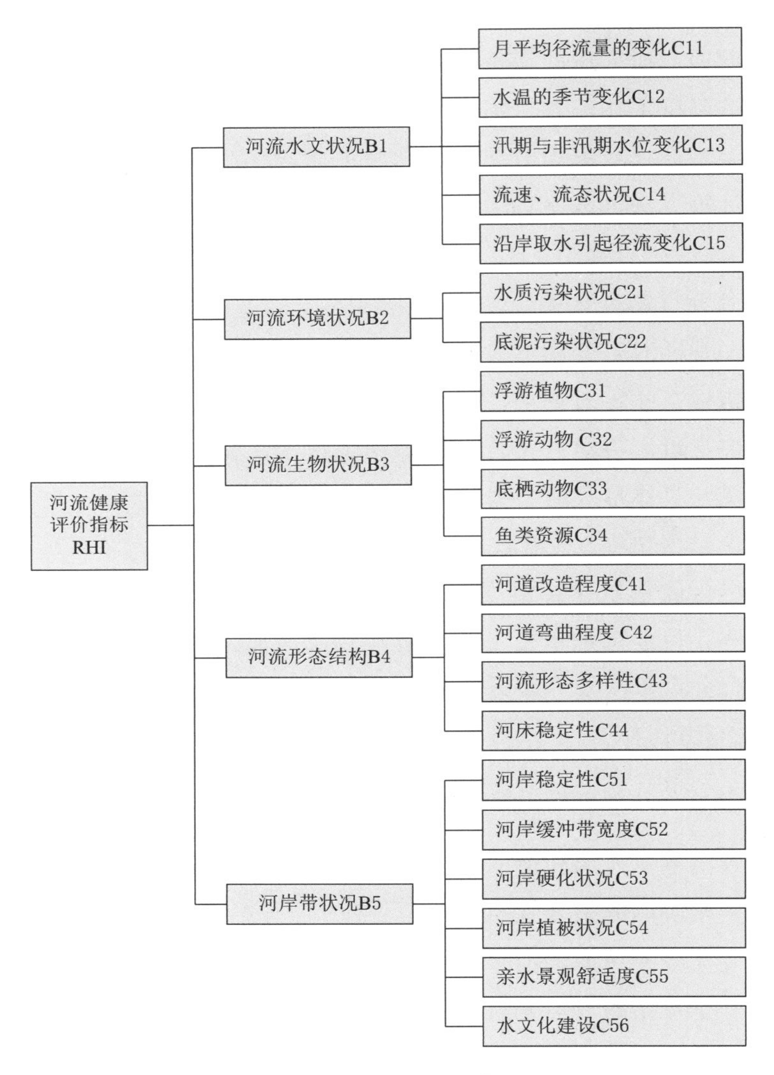

图2-1 河流健康评价指标体系框架图

1. 目标层

目标层是对河湖健康评价指标体系的高度概括，用以反映河湖健康状况的总体水平，用河流健康评价指标（RHI）、湖泊健康评价指标（LHI）或河湖健

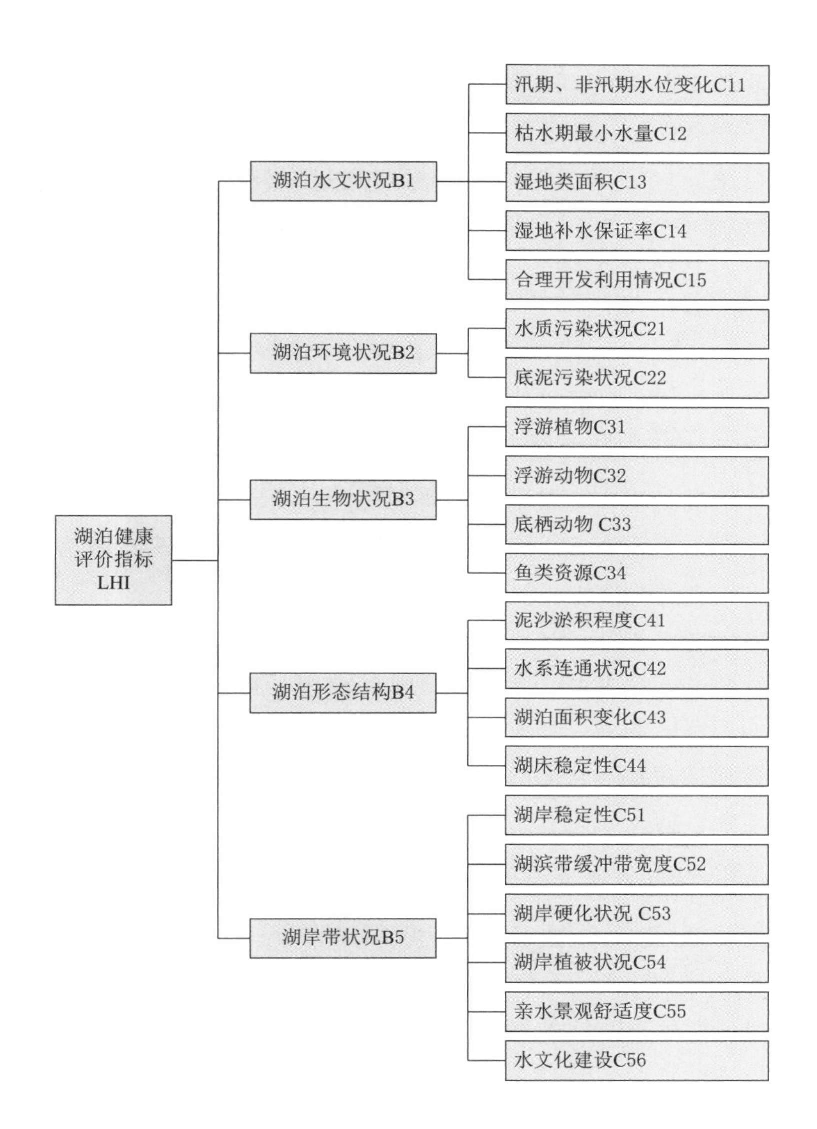

图 2-2 湖泊健康评价指标体系框架图

康评价指标（RLHI）表示。RHI、LHI和RLHI是根据准则层、指标层逐层聚合的结果。

2. 准则层

准则层从不同侧面反映河湖健康状况的属性和水平，对河流来说包括河流（湖泊）水文状况、河流（湖泊）环境状况、河流（湖泊）生物状况、河流（湖泊）形态结构、河（湖）岸带状况5个方面。

3. 指标层

指标层是在准则层下选择若干指标所组成，选取21个定量或定性指标直接反映河（湖）健康状况，以定量为主，定性为辅，对易于获得的指标应尽可能通过量化指标来反映，不能量化的指标可通过定性描述来反映，具体指标如图2-1、图2-2所示。

2.2.3.3 河湖健康评价标准的确定

1. 河湖健康评价标准的等级划分

任何评价都需要一个衡量尺度，也就是一个评价标准，没有评价标准，人们就无法对度量结果的优劣做出判断。因此，河湖健康评价指标体系确定后，就需要明确各项指标的具体健康等级评判标准，通过表征受评对象的特征值与标准值进行比较，把具体指标值转换为评价值才能确定河湖健康状况的优劣等级，进而提出相应的改进措施。可见，河湖健康评价指标标准是河湖健康评价指标体系的重要组成部分，评价标准直接影响评价结果的合理性。

这里借鉴相关研究成果，将河湖健康标准划分为五个等级，根据其健康程度依次为：很健康、健康、亚健康（临界状态）、疾病、严重疾病。所谓“健康”就是系统结构协调、恢复力强、服务功能完善、有较强的活力和稳定性。所谓“疾病”是系统结构已经失调、服务功能差、系统稳定性与恢复力差。而“亚健康”就是系统并无明确的疾病，却呈现活力下降，适应能力呈不同程度的减退，是介于健康和疾病两者之间的一种临界状态。

2. 河湖健康评价标准的确定方法

目前，对河湖生态系统的健康评价，尚无明确统一的标准。综合来看，河湖健康的评价标准具有相对性与动态性的特征，处于不同区域、不同规模、不同类型的河湖，在其生态演替的不同阶段、气候变化与地质构造变迁背景下，在不同社会历史文化氛围，面对不同人群的社会期望，都会影响评价标准的统一。评价标准的制定会直接影响评价结果的科学性、可信性，因此在制定指标评价标准值时，需要综合现有河湖健康评价理论的研究成果及评价区域河湖的实际情况，并充分考虑各地区的差异性和动态性，确定河湖健康评价等级标准有以下几种方法。

(1) 问卷调查法。问卷调查法属于专家意见评判法的一种。通过研究者将待研究问题制成事先拟好备择答案的标准问卷，向有关专家学者及地方政府决

策者进行问卷发放与回收，在回收问卷答案的基础上，将答卷人的答案按照一定的规则转换成相应的定量数据，以此来确定指标的具体标准。使用问卷调查法能够比较充分利用人的主观能动性确定指标标准，而且得出的结果比较符合动态性和差异性原则，在实际应用中是一种较好的方法。不过问卷调查法存在用时较长的缺陷，而且一旦被调查对象对某一问题给出的答案离散程度较高时，该问题所涉及的指标一般必须重新调查，甚至剔除。

（2）标准法。所谓的标准法，实际上是指利用现有的一些国际、国内标准来确定具体指标的健康程度标准。标准法是应用最为简便的一种方法，对标准的定量化工作可通过查询标准手册获得。在环境保护与治理领域，这一类国际国内标准非常丰富。由于各类标准制定均拥有较长时间的历史数据，因此在进行指标标准确定时，其客观性较其他方法更强。

（3）参照系法。参照系法是将未受干扰的对照点的状态当作健康的标准，但由于处于不同区域的对照点不具有可比性，且在同一区域内，也很难找到不受人类干扰的参照点，选用历史资料进行对照也存在着历史资料信息不全的问题。

3. 河湖健康评价标准的确定

这里评价标准分为定量指标和定性指标。河流定量指标的具体评价等级标准见表 2-1。河流定量指标包括：水质污染状况 C21、底泥污染状况 C22、浮游植物 C31、浮游动物 C32、底栖动物 C33、河岸缓冲带宽度 C52。评价等级为五级：很健康、健康、亚健康、疾病和严重疾病。湖泊定量指标的具体评价等级标准见表 2-2。定量指标包括：水质污染状况 C21、底泥污染状况 C22、浮游植物 C31、浮游动物 C32、底栖动物 C33、湖滨带缓冲带宽度 C52。评价等级为五级：很健康、健康、亚健康、疾病和严重疾病。

表 2-1　　河流定量指标评价标准

评价指标 \ 评价等级	很健康	健康	亚健康	疾病	严重疾病
水质污染状况 C21	0.1	0.2	0.4	0.75	1
底泥污染状况 C22	0.1	0.2	0.4	0.75	1
浮游植物 C31	4.5	3.5	2.5	1.5	1
浮游动物 C32	4.5	3.5	2.5	1.5	1
底栖动物 C33	0.8	0.6	0.3	0.1	0
河岸缓冲带宽度 C52/m	70	60	40	30	20

表2-2 湖泊定量指标评价标准

评价指标 \ 评价等级	很健康	健康	亚健康	疾病	严重疾病
水质污染状况 C21	0.1	0.2	0.4	0.75	1
底泥污染状况 C22	0.1	0.2	0.4	0.75	1
浮游植物 C31	4.5	3.5	2.5	1.5	1
浮游动物 C32	4.5	3.5	2.5	1.5	1
底栖动物 C33	0.8	0.6	0.3	0.1	0
湖滨带缓冲带宽度 C52/m	70	60	40	30	20

河流定性指标评价标准见表2-3。河流定性指标包括：月平均径流量的变化C11，水温的季节变化C12，汛期与非汛期水位变化C13，流速、流态状况C14，沿岸取水引起径流变化C15，鱼类资源C34，河道改造程度C41，河道弯曲程度C42，河流形态多样性C43，河床稳定性C44，河岸稳定性C51，河岸硬化状况C53，河岸植被状况C54，亲水景观舒适度C55，水文化建设C56。评价等级为五级：很健康、健康、亚健康、疾病和严重疾病。

表2-3 河流定性指标评价标准

评价指标	很健康	健康	亚健康	疾病	严重疾病
月平均径流量的变化 C11	变化小	变化不大	变化较大	变化大	变化很大
水温的季节变化 C12	变化小	变化不大	变化较大	变化大	变化很大
汛期与非汛期水位变化 C13	变化小	变化不大	变化较大	变化大	变化很大
流速、流态状况 C14	流速流态变化很大，有较多的流速缓急不同的区域	不同断面流速流态变化加大	不同断面流速流态变化一般	流速缓慢，各断面流速无变化	水体基本不流动，或与其他河流隔离
沿岸取水引起径流变化 C15	不明显，无影响	不明显，有影响，影响不大	较明显，但影响不大	较明显，且影响较大	明显，且影响较大
鱼类资源 C34	种类很丰富，珍稀鱼类存活状况几乎不受影响	种类很丰富，珍稀鱼类存活状况基本不受影响	珍稀鱼类个别种类受影响	珍稀鱼类很少部分存在	珍稀鱼类基本灭绝

续表

评价指标	很健康	健康	亚健康	疾病	严重疾病
河道改造程度C41	无渠化和淤积，河流保持自然状态	存在少量拓宽、挖深河道等现象，无明显渠化	存在部分渠化、两岸筑有堤坝	渠化严重、两岸筑有堤坝，但河床未经渠化	渠化严重，河道内生境极大改变
河道弯曲程度C42	保存自然弯曲状态、未经裁弯取直	保持自然弯曲状态，有少部分经裁弯取直	裁弯取直后已经进行一定程度的恢复	大部分经过裁弯取直，河道仅有少部分弯曲	经过裁弯取直，河道笔直
河流形态多样性C43	河流形态多样，栖息地面积很大，数量很多	河流形态多样，栖息地面积大，数量多	河流形态多样，有栖息地，但面积不大，数量也不多	河流形态单一，只有少量栖息地	河流形态单一，没有栖息地
河床稳定性C44	不存在明显的河床侵蚀或淤积，河床稳定	河床有一定的侵蚀或淤积，河床较稳定	中等程度的退化或淤积，河床较不稳定	河床稳定性较差	河床严重退化或淤积，极不稳定
河岸稳定性C51	无明显侵蚀	轻微侵蚀	中度侵蚀	侵蚀严重	常见崩岸
河岸硬化状况C53	几乎无硬化	硬化比例不大	硬化占了一定比例	硬化比例较大	硬化比例很大
河岸植被状况C54	很好	较好	一般	不好	极差
亲水景观舒适度C55	很好	较好	一般	不好	极差
水文化建设C56	很好	较好	一般	不好	极差

湖泊定性指标评价标准见表2-4。湖泊定性指标包括：汛期、非汛期水位变化C11，枯水期最小水量C12，湿地类面积C13，湿地补水保证率C14，合理开发利用情况C15，鱼类资源C34，泥沙淤积程度C41，水系连通状况C42，湖泊面积变化C43，湖床稳定性C44，湖岸稳定性C51，湖岸硬化状况C53，湖岸植被状况C54，亲水景观舒适度C55，水文化建设C56。评价等级为五级：很健康、健康、亚健康、疾病和严重疾病。

表2-4　湖泊定性指标评价标准

评价指标	很健康	健康	亚健康	疾病	严重疾病
汛期、非汛期水位变化C11	变化小	变化不大	变化较大	变化大	变化很大

续表

评价指标	很健康	健康	亚健康	疾病	严重疾病
枯水期最小水量C12	满足需水量还有富余	满足需水量没有富余	不能满足需水量，影响较小	不能满足需水量，影响较大	不能满足需水量，影响很大
湿地类面积C13	变化小	变化不大	变化较大	变化大	变化很大
湿地补水保证率C14	满足补水还有富余	满足补水没有富余	不能满足补水，影响较小	不能满足补水，影响较大	不能满足补水，影响很大
合理开发利用情况C15	资源开发利用合理，水文水资源可持续发展，并带来经济效益	资源开发利用合理，水文水资源可持续发展	资源开发利用基本合理，水文水资源得不到可持续发展	资源开发对水文水资源影响较大	资源开发对水文水资源影响很大
鱼类资源C34	种类很丰富，珍稀鱼类存活状况几乎不受影响	种类很丰富，珍稀鱼类存活状况基本不受影响	珍稀鱼类个别种类受影响	珍稀鱼类很少部分存在	珍稀鱼类基本灭绝
泥沙淤积程度C41	无河段淤积，河流保持自然状态	少量河段存在淤积，但是淤积量少，河流基本保持自然状态	较多河段存在淤积现象，且淤积量较多，影响了河流的自然状态	大量河段有淤积，且淤积严重，改变了河流的自然状态	河流淤积很严重，彻底改变了河流的自然状态
水系连通状况C42	很好	较好	一般	不好	极差
湖泊面积变化C43	变化小	变化不大	变化较大	变化大	变化很大
湖床稳定性C44	不存在明显的湖床侵蚀或淤积，湖床稳定	湖床有一定的侵蚀或淤积，湖床较稳定	中等程度的退化或淤积，湖床较不稳定	湖床稳定性较差	湖床严重退化或淤积，极不稳定
湖岸稳定性C51	无明显侵蚀	轻微侵蚀	中度侵蚀	侵蚀严重	常见崩岸
湖岸硬化状况C53	几乎无硬化	硬化比例不大	硬化占了一定比例	硬化比例较大	硬化比例很大
湖岸植被状况C54	很好	较好	一般	不好	极差
亲水景观舒适度C55	很好	较好	一般	不好	极差
水文化建设C56	很好	较好	一般	不好	极差

4. 河流评价指标分析及评价标准说明

(1) 河流水文状况 B1。

1) 月平均径流量的变化 C11。反映流量的均匀性，变化越大即流量分配不均匀，不利于河岸生物的生长。采用定性描述，采用查找历史资料和现场调查评价的方法。

2) 水温的季节变化 C12。水中的生物根据水温的变化不断调整自己的生理状况和生活习性适应水温的变化。采用定性描述，采用查找历史资料和现场调查评价的方法。

3) 汛期与非汛期水位变化 C13。差异小，水生生物的环境变化小，较容易适应。采用定性描述，采用查找历史资料和现场调查评价的方法。

4) 流速、流态状况 C14。河道不同断面流速流态变化很大，存在有较多的流速缓急不同的区域。采用定性描述，采用查找历史资料和现场调查评价的方法。

5) 沿岸取水引起径流变化 C15。沿岸取水会引起径流量减少，土壤涵养水源减少，不利于河岸生物的生长。采用定性描述，采用查找历史资料和现场调查评价的方法。

(2) 河流环境状况 B2。

1) 水质污染状况 C21。采用水质平均污染指数（WQI）来表征河流水质污染状况，即

$$P_{ij} = \frac{C_{ij}}{S_{ij}}$$

$$WQI = \frac{1}{m}\sum_{j=1}^{m} \frac{1}{n}\sum_{i=1}^{n} P_{ij}$$

式中：P_{ij} 为指标 i 在采样点 j 的单向污染指数；C_{ij} 为指标 i 在采样点 j 的实测值；S_{ij} 为指标 i 在采样点 j 的评价标准值，参照《地表水环境质量标准》(GB 3838—2002) 的Ⅲ类标准；n 为监测指标数目；m 为研究河流监测断面（点位）数目。

2) 底泥污染状况 C22

$$I = \frac{1}{m}\sum_{1}^{m} \frac{1}{n}\sum_{1}^{n} \frac{C_i}{C_{oi}}$$

式中：I 为底泥污染指数；n 为监测指标数目；m 为研究河流监测断面（点位）

数目；C_i为指标i的实测值；C_{oi}为指标i的标准，参照《土壤环境质量农用地土壤污染风险管控标准（试行）》（GB 15618—2018）的三级值。

（3）河流生物状况B3。

1）浮游植物C31。浮游植物是水体营养状况最直接的反映，具体采样和分析方法参照国家标准，评价根据Shannon-Wiener生物多样性指数H进行评判，即

$$H=-\sum\frac{N_i}{N}\log_2\frac{N_i}{N}$$

式中：N为样品生物总个体数；N_i为第i种生物的个体数。

水体受污染越严重，水体中生物种类相对减少，个别耐污种类数量增多，多样性指数就会下降。

2）浮游动物C32。通常的浮游动物（图2-3）包括原生动物、桡足类、轮虫和枝角类，由于浮游动物易受水温、pH、盐度及有毒污染物的影响，因此利用有效的浮游动物知识可对各类环境因子做出相应的指示，采用Shannon-Wiener生物多样性指数H进行评判。

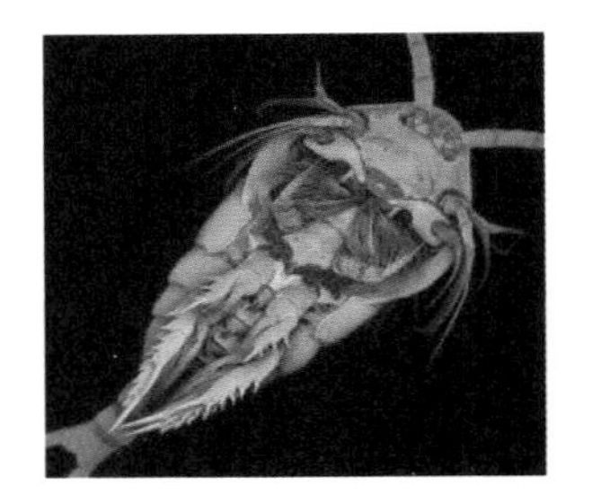
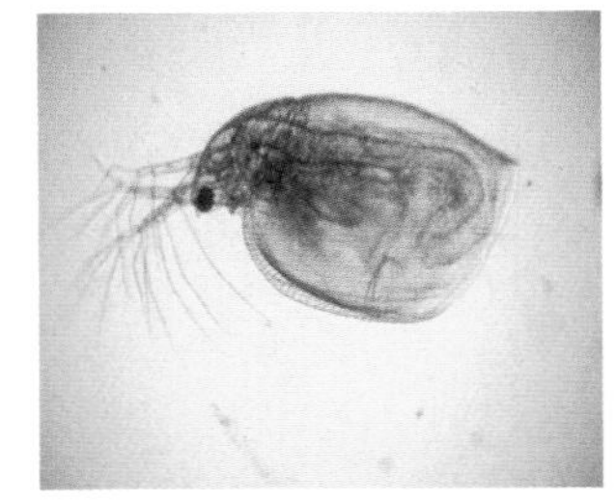

图2-3　浮游动物示意图

正常水体中浮游动物种类多、数量少；重度污染水体（重金属、有机污染）中几乎所有水生生物都不能生存；富营养化水体中，耐污种类形成优势种群。

3）底栖动物C33。底栖无脊椎动物是重要的指示生物，其群落结构和功能变化与河流环境因子存在相关关系，其结构变化能较好地反映河段生境条件的变化，具体采样和分析方法参照国家标准，评价采用Goodnight修正指数（$G.B.I.$）的得分进行评判，即

$$G.B.I.=\frac{N-N_{oli}}{N}$$

式中：N为样品中大型底栖无脊椎动物总个数；N_{oli}为样品中寡毛类的个体数。

4）鱼类资源 C34。主要指鱼类种类的丰富情况与珍稀鱼类的存活情况，通过定性描述来反映，珍稀水生动物的选择根据河流的历史资料和具体资料确定。

（4）河流形态结构 B4。

1）河道改造程度 C41。河道拓宽、护岸渠化、河流裁弯取直，修建大坝，上述改造利用提高了防洪排涝及航运能力，但改变了河流基本布局，影响了河流水文。评分基于对河道改造历史进行了解和实地调查。

2）河道弯曲程度 C42。河道的弯曲在一定程度上制约河流对流水、沉积物以及污染物的输送能力。国内邓志强等人研究曲率在 1.5～1.6 之间的河流可在最低管理维护水平下，具有最大的水沙容量与最好的洪水输送能力，并指出建立与环境功能相协调的自然弯曲型河流，可使河流充分发挥生态环境功能。评分基于对河道改造历史进行了解和实地调查。

3）河流形态多样性 C43。指河流洲滩、叉道等栖息地类型的大小、数量的变化，反映了河流生物栖息地的变化情况。采用定性描述，基于实地调查。

4）河床稳定性 C44。体现的是河床退化或淤积的严重程度。结合现场评价并拍照进行对比等级评定。

（5）河岸带状况 B5。

1）河岸稳定性 C51。通过实地调查及拍照对比进行等级评定。

2）河岸缓冲带宽度 C52。基于实地调查给予相应的评分。

3）河岸硬化状况 C53。实地调查，结合相应的专家评定等级方法。

4）河岸植被状况 C54。通过实地调查以及拍照对比进行等级评定。

5）亲水景观舒适度 C55。通过实地调查以及拍照对比进行等级评定。

6）水文化建设 C56。结合实地调查以及拍照对比来评定等级。

5. 湖泊评价指标分析及评价标准说明

（1）湖泊水文状况 B1。

1）汛期、非汛期水位变化 C11。水位变化小，利于水生生物的生长。定性描述，采用查找历史资料和现场调查评价的方法。

2）枯水期最小水量 C12。能否满足工业、农业、生活、生态需水量和通航要求。定性描述，采用查找历史资料和现场调查评价的方法。

3）湿地类面积 C13。湿地生态系统为各种鸟类、两栖类、爬行类、鱼类和其他水生生物提供了栖息环境，同时也对人类的生存有着非常重要的意义。定性描述，采用查找历史资料和现场调查评价的方法。

4）湿地补水保证率 C14。湿地在涵养水源、调节气候、降解污染物、保护生物多样性等方面发挥着重要作用。定性描述，采用查找历史资料和现场调查评价的方法。

5）合理开发利用情况 C15。资源开发利用情况能较好地反映湖泊综合体内发生的各种过程受人类活动的影响程度，直接反映人类对该类湖泊的开发利用需求。定性描述，采用查找历史资料和现场调查评价的方法。

（2）湖泊环境状况 B2。

1）水质污染状况 C21。同河流水质污染状况。

2）底泥污染状况 C22。同河流底泥污染状况。

（3）湖泊生物状况 B3。同河流生物状况。

（4）湖泊形态结构 B4。

1）泥沙淤积程度 C41。围湖造田、筑堤围垦、侵占水域、违法采砂、设障等行为，改变了湖泊基本布局，影响了湖泊的水文状况。评分基于对湖泊改造历史进行了解和实地调查。

2）水系连通状况 C42。河湖连通可调节水量，在一定程度上削减汛期的洪水威胁，同时缺水区域水量得到补给，有足够的水资源来满足当地居民的生产与生活，受水区因水量增多，流速增大，水圈和大气圈、生物圈、岩石圈之间的垂直水交换加强，加大水循环，可改善区域气象条件。评分基于对河流改造历史进行了解和实地调查。

3）湖泊面积变化 C43。湖泊面积减小使湖泊的储水功能、泄洪能力减小，湿地调节能力减弱。湖泊在短时间内发生较大的面积波动，会造成局部区域生态环境变化。它反映了湖泊生物栖息地的变化情况。采用定性描述，基于实地调查。

4）湖床稳定性 C44。体现的是湖床退化或淤积的严重程度。结合现场评价并拍照进行对比给予等级评定。

（5）湖岸带状况 B5。

1）湖岸稳定性 C51。结合实地调查及拍照对比给予等级评定。

2）湖滨岸缓冲带宽度 C52。基于实地调查给予相应的评分。

3）湖岸硬化状况 C53。实地调查，结合相应的专家评定等级方法。

4）湖岸植被状况 C54。结合实地调查以及拍照给予相应的等级评定。

5）亲水景观舒适度 C55。结合实地调查以及拍照对比进行等级评定。

6）水文化建设 C56。结合实地调查以及拍照对比进行等级评定。

2.2.3.4 河湖健康评价指标（RLHI）

河湖健康是指河湖生态及社会服务功能均达到良好状况。

RLHI 包括生态保护和社会服务，如图 2-4 所示。准则层是指水资源保护、水域岸线保护、水污染防治、水生态保护与社会服务保障 5 个方面，指标层共确定 15 项基本指标及 4 项备选指标（表 2-5），作为河湖健康评价指标。各地可结合实际，因地制宜选择备选指标。河湖健康评价等级见表 2-6。

图 2-4 RLHI 准则层

表 2-5 河湖健康指标体系

分类	序号	指标名称		水体类型	指标类型
水资源保护	1	水资源开发利用程度		河流、湖泊、山塘、水库	基本指标
	2	生态用水满足程度			
	3	水功能区水质达标率			
水域岸线保护	4	河湖岸带植被覆盖度		河流、湖泊、山塘、水库	基本指标
	5	河湖岸带人工干扰程度		河流、湖泊、山塘、水库	基本指标
	6	水系连通情况	河流纵向连通指数	河流	基本指标
			湖库连通指数	湖泊、山塘、水库	基本指标
水污染防治	7	入河湖排污口布局合理程度		河流、湖泊、山塘、水库	基本指标
	8	水体整洁程度		河流、湖泊、山塘、水库	基本指标
	9	水质状况	水质优劣程度	河流、湖泊、山塘、水库	基本指标
			湖库富营养化指数	湖泊、山塘、水库	基本指标
	B1	底泥污染状况		河流、湖泊、山塘、水库	备选指标

续表

分类	序号	指标名称		水体类型	指标类型
水生态保护	10	水土流失治理程度		河流、湖泊、山塘、水库	基本指标
	11	水域空间状况	湖泊面积萎缩比例	湖泊	基本指标
			库容淤积损失率	山塘、水库	基本指标
	12	鱼类保有指数		河流、湖泊、山塘、水库	基本指标
	B2	换水周期		城市湖泊	备选指标
	B3	浮游植物数量		湖泊、山塘、水库	备选指标
	B4	鱼类生境状况		河流、湖泊、山塘、水库	备选指标
社会服务保障	13	公众满意度		河流、湖泊、山塘、水库	基本指标
	14	防洪指标			
	15	供水指标			

表 2-6　河湖健康评价等级

等级	类型	颜色		赋分范围/分	说明
1	理想状况	蓝	●	80～100	接近参考状况或预期目标
2	健康	绿	●	60～80	与参考状况或预期目标有较小差异
3	亚健康	黄	●	40～60	与参考状况或预期目标有中度差异
4	不健康	橙	●	20～40	与参考状况或预期目标有较大差异
5	病态	红	●	0～20	与参考状况或预期目标有显著差异

河湖生态系统治理模式与技术

河湖水体污染的来源主要有农业生产使用的化肥、农药污染；畜禽水产养殖中的废弃物污染；工业生产废水、冲洗废水；工业废气进入大气形成的酸雨；居民日常生活产生的洗浴污水等污染。国际上按照污染物排放的特点将水体污染源划分为点源污染和非点源污染两类。

点源污染通常是指有固定的排污口集中排放、排污途径明确的点状分布污染，主要包括工业企业生产废水排放污染和建有排污管网的居民生活污水排放污染；非点源污染是指没有固定污染排放点的污染，即溶解的和固体的污染物从非特定的地点，以广域的、分散的、微量的形式，在降水（或融雪）冲刷作用下，通过径流过程而汇入受纳水体（包括河流、湖泊、水库和海湾等）并引起水体富营养化或其他形式的污染。

由于我国城市居民规模较大且相对集中，排污管网建设较为发达，而农村地域广袤，居民点分散，一般没有建设排污管网，因此，将城市生活污染归入点源污染，农村生活污染归入非点源污染。据此，水体污染源类型可以分为包括工业污染、城市生活污染的点源污染，以及农业污染、农村生活污染的非点源污染。此外，大气干湿沉降、底泥二次污染和生物污染也属于非点源污染。

河流是指由一定流域内地表水和地下水补给，经常或间歇地沿着狭长凹地流动的水流。河流一般发源于高山，经过山地、平原流入湖泊或海洋。河流的划分方法很多，按照河流所处的地貌不同，河流可分为山区河流和平原河流。下面分别介绍两种河流的治理模式。

3.1 河湖生态系统治理模式

3.1.1 山区河流治理模式

3.1.1.1 山区河流特点

我国北方山区河流处于干旱半干旱地带，河道横断面结构示意如图 3-1 所示。北方山区冬季寒冷漫长，夏季炎热短促，大小河流众多，这些山区河流具有如下特点：

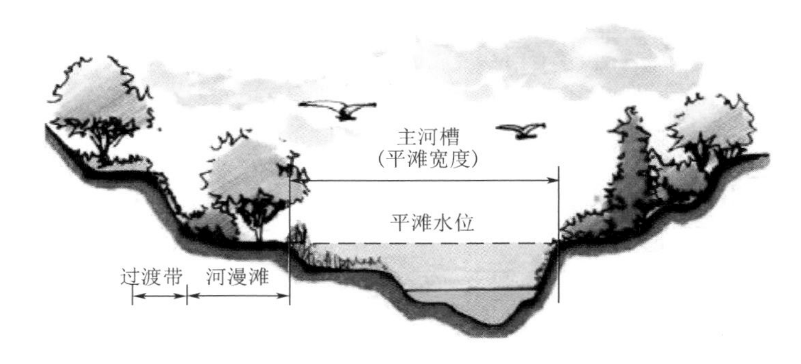

图 3-1 典型山溪性河道横断面结构示意图

（1）山区河流两岸山坡多为岩土结构，由于人为破坏、暴雨或持续降雨，造成山区水土流失严重，大量的泥沙和石块被冲下山体汇入河流，不仅增大了北方山区河流的防洪压力，而且对山区河流生态系统造成了严重的危害。

（2）山区河流由于坡度陡、产汇流时间短、流速大，导致河道冲刷强、河道的形态和植被单一、河床侵蚀严重等生态破坏现象。

（3）山区河流多为季节性河流，降雨少且季节分配不均，汛期和融雪期水流峰高量大，不仅洪灾频发，威胁下游堤防安全，宝贵的水资源也白白流走；非汛期水资源极度缺乏，水力连通性差，不利于植被及微生物的生存，破坏了生态系统的稳定性。

（4）在汛期和融雪期，径流污染产生时间短、发生面积广，导致山区河流面源污染严重，控制难度较大。

南方山区河流上游岸坡土层薄、坡面陡、水肥条件差、河流坡降大。中下游河流多呈现河面宽、边滩沙洲多、植物种类丰富等特点。山区河流一般不利于通航，但有丰富的水力资源，其汛期降雨集中，水位暴涨暴落，流量变幅大，枯水季节水位低、流量小，平时流量大、流速快、冲刷力强，水土流失大。比如，浙江省水土流失集中在占陆域面积60%的山丘地区。

3.1.1.2 山区河流现状

各地不同程度地开展了山区河流的系统建设，但就总体而言，河流整治建设主要是采取传统的设计方法和技术，结构上过分注重护岸与基础。这种设计理念虽然对确保河流两岸经济与社会发展具有重大作用，但一定程度上也对河流生态系统造成了一定的负面影响。随着人们生态意识的提高，观念的转变，在注重人与自然和谐相处的今天，河流的生态建设问题备受关注。

1. 忽略了河流自然岸线的合理性

在自然界长期的演变过程中，河流的走向也处于演变之中，使得弯曲与裁弯两种作用交替发生，但是弯曲或微弯是河流的主要形态，也有不少自然状态的河流处于分岔散乱状态。当为了防洪需要或对河流进行开发时，往往将散乱状态的河流集中成一条主流，对于弯曲的河流未经充分论证而实施裁弯取直，把河流自然弯曲的状态改变成直线或折线（图3-2）。这样虽然降低了工程造价，提高了土地利用率，却忽略了河流自然岸线的合理性，使自然河流中主流、浅滩和急流相间的格局被改变，从而导致鱼类等水生生物栖息、产卵的浅滩和深潭结构丧失。由此产生的结果是河流生态系统的作用越来越小，水质恶化、生境丧失或被阻断、物种减少等生态系统的退化。

2. 河流被非连续化、硬化、渠化

由于修建大坝、堤防，河流被非连续化（图3-3）。人们在以往的河流护岸工程中采用传统的设计方法和技术，主要考虑的是河流的安全性问题。建设河流的护岸形式主要为混凝土直立式挡墙或浆砌石挡墙。片面追求河岸的硬化覆盖，只考虑河流的行洪排涝功能，而没有充分认识到人工构造物对生物和生态环境的影响。由于河流水体与土体完全隔绝，使水系与土地及其生物环境相分离，有些生态功能随之消失，渠道化了的河流本身缺乏生态功能，使河流生态多样性丧失，生物的生存条件被破坏，地下水与地表水的交换通道和植物向水中补充氧气的路径被阻断，丧失了生物多样性的基本特征，特别是一些对人类有益的或有潜在价值的物种消失。河流失去了自净能力，加剧了水污染的程度。

图3-2 被人工直线化的河流

图3-3 非连续化的河流

3.1.1.3 山区河流治理模式

1. 滩地与深潭的保留与利用

河漫滩与深潭是山区河流的特有组成部分，利于洪水期行洪滞洪。城市周边的河漫滩设计应保留其滞洪功能，可以附加设计休闲、亲水功能，满足人们的娱乐、健身需求。另外，河流的蜿蜒性有利于保留生物多样性，为各种水生生物、微生物创造了适宜的生存环境。以往的河流整治多采用裁弯取直或渠化的方式，导致河流自然特征结构丧失。如河流的深浅交替，有利于多种水生生物生存繁衍，形成多样化的食物链，也有利于增强河流的自净能力。为了恢复河流的深浅交替，应避免传统的河流直线型设计：①根据河床演变趋势，结合河床的结构等特点，确定河流形态，依照河床调整好水头和流向；②依据原有地形地貌，顺应其蜿蜒性，同时保持河流深浅交替，不随意将河流裁弯取直，防止河道渠化。

2. 复式断面的设计

山区河流在河滩段可采用复式断面设计。枯水季节，河流流量较小，河水只流经河流主槽，洪水来临时，允许洪水流过河滩。由于该类截面面积大，洪水的水位很低，一般不需要建立高的堤坝。由于洪水季节短，枯水期根据滩地地形、河滩宽度以及当地的需求进行开发：如果河滩宽，可以考虑建设足球场和其他大型体育场地；如果河滩面积小，可以建设公园、亲水长廊和其他小的户外活动场所。

3. 防冲不防淹的低堤坝设计

山区河流具有河床坡降陡、洪水水位高、持续时间短、流量相对集中的特点，而且对河岸冲刷严重。针对这些特点可以考虑采用矮堤设计，提高其稳定性和抗冲能力，允许低频率洪水漫坝过水，还河流以空间，给洪水以出路，确保堤坝冲而不垮，农田冲而不毁。以防洪为主要功能的农村河道，堤防基础冲刷严重，可使用松木桩提高堤防的安全性和抗冲能力，而且投资也不高。

4. 采用生物固堤，减少堤防硬化

对于乡村田间河道，除个别冲刷严重河岸需筑堤护坡外，应尽量维持原有的自然面貌，保持天然状态下的岸滩、江心洲、岸线等自然形态，维持河道两岸的行洪滩地，保留原有的湿地生态环境，减少工程对自然面貌和生态环境的破坏。在堤防建设中，可采用大块鹅卵石堆砌、干砌块石等护岸方式，使河岸趋于自然形态。在冲刷严重的河岸堤防内侧，种植根系发达的树种如水杉等，提高堤防的抗冲能力。

5. 景观与文化

山区性河道景观应体现山清水秀、自然清纯的天然风貌，有历史积淀的城镇河道应保留历史遗留的有价值的堤、桥、路、滩等形成的人文景观。城镇河段的河道景观建设，应与城镇的定位、文化、风格、历史、人文等要素相协调，注意保留天然的美学价值，形成错落有致的河、岸、园、林、路、水、山结合的城镇景观，营造一种人与自然亲近的环境，减少水利工程的混凝土与砌石对景观的破坏。乡村河道主要维持原有的自然景观，保护和利用原有的河道风貌。

3.1.2 平原河流治理模式

3.1.2.1 平原河流特点

相对于山区河流，平原河流具有河流密度大，多呈“网状”水系；河流纵坡较小，流速平缓，一些河流存在双向流现象；多数平原河流具有通航要求；河网地区经济发达，人口稠密，污染源多，污染负荷大等特点。

3.1.2.2 平原河流现状

平原区水网密布，河流纵横，自然条件优越，随着经济和社会的不断发展，平原河流除了被渠化、硬化和非连续化以外，还面临着诸多问题。

1. 河流污染问题十分突出

河网地区在非排水季节是一个封闭的水域，环境容量较小。随着生活污水和工业废污水向水域的排放量不断增加，污染物成分日趋复杂，严重超出了水体的自净能力，河流水质受到污染，对人们的生活产生一定的影响。

2. 侵占水域现象较为普遍

水域不仅在生态系统中起着基础性的作用，也是人类防御自然灾害，实现人与自然和谐相处的重要载体。近年来，随着经济的发展和城镇建设步伐的加快，水域侵占（主要对象是河流）现象较为普遍，部分河流成为死水潭、断头浜，河流生态系统严重退化，甚至完全消失。水域的侵占造成河流过水断面减小，降低了河流的调蓄能力，增加了洪涝风险。

3. 河流管护机制尚不完善

河流“重建设，轻管理”的发展模式还未发生改变，河流维护经费不足，存在着养护难的问题；加上人们对河流维护意识还比较淡薄，沿岸绿化带人为开垦种植、砍割放牧等现象屡有发生，影响了河流生态和环境效益的发挥。

3.1.2.3 平原河流治理模式

平原河流生态治理模式主要包括水环境治理、河流生态修复以及景观与文化建设三个方面。

1. 水环境治理

水环境治理是以污水处理为重点的水污染控制，主要以水质的化学指标达标为目的，其主要内容如下：

（1）以小流域整治和雨污分流为重点，加强污水排放收集和处理设施建设。调整工业产业结构，逐步形成工业项目的聚集区，并严格控制目前集中污水处理厂服务区域外所有单位的污水的达标排放。农村地区推广生产生活废水简易处理方法，从根本上减少污水排入河流。

（2）控制农业面源污染。农业面源污染是由于农业废弃物未得到有效处置及过度使用化肥引起的。控制农业面源污染的首要任务是发展绿色农业，控制化肥施用量，提倡有机肥或有机复混肥，提高化肥利用率，降低化肥中硝酸盐随雨水的流失，避免污染河流水质。

（3）进行河流疏浚。有计划地实施河流清淤、清障、拓宽等工程，提高河流槽蓄和水动力条件，增强河流自净能力。

（4）建立科学合理的调水机制。通过科学合理的调水，提高水环境容量，使得河流自净能力得以维持或发挥，实现水资源可持续利用的目标，满足经济、社会及生态环境的需求。

2. 河流生态修复

河流生态修复工程的设计，必须要满足水文学和工程力学原理，确保工程的安全性、稳定性和耐久性。

平原河网水位变幅较小，河流断面正常水位以下可采用矩形干砌块石，正常水位以上采用乱石护坡，以增加水生动物的生存空间，消减船行波冲刷，有利于堤岸保护和生态环境的改善。另外，具有防洪或通航功能的河流，堤防基础也可采用松木桩，这种形式具有投资省、整体性能好、抗冲能力强等特点。

3. 景观与文化建设

位于城镇等人口密集区域周边的河流，在绿化河岸和设置道路时，需综合考虑和体现河流安全、亲水、景观等功能，使生态修复工程与两岸景观融为一体，与地区文化、历史、环境相协调，提高城镇品位，营造和谐人居环境。突出水景观设计，掩盖堤防特征，使人走在堤边而又无堤之感觉，建设亲水平台，塑造以石、水、绿、物、路等要素相结合的滨水景观。

3.1.3 湖泊治理模式

3.1.3.1 湖泊特点

湖泊一般有多条河流汇入，河湖关系复杂，湖泊管理保护需要与入湖河流通盘考虑、统筹推进；湖泊水体不连通，系统封闭，边界监测断面不易确定，准确界定沿湖行政区域管理保护责任较为困难；湖泊水域岸线及周边普遍存在种植养殖、旅游开发等活动，管理保护不当极易导致无序开发；湖泊水体流动相对缓慢，水体交换更新周期长，营养物质及污染物易富集，遭受污染后治理修复难度大；湖泊在维护区域生态平衡、调节气候、维护生物多样性等方面功能明显，遭受破坏对生态环境影响较大，管理保护必须更加严格。

3.1.3.2 湖泊现状

湖泊是江河水系的重要组成部分，是蓄洪储水的重要空间，在防洪、供水、航运、生态等方面具有不可替代的作用。长期以来，一些地方围垦湖泊、侵占水域、超标排污、违法养殖、非法采砂，造成湖泊面积萎缩、水域空间减少、水系连通不畅、水环境状况恶化、生物栖息地破坏，湖泊功能严重退化。虽然近年来各地积极采取退田还湖、退渔还湖等一系列措施，湖泊生态环境有所改善，但尚未实现根本好转。

1. 湖泊围垦导致水量调蓄能力下降，加重流域洪水灾害

湖泊是淡水资源的重要储存器和调节器，在流域水资源供给和洪水调蓄方面发挥着不可替代的作用，尤其是在我国东部平原区，湖泊承担的供水和防洪功能在保障流域居民安居乐业方面的地位更是举足轻重。然而，近几十年来，受人多地少和对湖泊功能认识不足等因素的影响，导致湖泊被大量不合理围垦，湖泊面积急剧减少。

2. 入湖污染物大量增加，湖泊水环境质量不断下降

随着湖泊流域和周边地区的人口增长和经济快速发展，导致进入湖泊的TN、TP和COD_{Mn}等污染物增加，湖泊水环境污染不断加重，尤其是在我国东部平原湖区，入湖污染物增加引起湖泊水环境质量急剧下降。

3. 湖泊生物资源退化，生物多样性下降

近几十年来，我国湖泊生态总体处于不断退化状态，集中表现为鱼类资源种类减少、数量大幅下降，生物多样性不断降低，高等水生动植物与底栖生物分布范围缩小，而浮游植物（藻类）等大量繁殖并不断集聚形成生态灾害。在我国东部平原湖区，湖泊生态退化的最主要原因是人类活动引起的湖泊水质下降和水体过度利用等，其中湖泊过度围网和围堤养殖活动是重要原因之一，尤其是长江中游地区湖泊，如长湖、大冶湖、斧头湖等中小型湖泊以及一些大型湖泊湖湾，几乎全湖被围网割裂。

4. 西部地区湖泊总体呈萎缩消亡态势，水量减少、水质持续恶化

近几十年来，受气候变化周期性和冰川快速消融等要素的影响，我国西部地区湖泊水量和面积呈现明显的波动变化，不同时段萎缩与扩张交替变化，但总体呈现萎缩态势，不少湖泊甚至干涸消失。

5. 湖泊与江河水力联系减弱，生态功能退化

除西部内陆流域一些封闭型湖泊外，我国大部分湖泊都与江湖有着自然的水力联系，河川径流不断补给湖泊，在维持湖泊正常水位和水量的同时，也为

河湖水生生物繁衍提供了洄游通道，尤其是我国东部长江中下游平原湖泊，长江与两岸的湖群构成了独特的江湖复合生态系统，在维系江湖水生生态系统稳定和生物多样性等方面发挥着重要作用。近几十年来，受人类防洪蓄水工程建设和湖泊围垦利用等因素影响，湖泊与江湖自然水力联系被大坝或涵闸阻断，一些洄游性物种濒危或消失，水生生物多样性下降，湖泊环境净化与水量调节等生态服务功能不断退化。

长江中下游是我国湖泊分布最密集的区域之一，尤其是大型浅水湖泊广布。历史上，这些湖泊大多与长江自然连通，发挥着正常的洪水调蓄和生物多样性维持等生态功能。随着湖泊泥沙淤积或沼泽化发展，一些湖泊与长江联系减弱，但丰水期仍然保持自然相通，1950年以来，人为修闸建堤等水利工程建设和围垦活动加剧，使得长江中下游绝大多数湖泊成为阻隔湖泊，目前仅有洞庭湖、鄱阳湖和石臼湖三个湖泊自然通江。江湖阻隔，导致湖泊急剧萎缩。

6. 湖泊沿岸带大规模开发，湖泊生态与环境保护压力加大

湖泊作为与人类生存与发展息息相关的重要资源，不仅具有供水、防洪和提供各种水产品等重要生产与调节服务的功能，而且还具有景观旅游等重要文化服务功能。自古以来，湖泊周边地区就一直是人口和经济集聚区域，近二三十年来，随着经济发展和居民生活水平的提高，各地纷纷掀起了更大规模的沿湖开发热潮，从旅游度假区建设，到沿湖各类房地产开发、滨湖新城开发，开发强度和规模不断增加。随着沿湖岸线开发规模扩大和房地产热持续升温，全国沿湖岸线不合理和无序占用问题日益突出，不仅破坏了不同类型湖泊独具特色的景观资源，而且还导致湖滨自然湿地与生态退化，增加了入湖污染物总量。

3.1.3.3 湖泊治理模式

湖泊治理模式主要是源头控制、生态修复相结合。源头控制包括农村污染源的控制与治理、农业污染源的控制与治理、工业污染、内源污染和采矿等。生态修复包括入湖泊溪流和环湖泊湖滨带生态系统恢复与修复、入湖泊河口湿地建设、生态涵养林抚育、水生植物残体打捞、调水补水、河湖连通、岸坡治理等工程。此外还包括退田还湖、退渔还湖、退耕还林等。

湖滨带指位于水体和陆地生态系统之间的生态交错带，具有过滤、缓冲器功能，它不仅可吸附和转移来自面源的污染物、营养物，改善水质，而且可截留固定颗粒物，减少水体中的颗粒物和沉积物。同时湿地还可以提供生物繁育生长的栖息地，对于保护生物多样性、减少洪水危害、保持水土等具有重要意义。在湖泊周边建立和修复水陆交错带，是整个湖泊生态系统恢复的重要组成部分。

湖滨带是湖泊的重要组成部分和最后的保护屏障，加强管理和重建湖滨带工程是湖泊环境保护的重要工作。湖滨带湿地恢复应该选取当地生长适宜性强、污染物净化能力较强、经济价值较好以及与周围环境协调性好的植物。湖泊周围一般有很多坑塘或藕塘等，可改造为湿地净化系统，增设配水和排水系统。湿地区的综合利用，既可净化废水，又可开发利用。

3.2 河湖生态系统治理技术

河湖生态系统治理技术包括水质净化技术、生态护岸技术、生物多样性技术、污染源治理技术、水系连通技术、亲水景观建设和水文化建设共七个方面（图3-4）。

3.2.1 水质净化技术

河湖水体中过量的氮、磷等营养盐是水体发生富营养化的必要条件和重要原因之一。富营养化是指由于氮、磷等营养物质超过自然正常水平大量进入水体，引起水生态系统的净初级生产力不断提高，相关生态系统服务功能丧失，如：藻类及其他浮游生物迅速繁殖，水体溶解氧和透明度下降，水质恶化，鱼类及其他生物大量死亡的现象。目前，国内外对河湖富营养化治理与维护的技术大致可以归类为物理技术、化学技术、生物技术等。

3.2.1.1 物理技术

物理技术主要是通过外移内源污染物或者降低污染物浓度来达到改善水质的目的，常用的有截污、底泥处理、环境调水和曝气复氧等。

1. 截污

截污是河湖治理的一条有效途径。截污工程的主要作用在于控制点污染源，最近几年除了传统的障碍物截污之外，在很多中小河流治理当中还尝试了引水截污、管道截污的方法，所谓的引水截污就是在点污染源附近开凿一

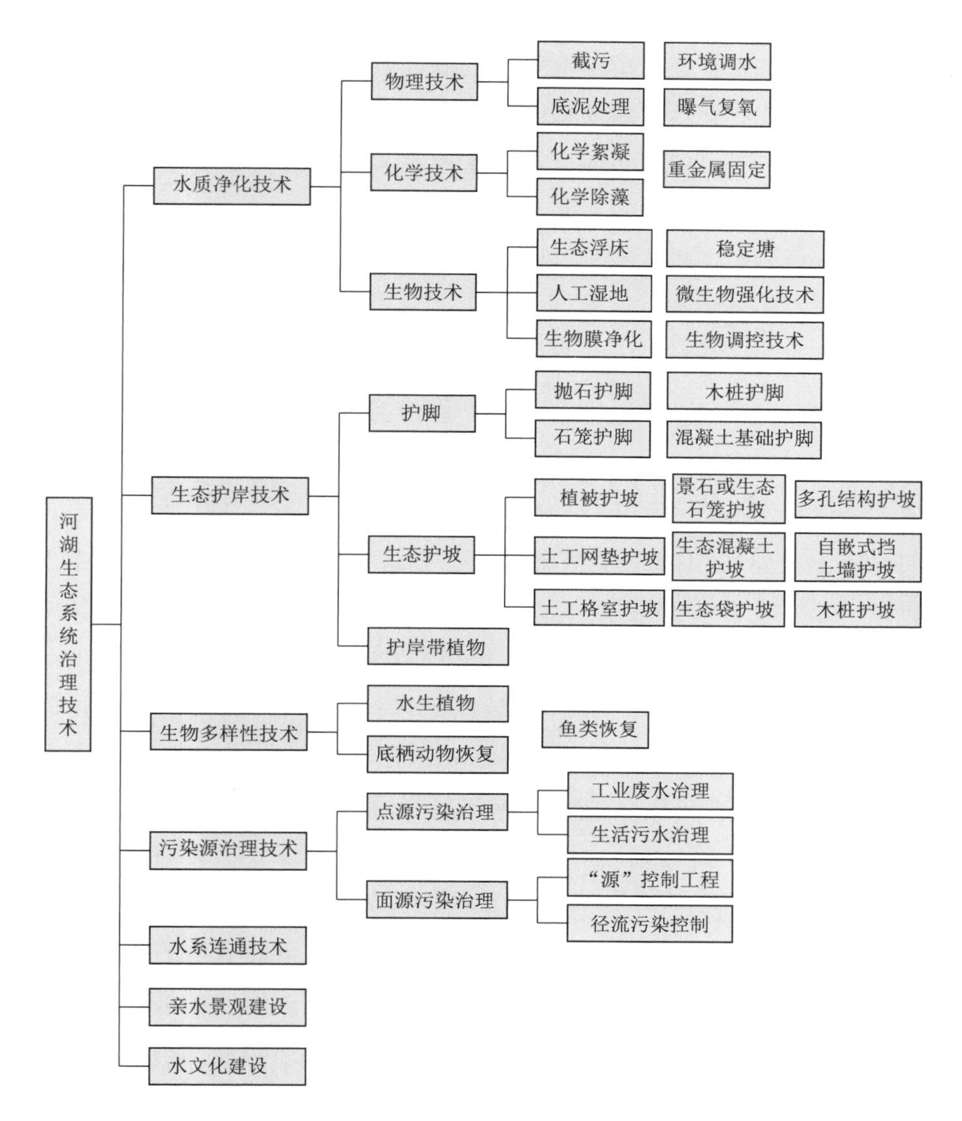

图 3-4　河湖生态系统治理技术

条引水渠，将污水引入引水渠聚集在一起后集中进行再处理。而管道截污的方法主要是指在点污染源附近安放排水管道，利用水泵将附近的污水抽出集中处理的方法。

目前国内受污染河湖，无不源于外来污染物远远超出河湖自身的净化能力而导致水质恶化、生态破坏，而截污则基本能够解决河湖的污染之源，防止水体进一步恶化。截污作为一项有效的措施被广泛认可。

但是，河湖截污工程浩大，涉及面广，包括大量管网铺设、污水处理厂建设、河湖周边生态修复、工厂企业排污控制以及居民搬迁等，其巨额的工程投资、漫长的工期与复杂的工程实施，使众多的河湖主管部门在一定时期内无力承担，进而进展缓慢。因而当前的截污工作更多地体现为相关主管部门量力而行的治理河湖措施之一，通常会结合其他的治理方法实施。

2. 底泥处理

由于常年自然沉积，河湖底部聚积了大量淤泥，富含可观的营养盐类，其释放也可能形成河湖富营养化和水华暴发。将底泥从河（湖）体中移出，可减少积累在表层底泥中的营养盐，减少潜在性内部污染源，是减少内源污染的直接有效措施。在工程施工时，要密闭机械工作面，对淤泥要安全处置，防止二次污染。处理底泥包括底泥疏浚、底泥覆盖等方法。

底泥疏浚主要使用的是大型机械，虽然工程造价较高，但是能够达到立竿见影的效果，部分中小河段治理当中还使用了蓄水冲刷法，这种方法效果不错。但是，清淤后水质只能暂时性地得到改善，随着污染物的输入，河湖很快又淤积回去，而且工程量大，投资费用高。底泥覆盖是在污染底泥上放置覆盖物，可以是一层，也可以是多层，从而隔离底泥和水体，防止底泥浮起，降低底泥污染物的释放量。覆盖物可以选择未污染的底泥、清洁砂子、卵石、黏土等。

3. 环境调水

环境调水的基本原理是通过引水、调水，利用大量的清洁的水稀释河湖当中原来的污水，使河湖中的污染物能够通过稀释，得到快速扩散和转移，从而达到迅速改善河湖内污水的目的。由于所引入的水水质较好，溶解氧较高，且引水以后内河的水呈流动状态，因此可以在短时间之内使河湖保持较高的溶解氧水平和净化能力，这样可以有效促进底部沉积物的生物氧化作用，减少表层底泥的还原性物质和营养盐的释放。这种方法虽然也取得了不错的效果，但不适合所有中小河湖，因为此方法只是将污染物转移或者将其稀释，而非降解，在应用的过程中所引入的水质不好还可能造成新的污染。

4. 曝气复氧

污染严重的河湖水体由于耗氧量大于水体的自然复氧量，溶解氧很低，甚至处于缺氧（或厌氧）状态。曝气充氧也是物理方法中的一种，这种方法是利用了河湖受到污染后缺氧的特征，采用人工方法向河湖内注入空气和氧气加速河湖自身的复氧过程，达到提高水体溶解氧水平的目的。溶解氧水平提高以后，水中的好氧微生物就能迅速恢复活力，发挥微生物的自我净化能力，从而达到改善水质的目的，在中小河流综合治理中得到较好的应用。实践证明即使很小的曝气装置也能够使底层水温和溶解氧得到增加，并能够增加河湖生物量，提高河湖的自我净化能力，有助于加快黑臭、感官性差等状态的河湖恢复到正常的水生生态系统（图 3－5）。

由于河湖曝气复氧工程的良好效果和相对较低的投资与运行成本费用，成为一些发达国家（如美国、德国、英国、葡萄牙、澳大利亚）及中等发达国家与地区（如韩国、中国香港）在中小型污染水体乃至港湾和河湖水体污染治理中经常采用的方法。

图 3－5　太阳能曝气装置

3.2.1.2　化学技术

化学技术是利用化学反应加速污染物与水体分离来实现水质改善的方法。化学技术见效很快，通常被用来应对突发的水体污染情况，如饮用水受到污染。化学物质本身是一种污染来源，因此使用化学药剂对水生生态系统也存在二次污染的风险。在河湖生态治理过程中，化学技术适宜作为应急措施，不宜经常使用。

1. 化学絮凝

化学絮凝的作用原理是利用物质的胶体化学性质使水华生物发生凝聚并沉淀到水体底部或加以回收。现在国际上使用的絮凝剂主要是铝铁系无机絮凝剂、表面活性剂和各种高分子有机絮凝剂。聚合氯化铝 PAC、聚丙烯酰胺 PAM 等高分子凝聚剂在市场上占有很重要的地位。

絮凝剂沉淀法是利用化学手段消除水华，该方法在水华生物密集时极为有效，作用时间短，对非水华生物的影响也较直接杀藻法小，同时还可消除水体中的其他悬浮物质，净化水质。但也存在很大缺陷，聚合氯化铁本身显色，投药后水体变为浅棕色，而且铁盐又是水华生物繁殖的促进物质。铝盐则被证实存在一定的生物毒性。在严格的环境法约束下，西方科学家尚无这种尝试。

由于河湖是一个开放式水体，在河湖中直接投加“混凝剂”见效快，但是水量难以精确估算，混凝的搅拌强度难以控制，且药剂量难以掌握，无法起到像污水处理中那样均匀加药，因此尚有很多问题要解决。污染物沉积在河（湖）底部破坏水底生物环境，且存在污染二次释放的可能性。

2. 化学除藻

化学除藻是控制藻类生长的快速有效的方法，在治理河湖富营养化中已有应用，也可作为严重富营养化河湖的应急除藻措施。常用化学除藻剂有硫酸铜、氯气、二氧化氯、西玛三嗪等。投加这些药剂，与水中的磷结合，絮凝沉淀进入底泥。加入化学物质会对底栖生物产生较大影响。例如，硫酸铜可使藻细胞破坏，细胞内的毒素释放到水体中，造成二次污染，而且这会导致水体中铜离子浓度上升，铜离子易在生物体内累积，危害水生生物及人体的健康。还有研究表明，使用二氧化氯除藻效果较好，投加1mg/L去除率达75%，但在使用过程中也会产生一些对人体有害的亚氯酸盐和氯酸盐。

化学除藻操作简单，可在短时间内取得明显的除藻效果，提高水体透明度。但该方法不能将氮、磷等营养物质清除出水体，不能从根本上解决水体富营养化问题。而且除藻剂的生物富集和生物放大作用对水生生态系统可能产生负面影响，长期使用低浓度的除藻剂还会使藻类产生抗药性。因此，使用药剂杀藻需要科学评估其风险，除非应急和健康安全许可，一般不宜采用化学除藻。

3. 重金属固定

河湖底泥中的重金属在一定条件下会以离子态或某种结合态进入水体，如果能将重金属结合在底泥中，抑制重金属的释放，则可降低其对河湖生态系统的影响。调高pH是将重金属结合在底泥中的主要化学方法。在较高pH环境下，重金属形成硅酸盐、碳酸盐、氢氧化物等难溶性沉淀物。加入碱性物质将底泥的pH控制在7～8，可以抑制重金属以溶解态进入水体。常用的碱性物质有石灰、硅酸钙炉渣、钢渣等。施用量的多少，视底泥中重金属的种类、含量以及pH的高低而定，但施用量不宜太多，以免对水生生态系统产生不良影响。

综上所述，利用化学方法治理富营养化和黑臭水体需大量投加化学药剂，因此其成本也较为昂贵，同时，所加入的化学药剂在治理时也容易引起二次污染，对水体的整个生态环境也会有一定的影响。此外，化学法用于富营养化水体的治理通常不具有可持续性，并没有解决问题的根本。因此，如果采用化学法的同时没有其他适宜的辅助措施，水体很快便又会出现富营养化问题。但是，化学法具有操作简单、见效快等优点，因此，通常仅作为一种应急方案来解决突发问题。

3.2.1.3 生物技术

生物修复的作用原理是利用培育的植物或培养、接种的微生物的生命活动，对水中污染物进行转移、转化及降解作用，从而使水体得到净化。它主要包括生态浮岛技术、稳定塘技术、人工湿地技术、微生物强化技术、生物膜技术、以浮游动物和鱼类控制浮游植物技术等。生物修复措施具有原位净化水质的特点，同时也可以恢复水体中的水生生态结构，运行成本低，可增强水体的自净能力。

在自然未受污染水体中，生态系统十分复杂。在水体底质中、颗粒物的表面、驳岸表面上有大量的细菌，这些细菌是水体中有机物质的主要分解者。在水体中的原生动物又以菌类为食。原生动物的捕食能够加速生物膜的更新。衰老的细菌被捕食后，为新细菌的生长提供了生长空间，使细菌的整体处于较活跃的状态。同时原生动物又是后生动物的食物，而底栖生物，如螺蛳和部分鱼类又以轮虫等后生动物为食。水体中生长的植物在为水体提供氧气的同时也为细菌和微小动物的生长提供了附着空间，水体底质和植物组成的复杂环境，又为各种生物提供了不同的栖息地。整体的生态系统本身有着一定方向的物质流和能量流，在系统内部，生物之间相互促进或约束，保持着整体的功能和活力。

自然界水体的自净功能主要是依靠水体中的生态系统来完成的，这种自净能力非常巨大，在没有人类干涉的情况下可以分解天然水体中的所有有机物质，可以自动调节水体中的养分平衡。在一定范围内，水体中的有机物质和无机盐类的增加可以提高水体中生物的密度，同时系统内部的物质流和能量流也会相应增加，净化水体中污染物的能力也会提高。但是一旦超过系统的承载能力，水体生态系统的某些环节就会遭到破坏或丧失功能，而生态系统功能的丧失又会反作用于水体的自净能力。水体自净能力的减弱又加速了生态系统的崩溃。在恶性的循环之中，水体逐渐丧失了自净的能力。

恢复水体本身的生态结构可以恢复水体的自净能力，通过水体的自净功能达到水体的自我净化，并达到水体和水体内生态系统的良性协调发展。在已经发生水质恶化的水体中，完全依靠水体自发的修复作用和简单的物理修复方式很难迅速恢复水体中的生态结构，而在人工参与的条件下，系统而全面地恢复水体的生态结构可以达到水体生态系统良性协调发展的目的。

1. 生态浮床

（1）水生植物。

水生植物是河湖生态系统的重要组成部分，具有显著的环境生态功能，利用生态浮床种植水生植物，通过植物的生长转移水体系统中的污染负荷，其发达的根系为微生物提供生长繁殖场所，分解水中污染物以供植物吸收，具有一定的吸收净化、澄清水质、抑制藻类的功能。

人为创造一定的条件，利用适合相应河湖水环境的水生植物及其共生的微环境，构建适合水体特征的水生植物群落，能有效降低悬浮物浓度，提高水体透明度及溶解氧，为其他生物提供良好的生存环境，改善水生生态系统的生物多样性。

水生植物是一个生态学范畴上的类群，是不同分类群植物通过长期适应水环境而形成的趋同性适应类型。根据水生植物的生活方式，一般将其分为挺水植物、漂浮植物、浮叶植物和沉水植物（表3-1）。

表3-1　水生植物生长特点和代表种类

生活型	生长特点	代表种类
挺水植物	根茎生于底泥中，植物体上部挺出水面	芦苇、香蒲
漂浮植物	植物体完全漂浮于水面，具有特化的适应漂浮生活的组织结构	凤眼莲、浮萍
浮叶植物	根茎生于底泥，叶漂浮于水面	睡莲、荇菜
沉水植物	植物体完全沉于水气界面以下，根扎于底泥或漂浮于水中	狐尾藻、金鱼藻

1）挺水植物。挺水型水生植物植株高大，花色艳丽，绝大多数有茎、叶之分；直立挺拔，下部或基部沉于水中，根或地茎扎入泥中生长，上部植株挺出水面。挺水型植物种类繁多，常见的有荷花、千屈菜（图3-6）、黄菖蒲（图3-7）、菖蒲（图3-8）、香蒲（图3-9）、水葱（图3-10）、再力花、梭鱼草、花叶芦竹、泽泻、旱伞草、芦苇、茭白等。

图3-6　千屈菜

图 3-7　黄菖蒲

图 3-8　菖蒲

图 3-9　香蒲

图 3-10　水葱

2）漂浮植物。漂浮型水生植物种类较少，这类植株的根不生于泥中，株体漂浮于水面之上，随水流、风浪四处漂泊，多数以观叶为主，为池水提供装饰和绿荫。又因为它们既能吸收水中的矿物质，同时又能遮蔽射入水中的阳光，所以也能够抑制水体中藻类的生长，能更快地提供水面的遮盖装饰。但有些品种生长、繁衍得特别迅速，可能会成为水中一害，如水葫芦等。因此，需要定期用网捞出一些，否则它们就会覆盖整个水面。另外，也不要将这类植物引入面积较大的池塘，因为如果想将这类植物从大池塘当中除去将会非常困难。

3）浮叶植物。浮叶植物的根状茎发达，花大，色艳，无明显的地上茎或茎细弱不能直立，叶片漂浮于水面上。常见种类有王莲、睡莲（图 3-11）、萍蓬草、芡实、荇菜（图 3-12）等。浮叶植物常用于净化受污染水体，一方面提升景观效果，另一方面净化水质。

图3-11 睡莲

图3-12 荇菜

4）沉水植物。沉水型水生植物根茎生于泥中，整个植株沉入水中，具发达的通气组织，利于进行气体交换。叶多为狭长或丝状，能吸收水中部分养分，在水下弱光的条件下也能正常生长发育。沉水植物对水质有一定的要求，因为水质浑浊会影响其光合作用，花小、花期短，以观叶为主。

图3-13 金鱼藻

沉水植物，如软骨草属或狐尾藻属植物，在水中担当着“造氧机”的角色，为池塘中的其他生物提供生长所必需的溶解氧；同时，它们还能够除去水中过剩的养分，因而通过控制水藻生长而保持水体的清澈。沉水植物有金鱼藻（图3-13）、轮叶黑藻（图3-14）、马来眼子菜、苦草、菹草（图3-15）等。

图3-14 轮叶黑藻

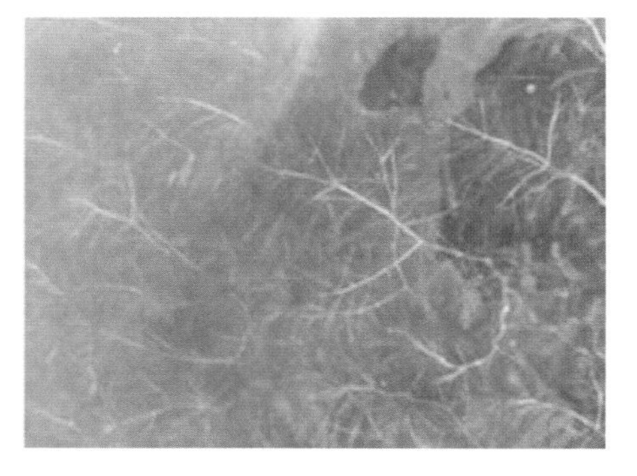

图3-15 菹草

污水治理中应用的水生植物，需要尽快达到吸附污染物、净化水体的作用，最好选择生长速度较快、根系发达的植物，以求尽快达到治污的作用，如芦苇、香蒲、菖蒲等。有些工程还需要对水体进行杀菌消毒、吸附重金属以减少污染，可使用水葱、大薸、水葫芦等。

（2）生态浮床技术。生态浮床又称生态浮岛、人工浮床或人工浮岛，是按照自然规律，运用无土栽培技术，以高分子材料为载体和基质，用现代农艺和生态工程措施综合集成的水面无土种植植物技术。采用该技术可将原来只能在陆地种植的草本陆生植物种植到自然水域水面，并能取得与陆地种植相仿甚至更高的收获量与景观效果。

生态浮床通过植物强大的根系作用消减水中的氮、磷等营养物质，同时植物根系附着的微生物降解水体中的污染物，从而有效进行水体修复的技术。另外种植植物后构成微生物、昆虫、鱼类、鸟类等自然生物栖息地，形成生物链进一步帮助水体恢复，生态浮床主要用于富营养化及有机污染河道。

典型的湿式有框浮床组成包括4个部分（图3-16）：浮床框体、浮床床体、浮床基质、浮床植物。浮床框体要求坚固、耐用、抗风浪，目前一般采用PVC管、不锈钢管、木材、毛竹等作为框架。PVC管无毒无污染，持久耐用，价格便宜，质量轻，能承受一定冲击力；不锈钢管、镀锌管等硬度更高，抗冲击能力更强，持久耐用，但缺点是质量大，需要另加浮筒增加浮力，价格较贵；木头、毛竹作为框架比前两者更加贴近自然，价格低廉，但常年浸没在水中，容易腐烂，耐久性相对较差。

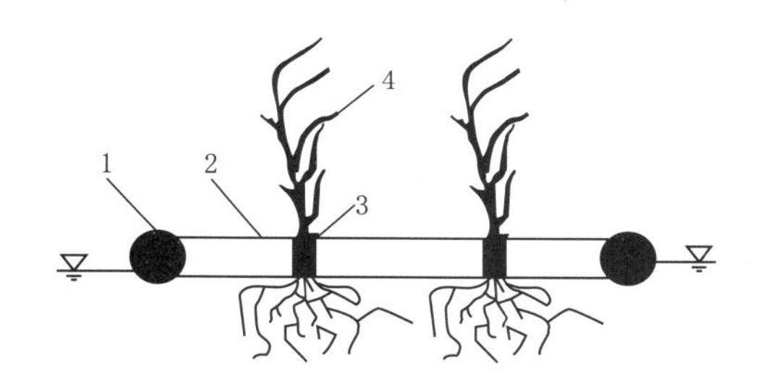

图3-16　生态浮床结构示意图

1—浮床框体；2—浮床床体；3—浮床基质；4—浮床植物

浮床床体是植物栽种的支撑物，同时是整个浮床浮力的主要提供者。目前主要使用的是聚苯乙烯泡沫板，这种材料具有成本低廉、浮力强大、性能稳定的特点，而且原材料来源充裕，不污染水质，材料本身无毒，施工方便，可重复使用。此外，还有将陶粒、蛭石、珍珠岩等无机材料作为床体，这类材料具有多孔结构，适合于微生物附着而形成生物膜，有利于降解污染物质，但限于制作工艺和成本问题，实际应用较少。对漂浮植物进行浮床栽种，可以不用浮床床体，依靠植物自身浮力而保持在水面上，利用浮床框体、绳网将其固定在一定区域内。

浮床基质用于固定植物植株，同时要保证植物根系生长所需的水分、氧气条件及肥料，因此基质材料必须具有弹性足、固定力强、吸附水分和养分能力强、不腐烂、不污染水体等特点，能重复利用，而且必须具有较好的蓄肥、保肥、供肥能力，保证植物直立与正常生长。目前使用的浮床基质多为海绵、椰子纤维等，可以满足上述的需求。土壤基质质量较重，可能污染水质，不推荐使用。

浮床植物是浮床净化水体的主体，需要满足以下要求：适宜当地气候、水质条件，成活率高，优先选择本地种；根系发达，根茎繁殖能力强；植物生长快，生物量大；植株优美，具有一定的观赏性；具有一定的经济价值。目前使用较多的浮床植物有美人蕉、芦苇、荻、水稻、香根草、香蒲、菖蒲、石菖蒲、水浮莲、凤眼莲、水芹菜、水蕹菜等，在实际应用中要根据现场气候、水质条件等影响因素对植物进行筛选。

浮床技术设计原则如下：

1）稳定性。从浮床选材和结构组合方面考虑，能抵抗一定的风浪、水流的冲击而不至于被冲坏。

2）耐久性。正确选择浮床材质，保证浮床能历经多年而不会腐烂，能重复使用。

3）便利性。设计过程中要考虑施工、运行、维护的便利性。

2. 稳定塘

稳定塘旧称氧化塘或生物塘，是一种利用天然净化能力对污水进行处理的构筑物的总称。其净化过程与自然水体的自净过程相似。通常是将土地进行适当的人工修整，建成池塘，并设置围堤和防渗层，依靠塘内生长的微生物来处理污水，主要利用菌藻的共同作用处理废水中的有机污染物。稳定塘污水处理系统具有基建投资和运转费用低、维护和维修简单、便于操作、能有效去除污水中的有机物和病原体、无需污泥处理等优点。

稳定塘是以太阳能为初始能量，通过在塘中种植水生植物，进行水产和水禽养殖，形成人工生态系统。在太阳能（日光辐射提供能量）作为初始能量的推动下，通过稳定塘中多条食物链的物质迁移、转化和能量的逐级传递、转化，将进入塘中污水的有机污染物进行降解和转化，最后不仅去除了污染物，而且以水生植物和水产、水禽的形式作为资源回收，净化的污水也可作为再生资源予以回收再利用，使污水处理与利用结合起来，实现污水处理的资源化。

人工生态系统利用种植水生植物、养鱼、鸭、鹅等形成多条食物链。其中，不仅有分解者生物即细菌和真菌，生产者生物即藻类和其他水生植物，还有消费者生物，如鱼、虾、贝、螺、鸭、鹅、野生水禽等，三者分工协作，对污水中的污染物进行更有效的处理与利用。如果在各营养级之间保持适宜的数量比和能量比，就可建立良好的多生态平衡系统。污水进入稳定塘，其中的有机污染物不仅被细菌和真菌降解净化，而其降解的最终产物，一些无机化合物作为碳源、氮源和磷源，以太阳能为初始能量，参与到食物网中的新陈代谢过程，并从低营养级到高营养级逐级迁移转化，最后转变成水生作物、鱼、虾、蚌、鹅、鸭等产物，从而获得可观的经济效益。

在我国，特别是在缺水干旱的地区，生物氧化塘是实施污水资源化利用的有效方法，所以稳定塘处理污水成为我国着力推广的一项新技术，其优点如下：

1）能充分利用地形，结构简单，建设费用低。采用污水处理稳定塘系统，可以利用荒废的河道、沼泽地、峡谷、废弃的水库等地段建设。稳定塘结构简单，大都以土石结构为主，具有施工周期短、易于施工和基建费低等优点。污水处理与利用生态工程的基建投资约为相同规模常规污水处理厂的1/3～1/2。

2）可实现污水资源化和污水回收及再利用，实现水循环，既节省了水资源，又获得了经济收益。稳定塘处理后的污水，可用于农业灌溉，也可在处理后的污水中进行水生植物和水产的养殖。将污水中的有机物转化为水生作物、鱼、水禽等物质，提供给人们使用或其他用途。如果考虑综合利用的收入，可能达到收支平衡，甚至有所盈余。

3）处理能耗低，运行维护方便，成本低。风能是稳定塘的重要辅助能源之一，经过适当的设计，可在稳定塘中实现风能的自然曝气充氧，从而达到节省电能降低处理能耗的目的。此外，在稳定塘中无需复杂的机械设备和装置，这使稳定塘的运行更能稳定并保持良好的处理效果，而且其运行费用仅为常规污水处理厂的1/5～1/3。

4）美化环境，形成生态景观。将净化后的污水引入人工湖中，用作景观和游览的水源。由此形成的处理与利用生态系统不仅将成为有效的污水处理设施，而且将成为现代化生态农业基地和游览的胜地。

5）污泥产量少。稳定塘污水处理技术的另一个优点就是污泥产量小，仅为活性污泥法所产生污泥量的1/10，前端处理系统中产生的污泥可以送至该生态系统中的藕塘或芦苇塘或附近的农田，作为有机肥加以使用和消耗。前端带有厌氧塘或碱性塘的塘系统，通过厌氧塘或碱性塘底部的污泥发酵坑使污泥发生酸化、水解和甲烷发酵，从而使有机固体颗粒转化为液体或气体，可以实现污泥等零排放。

6）能承受污水水量大范围的波动，其适应能力和抗冲击能力强。我国许多城市污水的BOD浓度很小，低于100mg/L，活性污泥法尤其是生物氧化沟无法正常运行，而稳定塘不仅能够有效地处理高浓度的有机污水，也可以处理低浓度的污水。

稳定塘的缺点如下：

1）占地面积较多。

2）气候对稳定塘的处理效果影响较大。

3）若设计或运行管理不当，则会造成二次污染。

4）易产生臭味，滋生蚊蝇。

5）污泥不易排出和处理利用。

按照塘内微生物的类型和供氧方式来划分，稳定塘可以分为厌氧塘、好氧塘、兼性塘、曝气塘。

（1）厌氧塘。厌氧塘塘水深度一般在2m以上，最深可达4～5m。厌氧塘水中溶解氧很少，基本上处于厌氧状态。厌氧塘的原理与其他厌氧生物处理过程一样，依靠厌氧菌的代谢功能，使有机底物得到降解。反应分为两个阶段：首先由产酸菌将复杂的大分子有机物进行水解，转化成简单的有机物（有机酸、醇、醛等）；然后产甲烷菌将这些有机物作为营养物质，进行厌氧发酵反应，产生甲烷和二氧化碳等。

厌氧塘的优点如下：

1）有机负荷高，耐冲击负荷较强。

2）池深较大，占地省。

3）所需动力少，运转维护费用低。

4）储存污泥的容积较大。

5）一般置于塘系统的首端，作为预处理设施，在其后再设兼性塘、好氧塘甚至深度处理塘，做进一步处理，这样可以大大减少后续兼性塘和好氧塘的容积。

厌氧塘的缺点如下：

1）温度无法控制，工作条件难以保证。

2）臭味大。

3）净化速率低，污水停留时间长。城市污水的水力停留时间为30～50d。

厌氧塘适用条件：对于高温、高浓度的有机废水有很好的去除效果，如食品、生物制药、石油化工、屠宰场、畜牧场、养殖场、制浆造纸、酿酒、农药等工业废水。对于醇、醛、酚、酮等化学物质有一定的去除作用，对重金属也有一定的去除效果。

（2）好氧塘。好氧塘是一种菌藻共生的污水好氧生物处理塘。深度较浅，一般为0.3～0.5m。阳光可以直接射透到塘底，塘内存在着细菌、原生动物和藻类，由藻类的光合作用和风力搅动提供溶解氧，好氧微生物对有机物进行降解。好氧塘内有机物的降解过程，实质上是溶解性有机污染物转化为无机物和固态有机物——细菌与藻类细胞的过程。好氧细菌利用水中的氧，通过好氧代谢氧化分解有机污染物，使其成为无机物，并合成新的细菌细胞。而藻类则利用好氧细菌所提供的二氧化碳、无机营养物以及水，借助于光能合成有机物，形成新的藻类细胞，释放出氧，从而又为好氧细菌提供代谢过程中所需的氧。

在好氧塘中，藻是生产者，好氧细菌是分解者。此外，好氧塘中存在的浮游动物以细菌、藻类和有机碎屑为食物，是初级消费者。生产者、分解者和消费者，与塘水共同组成一个水生态系统，完成系统中物质与能量的循环和传递，从而使进塘的污水得到净化。塘中的藻类，除在其光合作用中为污水的好氧降解提供溶解氧以外，还能去除污水中的氮、磷等营养物质，并能吸附一些有机质。藻类光合作用使塘水的溶解氧和pH呈昼夜变化。白昼，藻类光合作用释放的氧，超过细菌降解有机物的需氧量，此时塘水的溶解氧浓度很高，可达到饱和状态。夜间，藻类停止光合作用，且由于生物的呼吸消耗氧，水中的溶解氧浓度下降，凌晨时达到最低。阳光再照射后，溶解氧再逐渐上升。好氧塘的pH与水中的二氧化碳浓度有关，受塘水中碳酸盐系统的二氧化碳平衡关系影响。

白天，藻类光合作用使二氧化碳降低，pH上升。夜间，藻类停止光合作用，细菌降解有机物的代谢没有中止，二氧化碳累积，pH下降。

好氧塘的优点如下：

1）投资省。

2）管理方便。

3）水力停留时间较短，降解有机物的速率很快，处理程度高。

好氧塘的缺点如下：

1）池容大，占地面积多。

2）处理水中含有大量的藻类，需要对出水进行除藻处理。

3）对细菌的去除效果较差。

好氧塘适用于去除营养物，处理溶解性有机物；由于处理效果较好，多用于串联在其他稳定塘后做进一步处理，处理二级处理后的出水。

（3）兼性塘。兼性塘是最常见的一种稳定塘。兼性塘的有效水深一般为1.0～2.0m，从上到下分为三层：上层好氧区；中层兼性区（也叫过渡区）；塘底厌氧区，沉淀污泥在此进行厌氧发酵。兼性塘是在各种类型的处理塘中最普遍采用的处理系统。好氧区的净化原理与好氧塘基本相同。藻类进行光合作用，产生氧气，溶解氧充足。有机物在好氧性异养菌的作用下进行氧化分解，兼性区溶解氧的供应比较紧张，含量较低，且时有时无。其中存在着异养型兼性细菌，它们既能利用水中的少量溶解氧对有机物进行氧化分解，同时，在无分子氧的条件下，还能以NO_3^-、CO_3^{2-}作为电子受体进行无氧代谢。

厌氧区内不存在溶解氧。进水中的悬浮固体物质以及藻类、细菌、植物等死亡后所产生的有机固体下沉到塘底，形成10～15cm厚的污泥层，厌氧微生物在此进行厌氧发酵和产甲烷发酵过程，对其中的有机物进行分解。在厌氧区一般可以去除30%的生化需氧量。

兼性塘的优点如下：

1）投资省，管理方便。

2）耐冲击负荷较强。

3）处理程度高，出水水质好。

兼性塘的缺点如下：

1）池容大，占地多。

2）可能有臭味，夏季运转时经常出现漂浮污泥层。

3）出水水质有波动。

兼性塘适用条件：既可用来处理城市污水，也能用于处理石油化工、印染、造纸等工业废水。

（4）曝气塘。曝气塘塘深大于2m，采取人工曝气方式供氧，塘内全部处于好氧状态。曝气塘一般分为好氧曝气塘和兼性曝气塘两种。

曝气塘不是依靠自然净化过程，而是采用人工补给方式供氧，通常是在塘面上安装曝气机。实际上是介于活性污泥法中的延时曝气法与稳定塘之间的一种工艺。

曝气塘的优点如下：

1）体积小，占地省，水力停留时间短。

2）无臭味。

3）处理程度高，耐冲击负荷较强。

曝气塘的缺点如下：

1）运行维护费用高。

2）由于采用了人工曝气，容易起泡沫，出水中固体物质含量高。

曝气塘适用条件：适用于处理城市污水与工业废水。

3. 人工湿地

人工湿地系统水质净化技术作为一种生态污水净化处理方法，其基本原理是在人工湿地填料上种植特定的湿地植物，从而建立起一个人工湿地生态系统。当污水经过湿地系统时，主要利用土壤、人工介质、植物、微生物的物理、化学、生物三重协同作用，对污水进行处理。其作用机理包括吸附、滞留、过滤、氧化还原、沉淀、微生物分解、转化、植物遮蔽、残留物积累、蒸腾水分和养分吸收及各类动物的作用。其中的污染物质和营养物质被系统吸收或分解，从而使水质得到净化，人工湿地净化机理示意图如图3-17所示。人工湿地一般由以下五种结构单元构成（图3-18）：底部的防渗层；由填料、土壤和植物根系组成的基质层；湿地植物的落叶及微生物尸体等组成的腐质层；水体层和湿地水生植物（主要是根生挺水植物）。

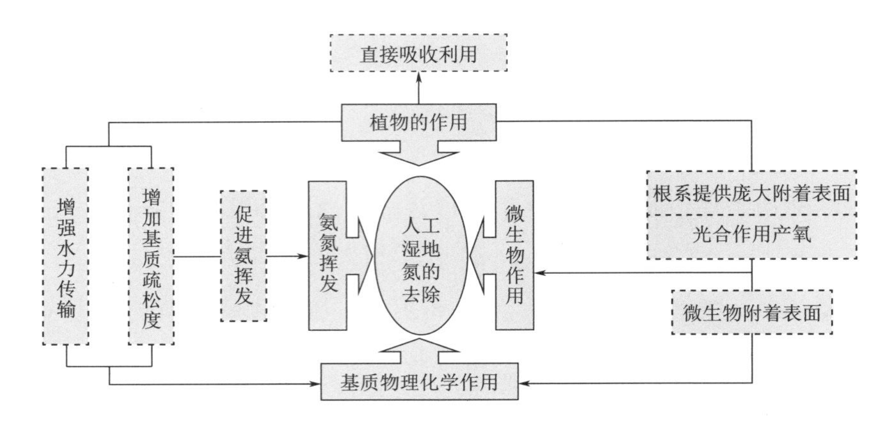

图3-17 人工湿地净化机理示意图

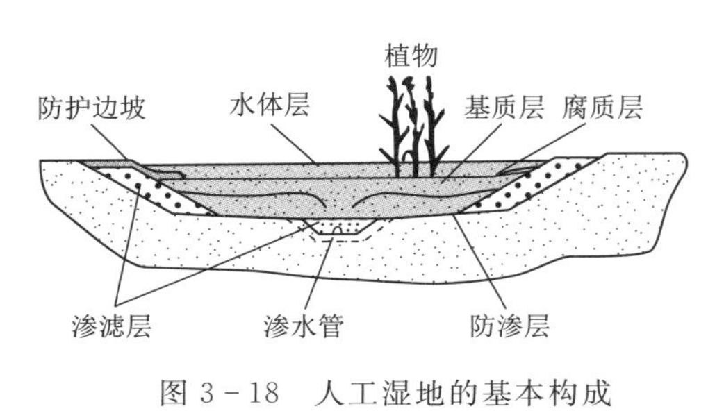

图3-18 人工湿地的基本构成

人工湿地是一个综合的生态系统，它应用生态系统中物种共生、物质循环再生原理，结构与功能协调原则，在促进废水中污染物质良性循环的前提下，充分发挥资源的生产潜力，防止环境的再污染，获得污水处理与资源化的最佳效益。

防渗层是为了防止未经处理的污水通过渗透作用污染地下含水层而铺设的一层透水性差的物质。如果现场的土壤和黏土能够提供充足的防渗能力，那么压实这些土壤作为湿地的衬里即可。

基质层是人工湿地的核心。基质颗粒的粒径、矿质成分等直接影响着污水处理的效果。目前人工湿地系统可用的基质主要有土壤、碎石、砾石、煤块、细砂、煤渣、多孔介质、硅灰石和工业废弃物中的一种或几种组合的混合物。基质一方面为植物和微生物生长提供介质，另一方面通过沉积、过滤和吸附等作用直接去除污染物。

腐质层中的主要物质就是湿地植物的落叶、枯枝、微生物及其他小动物的尸体。成熟的人工湿地可以形成致密的腐质层。

水生植物能够将氧气输送到根系，增加水体的活性，通过微生物硝化、反硝化、吸附等作用在控制水质污染和降解有害物质上也起到了重要的作用（图3-19）。

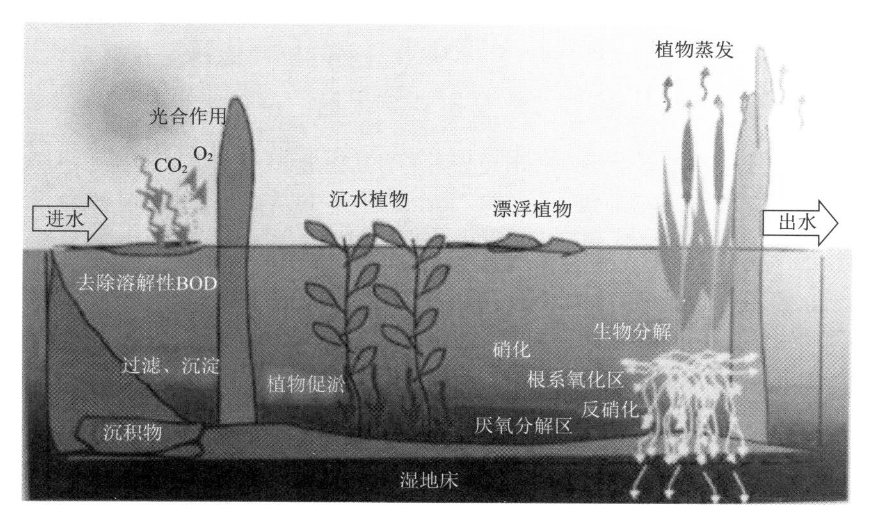

图 3-19　湿地净化过程示意图

水体层的水体在表面流动的过程就是污染物进行生物降解的过程，水体层的存在提供了鱼、虾、蟹等水生动物和水禽等的栖息场所。

湿地系统中的微生物是降解水体中污染物的主力军。好氧微生物通过呼吸作用，将废水中的大部分有机物分解成为二氧化碳和水，厌氧细菌将有机物质分解成二氧化碳和甲烷，硝化细菌将铵盐硝化，反硝化细菌将硝态氮还原成氮气等。通过这一系列的作用，污水中的主要有机污染物都能得到降解同化，成为微生物细胞的一部分，其余的变成对环境无害的无机物质回归到自然界中。

湿地生态系统中还存在某些原生动物及后生动物，甚至一些湿地昆虫和鸟类也能参与吞食湿地系统中沉积的有机颗粒，然后进行同化作用，将有机颗粒作为营养物质吸收，从而在某种程度上去除污水中的颗粒物。

按照污水在湿地床中的流动方式可分为自由表面流人工湿地和潜流型人工湿地，根据污水在湿地中流动的方向不同，可将潜流型人工湿地分为水平潜流式、垂直潜流式和复合垂直潜流式 3 种类型。

人工湿地的类型
- 自由表面流人工湿地
- 潜流型人工湿地
  - 水平潜流式
  - 垂直潜流式
  - 复合垂直潜流式

自由表面流人工湿地指污水在基质层表面以上，从池体进水端水平流向出水端的人工湿地，其示意图如图3-20所示。水以较慢的速度在湿地表面漫流，水深一般为0.3～0.5m。它与自然湿地最为接近，接近水面的部分为好氧层，较深部分及底部通常为厌氧层。植物的根系和被水层淹没的茎、叶起到微生物的载体作用，可以在其表面形成生物膜，通过其中微生物的分解和合成代谢作用，去除水体中的有机污染物和营养物质。表面流人工湿地具有投资少、操作简单、运行费用低等优点。其缺点是占地面积大，水力负荷率小，去污能力有限，系统运行受气候影响较大。

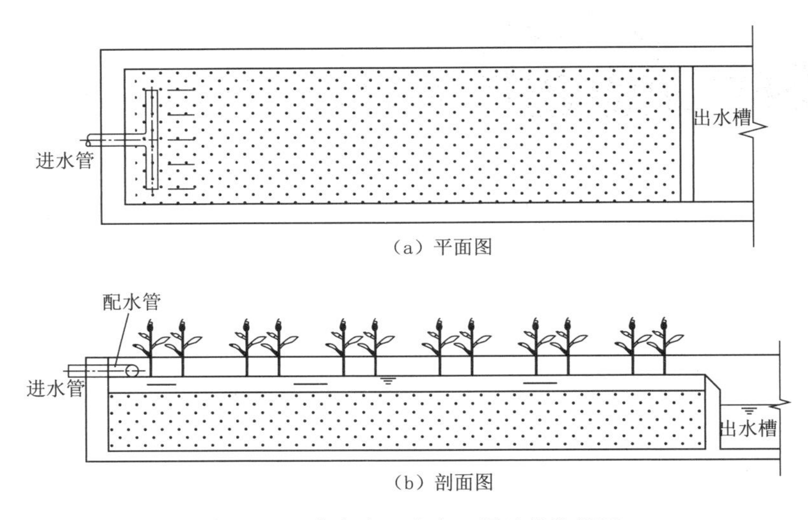

图3-20 自由表面流人工湿地结构简图

水平潜流式人工湿地指污水由进水口一端沿水平方向流动的过程中依次通过砂石、介质、植物根系，流向出水口一端，以达到净化的目的，其示意图如图3-21所示。污水从湿地进水端表面流入，水流在填料床中自上而下、自进水端到出水端，最后经铺设在出水端底部的集水管收集而流出湿地系统。由于其可以充分利用填料表面、植物根系上生长的生物膜和丰富的植物根系、表土层以及填料的降解截留等作用，处理效果较好。同时，该种系统的保温性较好、处理能力受气候影响小、卫生条件好，对有机物和重金属的去除效果较好，是国内外应用最广泛的人工湿地系统。其缺点是投资较高、控制相对复杂、工程量大。

垂直潜流式人工湿地指污水垂直通过池体中基质层的人工湿地。按照水

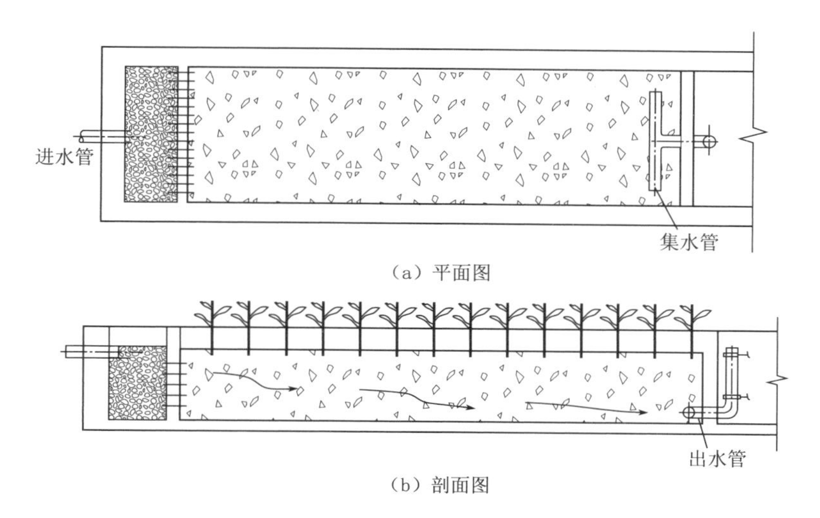

图 3-21 水平潜流式人工湿地结构简图

流在填料床中的流动方向，又分下行流和上行流湿地。它在湿地上部和底部分别布设布水管和集水管，对于下行流湿地，上部为布水管，底部为集水管，其示意图如图 3-22 所示。上行流湿地则相反。垂直潜流式人工湿地具有较强的除氮能力，但对有机物的去除能力不如水平潜流式人工湿地。其优点是占地面积小，对氮、磷的去除效果较好。其缺点是系统相对复杂，建造要求较高，投资较高。

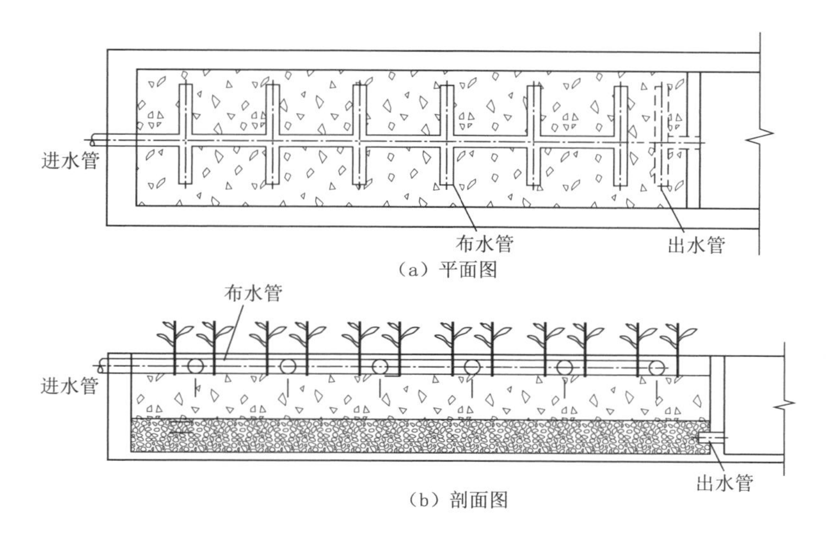

图 3-22 垂直潜流式人工湿地结构简图

图3-23 复合垂直潜流式人工湿地示意图

复合垂直潜流式人工湿地系统由上行流和下行流湿地串联而成，两池中间设有隔墙，底部流通（图3-23）。下行池和上行池中均填有不同粒径的填料介质，种植不同种类的净化植物。为了保证水流的顺畅，下行池填料层比上行池的填料层要高10～20cm，两池底部均设颗粒较大的砾石层连通。下行流表层铺设布水管，上行流表层布设收集管，基质底层布设排空管。来水首先经过配水管向下流行，穿越基质层，在底部的连通层汇集后，穿过隔墙进入上行池；在上行池中，水体由下向上经收集管收集排出。

4. 微生物强化技术

微生物强化技术是通过一定的技术手段（如利用载体材料、包埋物质或合理控制水力条件等），使微生物固着生长，提高生物反应器内的微生物数量，从而利于反应后的固液分离，利于除氮和去除高浓度有机物，以及难以生物降解的物质，提高系统处理能力和适应性。

微生物强化技术立足于恢复、强化微生物群落来净化水体。微生物群落是水生态系统的基础生物组分，既是水体的“清道夫”，降解污染物，给其他的水生生物营造健康的水环境，也是生物链的重要环节，维系正常的物质循环。

微生物（菌类、藻类、原后生动物等）是水体自然净化的主力军，河流受到污染水质变坏，也是因污染量过大超出微生物的消化能力。水质的下降导致部分生物种（包括微生物）丧失了生存环境而逐步消亡，而水生生物结构的改变反过来也助长了水环境恶化的趋势，如此恶性循环导致水生生态系统的退化。生物增效技术正是通过营造微生物的生长空间，数百、数万倍放大微生物量，使水体自然的净化能力得到大大加强，放大对污染的消化能力，切断恶性循环。这不仅可体现出水质的明显改善，也可促进水生生态系统的良性发展循环。

微生物强化技术以培育、发展土著微生物为首要目标，这些微生物因适合于原本的水环境而具备高度的活力和持续发展的能力，既不存在因投加微生物菌可能产生的生物入侵，或因微生物死亡需反复投加，也不存在化学药剂的生物危害；因依靠微生物自发的营养消耗净化水体，而不需进行机械清理。

微生物强化技术依靠微生物的能力自然净化水体，并紧密结合水生生态系统的改善及相互促进发展，因而是一项长期、生态的河流治理措施。

目前，国内外应用最成熟的微生物强化技术为生物巢增效技术，该技术以生物巢为核心，同步净化水质与建立水体生态系统的生态性水体治理维护系统。生物巢是一种新型、高效的生态载体，它融合了材料学、微生物学及水体生态学等学科，采用食品级原材料，通过专利编织技术，将其制成高比表面积、高负荷的微生物载体，是目前国内外最先进、最有效的，以生态修复的方法从根本上解决水体净化问题的环保产品。

5. 生物膜净化

生物膜净化是指以天然材料（如卵石）、合成材料（如纤维）为载体，为微生物提供附着基质，在载体表面形成表面面积较大的生物膜，强化对污染物的降解作用。生物膜法的作用原理是水体中基质向生物膜表面扩散进入膜内部，与膜内微生物分泌的酵素与催化剂发生生化反应并将其代谢终产物排出膜外，从而达到降解污染物的目的。生物膜降解污染物质的具体过程主要分为 4 个阶段：①污染物质向生物膜表面扩散；②污染物质在生物膜内部扩散；③微生物分泌的酵素与催化剂发生化学反应；④代谢生成物排出生物膜、生物膜固着在滤料或载体上。因此，能在其中生长世代时间较长的细菌和较高级的微生物，如硝化细菌的繁殖速度要比一般的假单细胞菌慢 40～50 倍，这就使生物膜法在去除有机物的同时具有脱氮除磷的作用，尤其是对受有机物及氨氮污染的河流有明显的净化效果。另外，在生物膜上还可能大量出现丝状菌、轮虫、线虫等，从而使生物膜的净化能力大大增强。

生物膜法具有较高的处理效率，它的有机负荷较高，接触停留时间短，占地面积少，节省投资。此外，运行管理时没有污泥膨胀和污泥回流问题，而且能够耐受冲击负荷。

6. 生物调控技术

该技术是以浮游动物、鱼类控制浮游植物。生物调控主要有以下途径：

（1）先向水体中投放适当密度的鲢鱼、鳙鱼，藻类吸收水体中的氮磷，放养鱼类摄食含氮磷的藻类，捕捞成鱼带出氮磷，从而遏制水华、减轻水体富营养化。

（2）放养食鱼性鱼类如鳜鱼等，抑制野杂鱼（食用浮游动物），增加浮游动物生物量（食用浮游植物），减少浮游植物等现存量，从而提高水体透明度并增加水体的自净能力。

（3）放养滤食性双壳类，即蚌类（滤食能力极强），从而使其食物——浮游植物、细菌、腐屑和小型浮游动物减少，增加水体透明度，提高水体的自净能力。

较典型的生物调控用于相对封闭的湖泊或水库系统，在营养盐管理已经失败的富营养化湖泊中，生物调控已显示出明显的治理效果，且费用低。但生物调控的稳定性不够，往往仅短期有效，因此其有效性仍存在很大的争议。而且，就技术本身而言也存在一些问题，例如难以保证有足够数量的食肉性鱼类来控制食植物性鱼类种群。在富营养化藻型湖泊中，不存在食鱼动物产卵及栖息场所，食鱼动物、浮游动物种群并不稳定。因此，生物调控技术也有待发展和完善。国内应用较多的是放养鲢鱼、鳙鱼，每平方米水体放养鲢鱼、鳙鱼40～50g，可以有效控制水华，该方法在东湖、滇池、巢湖的水华治理中已得到实际应用。

综合国内外的具体工程实例可以看出，生物膜技术在中小河流净化方面具有净化效果好、便于管理等优点。针对我国目前环保设施建设资金短缺、技术落后，废水处理率低，大部分城市地区的污废水还是由散流、漫流、渗入或汇入周围水体的现状，生物膜技术在我国中小河流污染的综合整治中具有广阔的应用前景。

3.2.2　生态护岸技术

3.2.2.1　护脚

坡脚是河（湖）岸的基础部分，其坚固与否对维护岸坡的稳定，以及整个河湖的形态起着决定性的作用。坡脚的防护要具有足够的重量来承担流体力，同时要具有防止深部侵蚀的深度和宽度，还应具有一定的耐久性、生态性。

1. *抛石护脚*

抛石护脚（图3-24）具有就地取材、施工简易灵活，可以分期实施、逐步

累加加固等优点，而且抛石对水深、岸坡和流速等复杂的外在条件有较广的适应性，可有效地防止航行船只撑篙抛锚的破坏，非密闭的物理性质对河湖的生态系统也具有保护作用。护块石宜采用石质坚硬的石灰岩、花岗岩等。

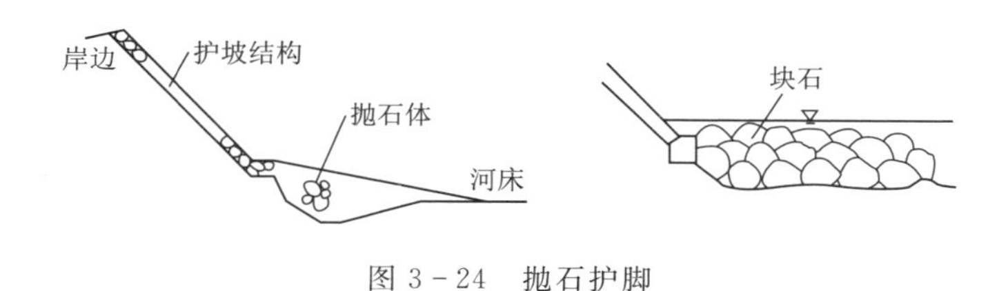

图 3-24 抛石护脚

2. 石笼护脚

石笼护脚（图 3-25）技术也具有较长的历史。石笼是采用铅丝、竹篾、荆条等材料作为各种网格笼，内填块石、砾石或大卵石，网格大小以不漏失填充的石料为限。

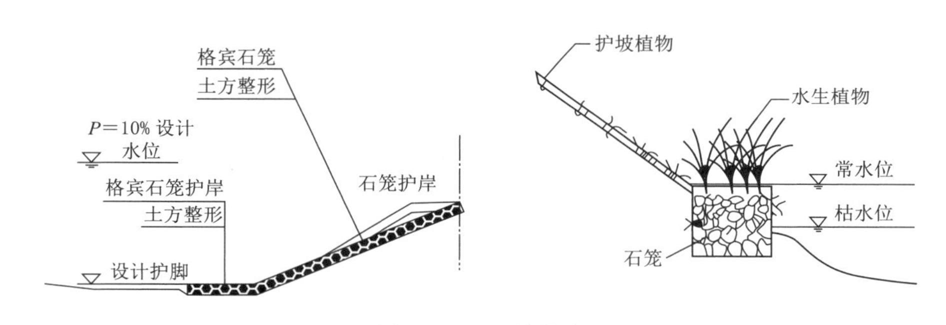

图 3-25 石笼护脚

3. 木桩护脚

木桩护脚（图 3-26）是利用纵向木、横向木和下部打入河（湖）床的木桩构成一个稳固的立方体结构，为防止底部的泥沙被吸出淘蚀，可在靠近河（湖）床的地面编结致密的藤条。

4. 混凝土基础护脚

混凝土基础护脚（图 3-27）技术是模仿房屋建筑稳定基础的。在河湖近岸一定宽度的河床下挖一定深度，浇铸混凝土，打设混凝土桩。岸坡方向铺设带有孔洞的预设混凝土砖，工程完成后再在表层覆土，以便于受扰河湖生态环境的恢复。

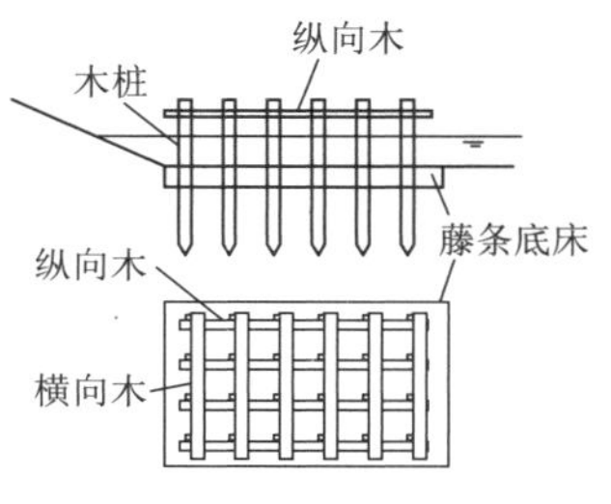

图 3-26 木桩护脚

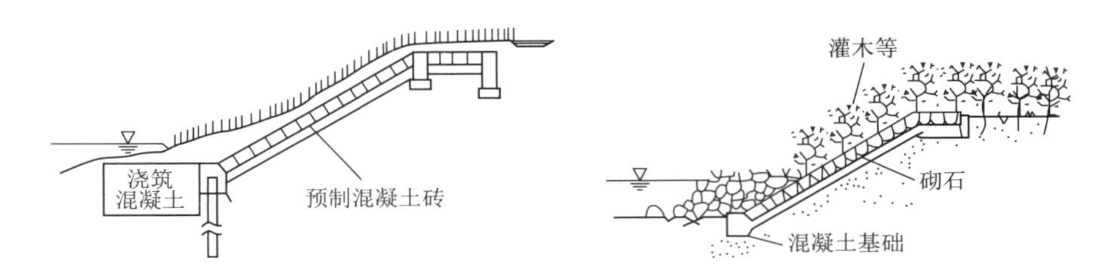

图3-27 混凝土基础护脚

3.2.2.2 生态护坡

长期以来，在中小河流整治过程中，河湖护坡主要采用浆砌或干砌块石、现浇混凝土等材料，护岸工程则多采用直立式混凝土挡土墙，这样的结构型式切断了河湖的水陆过渡带，不同程度引起了水体与陆地的环境退化。

1. 生态护坡的定义

生态护坡，是综合工程力学、土壤学、生态学和植物学等学科的基本知识对斜坡或边坡进行支护，形成由植物或工程和植物组成的综合护坡系统的护坡技术。

开挖边坡形成以后，通过种植植物，利用植物与岩、土体的相互作用（根系锚固作用）对边坡表层进行防护、加固，使之既能满足对边坡表层稳定的要求，又能恢复被破坏的自然生态环境的护坡方式，是一种有效的护坡、固坡手段。

2. 生态护坡的功能

（1）护坡功能。植被有深根锚固、浅根加筋的作用。

（2）防止水土流失。能降低坡体孔隙水压力、截留降雨、削弱溅蚀、控制土粒流失。

（3）改善环境功能。植被能恢复被破坏的生态环境，促进有机污染物的降解，净化空气，调节小气候。

3. 生态护坡的形式

常用的生态护坡形式有植被护坡、土工网垫护坡、土工格室护坡、景石或生态石笼护坡、生态混凝土护坡、生态袋护坡、多孔结构护坡、自嵌式挡土墙护坡、木桩护坡等。

(1) 植被护坡。植被护坡最接近天然护坡，既是一种生态护坡，也是一种传统的护坡形式。通过在岸坡种植植被，利用植物发达根系的力学效应（深根锚固和浅根加筋）和水文效应（降低孔压、削弱溅蚀和控制径流）进行护坡固土、防止水土流失，在满足生态环境需要的同时进行景观造景（图 3-28)。

图 3-28 植被覆盖的河岸带

其优点是：主要应用于水流条件平缓的中小河流和湖泊港湾处。固土植物一般应选择耐酸碱、耐高温干旱，同时应具有根系发达、生长快、绿期长、成活率高、价格经济、管理粗放、抗病虫害特点的植物。

其缺点是：抗冲刷能力较弱，一般的土质植被边坡能够抵抗的水流速度在 2.0m/s 以下；植被护坡只适用于能够自稳的较缓的边坡，陡峭的边坡，植被的种植、养护、生长都会受到影响。例如，边坡陡于 1：1.5 时，乔木难以种植。草本植物根系较浅，抗拉强度小，边坡高陡时，在暴雨或者水流的作用下，草皮层可能与基层剥落。

(2) 土工网垫护坡。土工网垫护坡即三维植被网护坡（图 3-29)，是指利用活性植物并结合土工合成材料等工程材料，在坡面构建一个具有自身生长能力的防护系统，通过植物的生长对边坡进行加固的一门新技术。根据边坡地形地貌、土质和区域气候的特点，在边坡表面覆盖一层土工合成材料并按一定的组合与间距种植多种植物。通过植物的生长活动达到根系加筋、茎叶防冲蚀的目的。经过生态护坡技术处理，可在坡面形成茂密的植被覆盖，在表土层形成盘根错节的根系，有效抑制暴雨径流对边坡的侵蚀，增加土体的抗剪强度，减小孔隙水压力和土体自重力，从而大幅提高边坡的稳定性和抗冲刷能力。

三维植被网的护坡机理：植被的抗侵蚀作用是通过它的三个主要构成部分来实现的。①植物的生长层（包括花被、叶鞘、叶片、茎），通过自身致密的覆盖防止边坡表层土壤直接遭受雨水的冲蚀，降低暴雨径流的冲刷能力和地表径流速度，从而减少土壤的流失；②腐质层（包括落叶层与根茎交界面），为边坡表层土壤提供了一个保护层；③根系层，这一部分对坡面的地表土壤加筋锚固，提供机械稳定作用。

一般情况下，在植物生长初期，由于单株植物形成的根系只是松散地纠结在一起，没有长卧的根系，易与土层分离，起不到保护作用。而三维网的应用正是从增强以上三方面的作用效果来实现更彻底的浅层保护。①在一定的厚度范围内，增加其保护性能和机械稳定性能；②由于三维网的存在，植物的庞大根系与三维网的网筋连接在一起，形成一个板块结构（相当于边坡表层土壤加筋），从而增加防护层的抗张强度和抗剪强度，限制在冲蚀情况下引起的“逐渐破坏”（侵蚀作用会对单株植物直接造成破坏，随时间推移，受损面积加大）现象的扩展，最终限制边坡浅表层滑动和隆起的发生。

土工网垫植被护坡的作用：土工网垫护坡技术综合了土工网和植物护坡的优点，起到了复合护坡的作用（图3-29）。边坡的植被覆盖率达到30%以上时，能承受小雨的冲刷，覆盖率达80%以上时能承受暴雨的冲刷。待植物生长茂盛时，能抵抗冲刷的径流流速达6m/s，为一般草皮的2倍多。土工网的存在，对减少边坡土壤的水分蒸发，增加入渗量有良好的作用。同时，由于土工网材料为黑色的聚乙烯，具有吸热保温的作用，可促进种子发芽，有利于植物生长。

（3）土工格室护坡。土工格室（图3-30）是由聚乙烯片材料经高强力焊接而形成的一种三维网状格室结构。可伸缩自如，运输可折叠，施工时张拉成网状，展开成蜂窝状的立体网格，填入泥土、碎石、混凝土等松散物料，构成具有强大侧向限制和大刚度的结构体。这项技术适用于水位变动区以上，不会发生频繁冲刷的堤坡防护，堤坡不宜陡于1∶1.5。土工格室利用其三维侧限原理，通过改变其深度和孔型组合，可获得刚性或半弹性的板块，可以大幅度提高松散填充材料的抗剪强度，抗冲蚀能力较强。由于土工格室具有围拢及抗拉作用，因此其内填料在承受水流作用时可免于冲刷，植被生长充分后，可使坡面充分自然化，形成的植被有助于减缓流速，为野生动物提供栖息地。植物根系也可增强边坡整体稳定性。其抗腐蚀，耐老化，适应温度范围宽，填充材料可以就地取材，可折叠便于运输，对于降低成本是非常适用的。

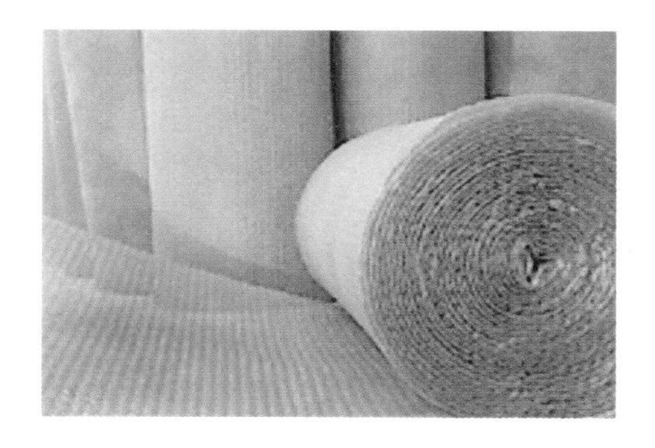

图 3-29　土工网垫

图 3-30　土工格室结构

(4) 景石或生态石笼护坡。在水位变化处，可采用景石护坡（图 3-31）及石笼护岸（图 3-32），具有控制河势，抵抗冲刷，减少水土流失等功效。

图 3-31　景石护坡

图 3-32　生态石笼护岸

景石护坡是通过景石的堆砌，使岸线错落有致，富于变化，具有一定的景观美化效应。

石笼护坡是用钢丝、高强度聚合物土工格栅或竹木做成网箱，内部填充块石或卵石，进行岸边防护的一种结构。一般石笼的抗冲流速可达 5m/s 左右。

网箱的材料是由高抗腐蚀、高强度、有一定延展性的低碳钢丝包裹上 PVC 材料后使用机械编织而成的箱型结构。根据材质外形可分为格宾护坡、雷诺护坡、合金网兜等。

石笼护坡的优点：具有较强的整体性、透水性、抗冲刷性、生态适宜性；

应用面广；有利于自然植物的生长，使岸坡环境得到改善；造价低、经济实惠，运输方便。

石笼护坡的缺点：由于该护坡主体以石块填充为主，需要大量的石材，因此在平原地区的适用性不强；在局部护岸破损后需要及时补救，以免内部石材泄漏，影响岸坡的稳定性。

（5）生态混凝土护坡。生态混凝土（图3-33）是具有特殊结构与表面特性、能够生长绿色植物的混凝土。生态混凝土兼有普通混凝土和耕植土的特点。由多孔混凝土、保水材料、缓释肥料和表层土组成。多孔混凝土是生态混凝土的骨架，由粗骨料和水泥浆或者少量砂浆构成，类似于常用的无砂混凝土。混凝土的孔隙尺寸大，孔隙连通，孔隙率一般达到18%～30%。在多孔混凝土的孔隙内填充保水性材料和肥料。保水性填充材料由各种土壤、无机的人工土壤以及吸水性的高分子材料配制而成。表层土多铺设在多孔混凝土表面，形成植被发芽空间。

（a）植被发育前　（b）植被发育后

（c）植被发育前　（d）植被发育后

图3-33　生态混凝土护坡

生态混凝土护坡的优点是：可为植物生长提供基质；抗冲刷性能好；护坡孔隙率高，为动物及微生物提供繁殖场所；材料的高透气性在很大程度上保证

了被保护土与空气间的湿热交换能力。

生态混凝土护坡的缺点是：降碱问题难于处理；强度及耐久性有待验证；可再播种性需进一步验证；护岸价格偏高。

(6) 生态袋护坡。生态袋（图3-34）是由聚丙烯（PP）或聚酯纤维（PET纤维）为原材料，经专用机械设备的滚压和双面烧结针刺无纺布加工而成，并把肥料、草种和保水剂按一定密度定植在可自然降解的无纺布里而形成的产品。生态袋护坡的功能主要分为水土保持作用及植被作用。生态袋袋体一般具有良好的孔隙度及透水、不透土的功能。通过装填土（一般可采用当地开挖的泥土或者人工配种种植土）后，土的保持性能强，能有效防治坡面水流或降雨水流作用而造成的水土流失。生态袋对植被友善，植物可以从袋体内长出，也可以从表面扎根，起到“固根保土”的作用。

图3-34 生态袋护岸

生态袋护坡的优点是：稳定性较强；具有透水不透土的过滤功能；利于生态系统的快速恢复；施工简单快捷。

生态袋护坡的缺点是：易老化，不利于生态袋内植物种子再生。生态袋孔隙过大，袋装物易在水流冲刷下带出袋体，造成沉降，影响岸坡稳定。

(7) 多孔结构护坡。多孔结构护坡（图3-35）是利用多孔砖进行植草的一类护坡，常见的多孔砖有预制混凝土六角空心砖和预制连锁空心块组成的密框格等。这种具有连续贯穿的多孔结构，为动植物提供了良好的生存空间和栖息场所，可在水陆之间进行能量交换，是一种具有“呼吸功能”的护岸。同时，异株植物根系的盘根交织与坡体有机融为一体，形成了对基础坡体的锚固作用，也起到了透气、透水、保土、固坡的效果。

多孔结构护坡的优点是：形式多样，可以根据不同的需求选择不同外形的

图 3-35 多孔结构护岸

多孔砖；多孔砖的孔隙既可以用来种草，水下部分还可以作为鱼虾的栖息地；具有较强的水循环能力和抗冲刷能力。

多孔结构护坡的缺点是：河堤坡度不能过大，否则多孔砖易滑落至河流；河（湖）堤必须坚固，土需压实、压紧，否则经河水不断冲刷易形成凹陷地带；成本较高，施工工作量较大；不适合砂质土层，不适合河岸弯曲较多的河流。

（8）自嵌式挡土墙护坡。自嵌式挡土墙的核心材料为自嵌块。这种护坡型式是一种重力结构，主要依靠自嵌块块体的自重来抵抗动静荷载，使岸坡稳固；同时该种挡土墙无需砂浆砌筑，主要依靠带有后缘的自嵌块的锁定功能和自身重量来防止滑动倾覆；另外，在墙体较高、地基土质较差或有活载的情况下，可通过增加玻璃纤维土工格栅的方法来提高整个墙体的稳定性。该类护岸孔隙间可以种植一些植物，增加其美感。

自嵌式挡土墙护坡的优点是：防洪能力强；孔隙为鱼虾等动物提供良好的栖息地；节约材料；造型多变，主要为曲面型、直面型、景观型和植生型，满足不同河岸形态的需求；对地基要求低；抗震性能好；施工简便，施工无噪音，后期拆除方便。

自嵌式挡土墙护坡的缺点是：墙体后面的泥土易被水流带走，造成墙后中空，影响结构的稳定，在水流过急时容易导致墙体垮塌；该类护岸主要适用于平直河流，弯度太大的河流不适用；弯道需要石材量大，且容易造成凸角，此处承受的水流冲击较大，使用这类护岸有一定的风险。

（9）木桩护坡。木桩护坡（图 3-36）是在边坡上打下木桩或者仿木桩，以防止坡面滑动和坡面冲刷的防护型式，是一种应用广泛的护坡。木桩结合植被绿化覆盖的手段改造河湖，可以增强河湖的稳定性，保证河湖的生态性，对于挖方段河湖整治应用效果更好。

图 3-36　木桩护坡

3.2.2.3　护岸带植物

河湖植物包括常水位以下的水生植物、岸坡植物、河（湖）滩植物和洪水位以上的河（湖）堤植物。作为河湖近自然治理的主要措施之一，河湖植物能够维持陆域与水域之间的能量、物质和信息通道，保持河湖系统的时空异质性，为动物、植物、微生物提供适宜的生境和避难所，是生物多样性和河湖有效发挥生态系统服务功能的基础，并通过边缘效应和廊道效应，对生物多样性施加积极影响。

岸坡植物群落生境条件好，更适合多种生物栖息和生存，特别是两栖类生物。在具有较高孔隙率的坡脚，更是物种最丰富的区域。植物措施治理河湖通过科学设计，结合人力种植多种植物种类，迅速增加了植物多样性，同时，植物具有保持水土，改善生境等功能，也是食物链的重要组成部分，以及物流、能量流的重要环节，为本地植物恢复，其他微生物和动物栖息、生存和繁衍创造了条件。河湖植物可以重新恢复和衔接水陆域间的联系，有效解决传统河湖建设方式带来的自然环境破坏、河湖服务功能下降等问题，并在补枯、调节水位、提高河湖自净能力、改善人居环境等方面产生重要影响。

选择植物的要求优先选用优良、强健、适应强的乡土树种，采取乔、灌、草相结合的植物群落结构，选用本土植物为主的植物搭配。常见水生植物有芦苇、水竹、水菖蒲等，常见的边坡植物要求适合在河湖常水位以下生长，耐水性好，扎根能力强，比如垂柳等。

3.2.3　生物多样性技术

河湖作为生态系统中的廊道，水陆交互作用，是生物多样性丰富和敏感的区域。河湖生物包括水生植物、底栖动物和鱼类。

3.2.3.1 水生植物

水生植物带可以部分控制地表径流所造成的面源污染。通过水生植物直接吸收水体氮磷等营养物质，净化水质，抑制藻类生长。水生植物光合作用改善环境，为水生动物提供空间生态位，增加生物多样性和系统稳定性，提高水生生态系统自净能力。控制地表径流所造成的面源污染。处理范围为浅水区、深水区、滨水景观带。

水生植物一般选用适应性强、具有本土性、净化能力强而且具有可操作性的先锋物种。群落配置主要根据河湖历史的植物群落结构为模板，适当引入经济价值较高、有特殊用途、适应能力强及生态效应好的物种，建立稳定、多层、高效的植物群落。

3.2.3.2 底栖动物恢复

影响底栖动物的主要因素有底质、流速、水深、营养元素、水生植物等，将这些因素调整到底栖动物能够接受的范围内，实现底栖动物的恢复。

3.2.3.3 鱼类恢复

首先恢复河湖生态系统的物理环境，包括河流水文、水动力学特性以及物理化学特性等；其次采取人工放养或者自然恢复的措施，促进鱼类繁殖，建立比较适宜的生物链，从而实现鱼类的恢复。

3.2.4 污染源治理技术

3.2.4.1 点源污染治理

与水环境污染相关的点源污染治理主要有两类：即工业废水和生活污水治理。

1. 工业废水治理

由于含氮磷工业废水大量排入江河湖泊，藻类和微生物大量繁殖，水中的溶解氧过度消耗，复氧速率明显小于耗氧速率，水质恶化，鱼类及其他生物大量死亡。另外由于一些工业排放的含氮磷废水成分复杂，毒性强，又具有很强的致癌性，进一步加深水体的污染。针对河湖污染控制的特点，工业废水的污染治理应加强对氮磷的去除。含氮工业废水脱氮处理工艺主要有吹脱、离子交换法、生物硝化和反硝化法、折点加氯法等；含磷工业废水的处理工艺主要有混凝沉淀法、晶析除磷法、生物与化学并用法、厌氧—好氧法、Phostrip 系统等。

2. 生活污水治理

(1) 城镇生活污水集中治理。城镇生活污水处理系统的设计要结合地方特点，针对污染源的排放途径及特点，对排水管网健全的城镇宜采用建设生活污水处理厂集中处理的方法，可显著节省建设投资和运行费用，而且处理效果好，易于管理。目前，城镇生活污水脱氮除磷工艺主要如下：

1) 按城市污水处理及污染防治技术政策推荐，处理能力大于 20 万 m^3/d 的污水处理设施，一般采用常规活性污泥法，也可采用其他成熟技术；处理能力在 10 万～20 万 m^3/d 的污水处理设施，可选用常规活性污泥法、氧化沟法、SBR 法和 AB 法等成熟工艺；处理能力在 10 万 m^3/d 以下的污水处理设施，可选用氧化沟法、SBR 法、水解好氧法、AB 法和生物滤池法等工艺，也可选用常规活性污泥法。

2) 按城市污水处理及污染防治技术政策要求，在对氮磷污染物有控制要求的地区，应采用具备较强的脱氮除磷功能的二级强化处理工艺。处理能力在 10 万 m^3/d 以上的污水处理设施，一般选用 A/O 法、A/A/O 法等工艺，也可审慎选用其他的同效技术；处理能力在 10 万 m^3/d 以下的污水处理设施，除采用 A/O法、A/A/O 法外，也可选用具有脱氮除磷效果的氧化沟法、SBR 法、水解好氧法和生物滤池法等。

3) 按城市污水处理及污染防治技术政策许可，在严格进行环境影响评价且满足国家有关标准要求和水体自净能力要求的条件下，可审慎采用城市污水排入大江或深海的处置方法。城市污水二级处理出水不能满足水环境要求时，在有条件的地区，利用荒地、闲地等可利用的条件，采用土地处理系统和稳定塘等自然净化技术进一步处理。该处理方法费用较低、维护简便，适合于土地条件、气候适宜的中小城镇的污水处理。

(2) 分散式生活污水治理。分散式点源污染所排污水为生活污水，污水中营养物（氮、磷）浓度较高，可采用单独点源建立分散式污水处理设施的方案。此外，还可以因地制宜采取生物塘、人工湿地、生活污水净化槽等处理方法。

3.2.4.2 面源污染治理

对面源污染的控制与管理可以从“源”和输移途径方面开展工作，主要包括污染源的治理和径流污染的治理。其中，污染源的治理是根本，径流污染的治理是补充。农业面源污染是所有面源污染中较为严重的类型。面源污染来源于农田的大量施肥与农药施用，畜禽养殖、分散村落的生活污水以及可被冲入河流的村落固体废物，蓄积滞留在地面上的污染物等。对于不同面源污染源，应采取不同的污染源头控制措施。

1．“源”控制工程

（1）农业面源污染控制。农业面源污染主要来自农业耕作的农药、化肥及农田固废。农药、化肥对现代农业发展具有重要作用，但由于缺乏科学的农技指导，普遍存在过度施肥的现象，造成农药、化肥流失量大。流失的农药、化肥随着雨水、地表径流冲刷进入河湖，因此化肥农药成为近年水体污染的主要贡献因子。农药污染的危害主要体现在毒性上，因此对 COD_{Cr} 等有机型污染贡献不大。化肥中大量的氨氮和磷流失是造成河湖水体富营养化和有机质污染的主要原因。

农田固废是农作物收获后遗留的固体废弃物，主要包括农作物秸秆和塑料农膜。农作物秸秆主要由纤维素和天然有机化合物构成，入河湖后易于腐烂，造成水体的富营养化；纤维素短时间内较难降解，最终沉入河（湖）底，使河（湖）底淤积加重。塑料农膜大多为不可降解材料，因为缺乏一定的回收处置机制，从而使它们常常漂流入河湖，造成河湖景观破坏；同时卷裹其他废弃物沉入河（湖）底，加重了河湖内源污染和底泥淤积。

进行农业面源污染控制，主要是在全流域范围内广泛推行农田最佳养分管理，通过对水源保护区农田轮作类型、施肥量、施肥时期、肥料品种、施肥方式的规定，进行源头控制。农业面源污染的主要控制技术有农田生态培肥技术和化学农药污染、少灌少排控制技术。少灌少排就是采用滴灌、喷灌、低压管道灌溉等节水灌溉技术，减少用水量，进而可减少排水量，达到减少农业面源污染的目的。发展生态农业，直接控制农药和化肥的施用。

（2）农村生活污水治理。农村生活污水处理系统一般由预处理单元、一级处理单元和二级处理单元构成。预处理单元包括化粪池、格栅井、隔油池和沉淀池等。一、二级处理单元包括厌氧池、沼气池、好氧曝气池、自然处理（人工湿地、稳定塘）等。可根据村庄规模、经济条件、土地闲置等其他实际情况，科学合理地形成几套处理模式。

(3) 农业有机废物污染控制。农业有机废物包括畜禽粪便、农作物秸秆等。农业有机废物污染控制以畜禽养殖场粪便和农作物秸秆治理为重点，以粪便无害化处理、农作物秸秆综合利用、沼气厌氧发酵等生态工程技术为主，开发农村新能源和有机肥料、畜禽饲料等，实现有机废物多层次循环利用，可有效减少农业有机废物流失及对环境造成的污染。

2. 径流污染控制

水源涵养与水土流失的控制可保证源头清水产流，对调节坡面径流、地下径流以及减少径流泥沙含量、净化水质等方面具有重要作用。由于垦荒和坡地种植等原因，致使山区、涵养林、山林地等遭受人为破坏，导致土壤侵蚀与水土流失，不能为下游提供足够的清水。针对不同水源涵养及水土流失退化状况，有必要实施水源涵养生态恢复及水土流失综合治理工程。治理措施布局上，主要在坡面综合治理的基础上沟坡兼治，工程措施、植物措施和耕作措施有机结合，人工治理和生态自然修复相配置，提高乔、灌、草覆盖率，建立完整的水源涵养与水土保持综合防护体系，有效防止水土流失，保证源头清水产流。

此外，在农业或城镇建成区面源污染物产生后，随径流尤其是暴雨径流流出，进入受纳水体。径流污染的控制就是在径流发生地与受纳水体之间去除径流中污染物的过程。在污染物随径流从发生地到受纳水体的输移过程中，需要经过田边沟渠，穿过水边带，进入湿地、支洪，再汇入河流，最后进入河湖，充分利用这些有效空间，开展生态工程建设，将会大大减少水体中的氮磷浓度。由于暴雨径流相关的面源污染具有突发性、大流量、低浓度的特点，针对这种污染特征的径流污染治理技术比较经济有效的是生态工程与生态恢复技术，较常用的有生态拦截沟渠技术、人工水塘技术、草林复合系统构建技术、人工湿地技术、河道生态修复及污染控制技术等。

3.2.5 水系连通技术

3.2.5.1 水系连通性的概念

河湖水系连通是区域防洪、供水和生态安全的重要基础。随着近年来不同水系结构下的河湖连通研究的逐渐兴起，对连通性的理解、表达、定量化以及水文过程的作用已成为跨学科讨论的热点。目前，我国对河湖水系连通普遍认同的定义为以实现水资源可持续利用、人水和谐为最终目标，以提高水资源配置能力、改善河湖生态环境、增强水旱灾害防御能力为重点任务，通过水库、闸坝、泵站、渠道等必要的水工程，恢复和建立河流、湖泊、湿地等水体之间的水力联系，形成引排顺畅、蓄泄得当、丰枯调剂、多源互补、可调可控的江河湖库水网络体系。

按照其内涵可以将连通性分为三类：①以水资源调配为主的河湖连通，即通过构建河湖水系连通供水网络体系和水源应急通道，提高水资源统筹调配能力和供水保证程度，增强抗旱能力；②以防洪减灾为主的河湖连通，即改变河湖水系连通状况，疏通行洪通道，维系河湖水蓄滞空间，提高防洪能力，降低灾害风险；③以水生态环境修复为主的河湖连通，即改善河湖的水力联系，加速水体流动，增强水体自净能力，提高河湖健康保障能力。

3.2.5.2 水系连通对生态的影响

1. 水系连通产生的生态效益

由于水系连通工程建设的目的不同，其产生的生态效益也有所差异。归纳起来，水系连通工程带来的生态环境效益主要表现在如下方面：

（1）有利于加强局部地区的水循环过程。水系连通可以增加缺水地区的水面面积，使得水圈和大气圈、生物圈、岩石圈之间的垂直水气交换加强，有利于水循环的运转，同时还可提高河湖的水资源更新能力和自净能力，起到改善水质、修复生态环境的效果。

（2）可形成湿地，改善局部气候。水系连通工程附近可形成薄层积水土壤的过湿地段——湿地，起到净化污水和空气，汇集和储存水分，补偿调节河湖水量、调节气候的作用。同时河流与河流连通及河流纵向连通对水生动物的影响基本相同，其中鱼类是水生动物的代表。水文周期过程是众多植物、鱼类和无脊椎动物生命活动的主要驱动力之一。自然的水位涨落过程可为鱼类提供较多的隐蔽场所，对向下游迁徙的鱼类有很重要的作用。

（3）有利于改善水环境状况。水系连通可使河道水流显著增加，径污比增高、水质控制条件趋于稳定，改善水质，同时可增加水域面积，在此基础上进一步建设风景区和旅游景点，改善和美化生态环境。

（4）补偿地下水，防止因超采地下水带来的危害。从人类活动的发展进程看，人类很早就能充分利用水资源进行经济活动。而其利用必须有相应的水道、沟渠连通不同的水体，所有水资源的利用都是以水系连通为前提的。受水区通过水系连通调水，缓解水危机，减少地下水的超采，并通过地表水、地下水的合理调度，增加地下水的入渗和回灌，消减地面沉降的危害。

(5) 有利于生态系统的恢复和保护。水系连通后，可改变区域的地形、地貌、水面、森林、农田、草地、土壤、植被、陆生生物、水生生物等情况，使生态环境朝有利的方向发展。

2. 水系连通造成的负面影响

正如许多事物都存在两面性一样，河湖水系连通对水生态方面所产生的负面影响也不容忽视，其中有些影响甚至是深远的、不可逆的。

(1) 连通工程输水沿线及受水地区土地大面积沼泽化、盐碱化。未建设完善的配套排水系统的水系连通工程，影响土壤水盐的水平和垂直运动，最终可能形成水浸、沼泽化、盐碱化等。

(2) 河湖水系连通造成大范围的淹没，破坏野生动物栖息地。淹没造成土壤排水不畅，土壤长期处于厌气状态下，影响有机质和其他物质分解，产生有毒有害物质，影响野生动物的生存繁衍，对生态环境不利。

(3) 河湖水系连通可能导致河流水质下降，出现新的水污染问题。在水系连通区域内可能存在污染源，如果不对其采取净化措施，将已污染的水体连通，会造成二次污染。

(4) 河湖水系连通可能导致河口海水入侵问题。在水量调出区的下游及河口地区，因来水量的减少将会引起河口海水倒灌，水质恶化，出现海水入侵，破坏下游及河口的生态环境，影响区域用水和经济发展。

(5) 河湖水系连通工程对河流水文情势影响严重。在区域水资源重新分配过程中，由于水库调节河川径流致使水文情势改变，会导致河槽输水能力下降或提高，河（湖）床演变过程减弱或增强。

水系连通工程作为一项社会工程、民生工程，必须要重视工程建设后的负面影响。在修建水系连通工程时，应结合国内外成功案例，借鉴可用之处，尽可能将水系连通的负面影响降至最低。如果不能妥善地处理负面影响，将影响到社会和谐、人与自然的和谐，阻碍社会的可持续发展。

水系连通性对水生态具有重要影响，其主要表现在对水质、湿地生态环境、水生动物资源、防洪及水资源利用等方面。目前，我国流域水系连通性总体较好，但局部地区特别是河流与湖泊的连通性很差，需要采取措施，增强水系连通性，以维护水系生态健康。

3.2.6 亲水景观建设

河流是水生态环境的重要载体，为水生、两栖动物创造栖息繁衍环境。自然的山区河流应宽窄交替，深潭与浅滩交错，急流与缓流并存，偶有弯道与回流，岸边水草、礁石大量存在，为各类水生生物提供栖息繁衍的空间。河流应具有安全、亲水、景观的特性。健康的河流一般有常年流动的河水；有天然的砂石、水草、河心洲；有深潭浅滩、泛洪漫滩；有丰富的水生动植物；有野趣、乡愁；有必要的防洪设施。

沿河而建的堤防不仅仅是为了防洪，还具有承担景观、绿化的功能。防洪堤的建设对于提高当地的防洪减灾能力，保障区域防洪安全和粮食安全，兼顾河流生态环境具有重要意义。防洪堤工程在建设过程中，按照自然、生态的设计理念，并配套建设景观坝、亲水平台等河道生态景观建筑物，在有效提高当地防洪能力的同时，改善当地的生态环境。把河流建设成为自然生态与人文景观相融合、防洪功能与景观游赏于一体的亲水型绿色长廊。

山区性河道景观要求应体现山清水秀、自然清纯的天然风貌，有历史积淀的城镇河道应保留历史遗留的有价值的堤、桥、路、滩等构成的人文景观。城镇河段的河道景观建设，应与城镇的定位、文化、风格、历史、人文等要素相协调，注意保留天然的美学价值，形成错落有致的河、岸、园、林、路、水、山结合的城镇景观，营造一种人与自然亲近的环境，减少混凝土与砌石对景观的破坏。

亲水景观的营造可通过在河（湖）岸设置亲水平台、步道和亲水台阶等方法实现。亲水栈道或栈桥临水而建，通常布置成曲线形、折线形，栈道一般多采用铺木板或仿木板，木板之间需要离缝拼铺，缝隙宽度则根据实际情况确定；亲水平台面积较大，要结合原有的地形并满足行洪要求，一般依岸而建，另一边伸入或挑入水中，亲水平台水位较深时，需设置安全栏。水位较浅或者是浅滩，使得亲水平台最低阶梯紧临水边，供人用水、戏水；亲水阶梯是人们亲近水体的重要设施之一。在较大面积水景中，紧贴岸坡设计坡形走道和逐级台阶，也可以采用草坪缓坡或者错落有序的砌石，使人们的亲水活动不受地形及水位高度变化的影响；岸边亲水道路按形式不同可分为堤岸和过河栈桥散道、边岸栈道、台阶散步道及过水过河踏石散步道等，设计时应协调好河湖及滨水区域的景观和周边风景，将地域文化、水域历史及边岸景观要素融入其中。

山区小河流治理过程中，以筑堰的方式布置亲水设施，并将亲水理念融入到工程设施建设中来，保障枯水季节一定河段具有足够水深，满足人们的用水需求。在适宜条件下，将景观建筑物融入到堤防建设当中去，在临城、村庄的河流两边植树造林，植物配置上采用稀疏乔、灌、草相结合，与河道周边景观相融合。注重河流廊道的生态效益和人文景观作用，形成生态环境友好的河岸绿色长廊，使河流两岸成为沿岸居民休闲娱乐及亲水的活动空间。

美好的河湖景观（图3－37）可为人们提供良好的休憩、娱乐和接近自然的场所，营造了人水和谐、人水相亲的氛围。相信随着人们生活水平的不断提高，相应的生态意识和环境意识也将逐渐增强，河湖景观建设将成为河湖治理工程中的重要组成部分。

（a）嘉善祥符荡亲水景观节点图

（b）嘉善汾湖景观节点图

图3－37　景观节点图

3.2.7　水文化建设

每一个河湖都有自己独特的历史、文化，都记载着该流域的发展史。河湖不仅仅是经济资源、战略资源，还是不可替代的文化资源，是人类亟待保护的珍贵的自然遗产。一个可持续发展的社会不仅仅是经济的可持续性，还必然意味着河湖以及河湖审美和文化价值的可持续性。自古以来，人们逐水而居，在对水的认识、水的利用、水的赞美过程中产生了水文化，水文化又促进了水环境的改善。

随着社会经济不断发展，人们对生活品质要求也越来越高，特别是对文化和精神的需求日益增多，这样一来，伴随着区域间社会软实力的激烈竞争，提高城市竞争力的核心内容向地域文化偏移，重构整合城市地域文化的时机也已成熟。河湖最突出的便是具有不可复制性与时代性的地域文化。

进行河湖文化的挖掘，在保护中开发河湖文化。通过挖掘本河湖所在地古县遗韵，乡规民约，名士风采，民俗文化，古堰、古桥和古渡等水文化遗迹，古寺庙、古塔、古街、古民居和祠堂等古建筑并进行合理开发，实现现代文明与古代文明的融合；通过河湖生态资源优势，调整产业结构；采用现代文明理念，运用科学技术，重视河湖的智慧管理和人文环境建设，培育社会主义核心价值观，提升河湖水生态文明建设水平；在保护中合理开发河湖文化，实现产业兴旺、乡风文明、治理有效、生活富裕。

对流经城区或靠近城区的河段，在保证安全行洪的前提下，突出景观、打造人文，做活“水”文章，增添城市灵性。设立治水广场，竖立在当地水利史上最受崇尚的水利人物雕像，设立治水碑记歌颂水利先驱为后世带来的恩泽，刻上治水代表名单，采用大型浮雕展示当地历史上发生的特大洪水灾害和抗洪抢险英雄。通过当地与水有关的故事丰富文化内涵。可运用雕塑、记事碑刻、亭台楼榭、音乐喷泉、文化长廊和亲水平台等载体，把水体、边岸、岸上连为一体，成为加重城市地域文化在滨水文化景观中的分量，彰显城市的个性化和文化竞争力。

在突出水安全，保护水环境的前提下，在离城区较近地段可建设车行道、游步道、亲水平台、凉亭，作为休闲健身的首选场所，设置文化橱窗和栏板雕饰文化窗口，通过展示文化作品，给人以潜移默化的影响，陶冶情操，提高审美能力。为有效解决县乡河流萎缩、功能衰减、水环境恶化等问题，进行中小河流综合治理，全面提高行洪除涝能力，显著改善农村人居环境条件，切实保障人民群众的生产生活用水安全。

有条件的区域可以建设水文化展览馆、城市河湖型水利风景区、自然河湖型水利风景区、水库型水利风景区、湿地水利风景区等水文化载体，使河湖成为人们旅游观光、休闲娱乐、陶冶情操的好去处，有力推进美丽中国建设。

第4章 生态文明建设中的河流梯级开发

4.1 梯级开发与环境

发展水电与生态环境保护是完全一致的。党的十九大报告提出坚持人与自然和谐共生，持续实施大气污染防治行动，打赢蓝天保卫战。实行最严格的生态环境保护制度，推进绿色发展。加快建立绿色生产和消费的法律制度和政策导向，建立健全绿色低碳循环发展的经济体系。构建市场导向的绿色技术创新体系，发展绿色金融，壮大节能环保产业、清洁生产产业、清洁能源产业。推进能源生产和消费革命，构建清洁低碳、安全高效的能源体系。推进资源全面节约和循环利用，实施国家节水行动，降低能耗、物耗，实现生产系统和生活系统循环链接。倡导简约适度、绿色低碳的生活方式，形成绿色发展方式和生活方式。水是生命之源、生产之要、生态之基，水利是生态环境改善不可分割的保障系统。大坝电站是重要的水利基础设施，在抗御洪水灾害、调蓄利用水资源、提供清洁电能、应对气候变化等方面发挥着重要作用，是推进生态文明建设的重要支撑。生态文明理念促使人们在积极发展水电的同时，十分重视环境保护，维护河流生命，对山、水、林、田、湖、草系统治理，在保护生态环境的基础上，开发水电。

4.1.1 梯级开发与景观

电站建坝蓄水后形成的人工湖融湖光、山色为一体，成为人们可以观赏和利用的水利风景资源，供人游览，开展娱乐活动，陶冶身心，休闲养生，旅游度假。各地景区依托水域（水体）和水利工程，形成了生态工程、乡村休闲、

民族风情、传统文化等各具特色的景区，拓展了水利功能。电站建设完善了当地的基础服务设施、道路交通等，成为人们休闲、娱乐的好去处。如果库区水域面积较大，自净能力较强，适合开展滑翔、游泳、垂钓、漂流潜水、游艇等空中、水面、水底立体交叉的水上运动；库区改善了水环境，提高了生态环境，甚至拥有某些特殊的有益物质，如温泉、森林内含有大量的负氧离子，这些资源都可被用于开发度假旅游和各类疗养度假村。库区大多拥有特殊的地形地貌、种类丰富的水生动植物、丰富的人文历史等风景旅游资源，经过科学适当的开发就能形成山水秀丽、生态环境良好的景区，人们可以利用节假日到大自然中游览观光，调节身心。山区梯级电站可以采用统一调度，保证河流常年不枯，库区或前池形成了具有旅游价值的新景观。让人们在河边休闲、散步，开发划船、漂流等亲水旅游，河边建设游步道，把河道上下游景观节点串联起来，实现全域旅游，促进当地经济发展。

电站建设恢复了下游河道的景观功能。在山区，河流属典型的山溪性河流，河床比降较大、流速快、坡陡流急，暴涨暴落，如果缺乏一定规模的水电工程，雨季河流两岸容易发生涝灾，干旱季节河流干枯，容易形成旱灾，将会导致流域洪涝旱灾频繁、水生动植物失去生境，河流缺乏生机。修建电站后，可以根据电站坝址下游河道水生生态、水环境、景观、娱乐等生态用水需求，充分考虑当地群众的实际需要，在大坝下游以筑堰的方式布置亲水设施，并将亲水理念融入到工程设施建设中来，保障枯水季节一定河段具有足够水深，满足人们的用水需求。在适宜条件下，将景观建筑物融入到堤防建设当中去，建设防洪堤时同步建设下水通道、洗衣平台及汀步等，在临城、村庄的河流两边植树造林，注重河流廊道的生态效益和人文景观作用，形成生态环境友好的河岸绿色长廊，使河流两岸成为沿岸居民休闲娱乐及亲水的活动空间，成为人们良好的休憩、娱乐和接近自然的场所，营造人水和谐、人水相亲的氛围。

4.1.2 梯级开发与减排

当前，水电是我国资源最丰富、技术最成熟、成本最经济、电力调度最灵活的非化石能源、可再生能源，是最现实的、具有大规模开发能力的清洁、低碳能源。水电专家潘家铮曾算了一笔账：“1度电≈1斤煤。”这样三峡水电站连同葛洲坝水电站每年发电1000亿kWh，每年可替代燃煤5000万～6000万t，减排二氧化碳超过1亿t。据全国水能资源普查成果，大陆的水力资源技术可开发量为5.42亿kW。到2020年，我国的水电总装机容量将发展到3.8亿kW，年发电量约1.25万亿kWh。届时水力发电大约相当于每年可减少4.2亿t标准煤的燃烧，减少二氧化碳排放约11亿t、二氧化硫排放约357万t、氮氧化物排放约311万t。在一些贫困山区，水能资源很丰富，在水电设施建设以前当地的人们往往是通过上山砍树烧柴来生活，水电站建成后，随着各种电力设施的建设，当地人们可以使用水电生活，电力的普及改善了农村、农民的能源结构，有效地减少了农民对林木的砍伐，减少了焚烧树木和秸秆带来的大气污染，减少了煤炭燃烧带来的二氧化硫等有害气体排放，这样既保护了植被，又减少了水土流失，实现了生态的良性循环。

4.2 梯级开发与经济

首先，河流梯级水电资源开发成本低、能源回报率高，特别是小水电带来的直接经济收益。根据统计显示，我国小水电的总资产在1000亿元以上，而带来的直接收益，一年也超过400亿元，直接获得的经济效益是非常可观的。其次，通过节能获得经济收益。水力资源和传统能源中的煤炭不同，是属于可再生的，所以成本要比火电便宜很多，成本降低了经济效益自然会获得提高。据国网能源研究院、北京大学环境科学与工程学院等机构研究，包括固定资产投资、运行和维护成本、退役成本等在内的电站全生命周期的发电成本，每千瓦时水电为0.15元、光伏发电为0.34元、风电为0.55元，水电成本最低。能源回报率是能源设施建设和运行全过程中能源产出投入的比值，根据加拿大魁北克水电局研究，水库式水电的能源回报率为208～280，径流式水电的能源回报率为170～267，风电为18～34，生物质能约为3.5，太阳能为3～6，传统火力发电为2.5～5.1，水电能源回报率最高。最后，我国已建小水电站不仅在解决无电缺电地区人口用电和促进江河治理、生态改善、环境保护、地方经济社会发展等方面做出了重要贡献，同时也为我国边远农村的交通、就业、旅游和脱贫致富作出了重要贡献。

4.2.1 梯级开发与扶贫

山区地理位置偏僻，基础设施建设薄弱，资金匮乏，建设小水电站对扶贫有着强烈的现实意义。据《2017年全国农村水电统计公报》，截至2017年年底，2016年启动的27个农村小水电扶贫工程试点项目已基本完成，新增扶贫装机容量11.1万kW，2017年兑现扶贫收益近1882万元，2万建档立卡贫困户开始受益。截至2016年年底，全国共有农村水电站4.74万座，总装机容量达7927万kW，相当于3个三峡电站，装机容量和年发电量占到全国水电的近1/4，除改善生态外，还起到了帮扶贫困的作用。截至2017年年末，全国有农村水电的县1558个，主要集中在西南、中部和南部，其中许多是贫困县。2016年，全国农村水电网供电乡镇达4348个，供电区县城居民平均到户电价0.517元/kWh。农村水电扶贫工程利用贫困山区丰富的水能资源建立国家扶持、市场运作、贫困户持续受益的扶贫模式，使64个贫困村4.1万建档立卡贫困户受益。

河流梯级开发改善了民生民本。在贫困山区开发小水电获得的收益，可以按照一定比例直接增加贫困户的收入，一部分收益用于贫困村的基础设施建设。水电站的建设需要土地，当地的农民可以自愿用土地形式入股，成为水电站的股东，每年可以得到分红。水电站建设和运行需要劳动力，当地的农民除了入股之外，还可以在水电站就业，能获得一份工资。小水电贫困扶持资金、入股红利加上工资，水电站能给当地的农民带来3份收入。除此之外，水电站建设还可以采用PPP模式，也就是“政府和社会资本合作”。水电站是政府主导的项目，但是具体建设则是由当地的民间资本来实施，水电站工程，涉及到建筑、运输、电力设备等多个行业，给当地的民营企业带来了大量的生意。这些生意，也会逐渐地改变当地的产业结构。从成果来看，贫困地区的农民是最大的受益者，从直观上来看，收入的方式越多样，脱贫的速度就越快。间接来讲，当地的产业发展起来了，奋斗事业的空间就更大，致富的机会就更多，而有了水电站这样的设施，不仅对农业发展有好处，还可以依托水电站发展更多的相关产业。管理部门通过小水电站用较少的投资拉动当地经济的发展，不仅解决了扶贫资金问题，而且提高了农民收入，开拓出了新的产业。

4.2.2 梯级开发与产业

河流梯级开发可以保证水资源得到有效利用，调整了农业、农村产业结构。由于流域内降水季节分配不均匀，遇到夏季干旱，此时正是农作物旺盛生长需要大量水分的时期，缺水严重。电站建设修建水坝一是抬高了沿河的水位和旱季的蓄水能力，利用这一便利条件大力修建灌溉渠道，使得沿河地区在一年四季都有着足够的水资源来灌溉农田，可以蓄水用于农业灌溉，充足的灌溉水能够确保农作物生长需求，促进了流域内农业的发展；二是在雨季（河流丰水期）能够截流并蓄积上游来水，避免发生流域内洪涝或农田渍害，保证农作物正常生长。从此农业不再靠天吃饭，使得沿河的农业收成稳定，基本不受天气的影响，为农民发展种植业、养殖业、农副产品加工业提供了广阔市场，开辟了增收致富的新渠道。充足的水源提高了蔬菜、水果、粮食、茶叶和其他农副产品产量。

河流梯级开发促进了工业发展。电力普及之前，手工制作农产品效率低，成本高，自从有了电之后，可以通过电能精确控温技术，更能确保产品质量。建设水电站需要大量建筑材料，比如水泥、砂子、石子、钢筋、木材等，这些需求给周边的水泥厂、沙厂，还有林业主带来了相当大的订单，提高了他们的运营收入；建设过程中大量工人的衣食住行也需要周边的供应等。水电站建成后，有了电力供应，就有了自来水厂、五金加工厂等需要用电的工厂；相应各种配套厂、学校、医院等迅速建立，促进了城镇化发展。丰盈和廉价的电力资源成为招商引资最诱人的条件之一，外地投资商纷纷到该地投资办厂，吸引了越来越多的大型企业，促进了工业迅猛发展，加快了山区人民经济发展的步伐。依托水电资源发展特色工业——有了特色和优势产业的集聚，乡村对人才的吸引力就会增强；有了人才的支撑，乡村特色才能保持，优势产业才会不断转型升级。水电事业的发展，成为当地工业发展的有力“助推器”。

河流梯级开发促进了旅游业的发展。水电站建成后往往库区形成了良好的水域，周边风景很好。水电站独特的山水自然风景区，舒适凉爽，是人们休闲避暑、度假纳凉的理想去处。水电站为下游一带农田提供了充足的灌溉水源，可以建设美丽田园，四季有花果，让人们在周末、节假日来这里休闲、体验农事、采摘瓜果等。旅游业成为经济发展新常态下的新增长点，是综合性大产业，关联度大、涉及面宽、拉动力强，越来越成为扩大内需的重要抓手。依托大城市需求，加强快速化的交通网络建设，围绕“电站＋旅游”做文章，不断延伸产业链。结合电站建设，深入推进旅游与文化、生态、城镇、产业、美丽乡村等融合发展，通过水景观、生态农业观光园、自驾旅游营地，结合移民新村建设打造吃、住、行为一体的农家乐庄园。积极发展文化旅游、运动休闲旅游、养生养老、研学旅行、康体旅游、商务会展等促进旅游产业发展，为乡村生态文明建设提供坚强的经济支撑。在严格保护中把“绿水青山”转化为老百姓能够得到实惠的“金山银山”，实现百姓富、生态美的统一。

4.3 梯级开发与文化

文化只有通过一定的物质载体才能存在，梯级开发需要建设水电站建筑物，而水电站本身就是展现水文化的载体，可以在大坝附近通过展示牌或者文化墙介绍电站的基本概况。水力发电的基本原理，让人们了解水电站就是能够将水能转化为电能的设备以及水电是清洁能源、可再生能源；特别是展示自水电站建成后，水库在丰水季节可以把一部分水蓄起来，便于在干旱季节水库可以为下游提供农田灌溉，改善了原有农田的灌溉条件，保证了灌溉水源，使农作物得到适时适量的灌溉，农作物产量将会有明显增高，农民生活水平将会在原有基础上有一定程度的提升；展示自电站建成后，下游人们干旱季节的生产和生活用水的改善，因为生活在山区的人们一直以来，并没有统一安装自来水，大伙平时的生活用水，大部分是引山上的泉水使用，在干旱时，他们就断了水源；也可以展示在下游出现洪水时水库蓄水，减轻下游的洪水危害，保证下游工农业的正常生产和人们的正常生活，保障人们的生命和财产安全，同时也可以保护下游的乡村特别是古村落。乡村是传统文化的重要载体，保留村庄原始风貌有利于文化的继承和发展。通过水电站载体的展示，让人们懂得水是人类赖以生存和发展的重要资源，这样才能节约用水，告别传统大水漫灌，由“浇地”转向“浇作物”，农业生产方式因水而变，改变传统的生产、生活用水方式。

不同地域的生产方式和生产力水平的差异产生了风俗习惯、经济结构、道德观念的差异，形成具有不同地域特色的社会环境和文化传统，表现出不同的地域文化。水电站建成后具有观赏和利用的独特的风景资源，有条件的地方可以建设成为水库型水利风景区。水利风景区具有公共性，所以它不仅可以满足人们休闲娱乐、旅游度假的需求，同时它是延续、发展地域文化的载体。地域文化是一种无形的存在，要使无形的地域文化为人们所感知，必须依赖某一载体，并借助于载体展示出来，地域文化的载体可以有很多种，水库型水利风景区就是其中最重要的载体之一，它为地域文化的继承和发扬提供了展示平台。

水库型水利风景区中的大型水利工程设施，凝结了众多劳动人民的智慧与汗水，体现了当代科技的发展水平。地域文化以可供人观赏、体验及感受等各种形式与水利风景区景观融为一体，通过景区内的建筑、小品、植物、水体、饮食、服饰以及民间信仰等形式表现出来，这些以地域文化背景创造的景观，不仅能使游客在休闲观光的过程中，得到感官上的愉悦，而且也能引发情感上的共鸣。对该地域文化的认同感和民族的自豪感，在游览休憩中受到地域文化潜移默化的感染和熏陶。

4.3.1 梯级开发与创业文化

人类为了生存、取水方便，往往择溪而居。然而频繁的水患，淹没村庄和农田，人们吃尽了天旱地涝的苦头，迫切需要在河道上游建一个大型蓄水工程，来达到控水防洪的目的。但是建造电站需要大额资金，在改革开放前对经济欠发达的山区而言，这是个天文数字。电站在筹建过程中遇到了资金困难，但人们深知电站的重要价值，不畏艰难、纷纷慷慨解囊，涌现了许多感人事迹。在建坝过程中，再苦再累也心甘情愿，目的是把水库早日建好。因此，灌区人们秋收冬种一结束，全家男女老少齐上阵，许多民工轻伤不休息，累病了爬起来再干，有的甚至献出了自己宝贵的生命。当地移民通情达理，深知造水库是造福子孙后代的大事，舍小家保大家，服从组织安排。在施工过程中遇到很多技术上的困难，得到各方支持，各行各业相互协作，齐心协力克服困难。而且当时生产力不发达，技术条件落后，全靠干部民工一个榔头、一根铁锹、一把锄头、一辆手推车、一双手，艰苦奋斗才能完成。建坝过程是艰苦创业的真实写照。

水电站建设事迹体现了一种创业的团结协作精神，体现了人民万众一心的集体主义精神，体现了知难而进的大无畏精神，体现了无私奉献的高尚情操，体现了热爱祖国、热爱家乡的崇高理想，特别是有的电站建设过程中还得到了港澳台同胞的捐款，更是体现了中华民族血浓于水的亲情。建水库工程捐款行动中所体现的丰富精神内涵，是电站最为宝贵的精神财富。为纪念电站建设过程中这段感人至深的历史，可在适当位置建造捐资纪念碑。应进一步挖掘水库潜在的精神内涵，建设爱国主义教育基地，大力弘扬爱国主义精神。从捐资修建和移民安置工作体现了当地人们“谦和明理、创新求变、自强不息、敬业奉献”的人文精神。以此人文精神为指归，全面推进市民素质建设，积极培育市民形成顾全大局、团结协作的风格，可以通过建设水电展览馆，传播水利文化精神，进一步挖掘建坝过程中潜在的精神内涵，大力弘扬艰苦创业的精神。

4.3.2 梯级开发与山水文化

水电站具有独特的山水文化。自然河流经水工建筑物拦截蓄水形成水库，拦截处的水工建筑物是水电站所独有的。雄伟的水力发电站、坚实的大坝、雄壮的溢洪道等水工建筑的规划设计建设都是经科学论证的，形成了气势恢宏、泄流磅礴、科技含量高的水工建筑人文景观，带给游客的不仅是视觉震撼，并且能将治水文化、工程文化以及地方特色文化传承给子孙后代。水电站最具特色的优势是水，自然资源丰富，水景禀赋优越，拥有建设水利风景区得天独厚的水利资源条件和水景资源潜力。水库蓄水使得水域面积扩大，光热水等气象因素随之变化，库区降水量、降水频率增加，空气湿度上升，改善了库区原有的气候状态。库区多数被青山环绕，丰富的森林资源增加了负氧离子，起到了降温增湿、净化空气的作用。山水结合、山清水秀的库区景区环境造就了独特的库区小气候，为休闲度假提供了良好环境。水电站开阔的水域能开展多种游乐活动，比如水上摩托、快艇、竹筏以及潜水等项目，同时也可以开展科普探险和养生康体的休闲活动。库区水资源充沛，良好的水环境孕育了多种多样的水中生物；库区雨水充足，植物生长迅速，丰富的森林资源能进行生态游，感受物种的多样性。建在深山里的水电站周边留下了当年红军的印记，红色文化由此产生，游客在参加红色旅游之后，自然会对先辈革命和建设的历史有更深入的了解，这种独特的红色山水文化形成的向上的精神动力是其他教育方式很难替代的。

电站旅游促进了山水文化的传承。随着人们生活水平的不断提高，越来越多的人开始倡导健康的生活方式，生态旅游的休闲度假模式受到人们的青睐。水电站坐拥秀丽的山水资源、丰富的物种资源，再加之独特的水工建筑景观，为亲近自然的生态旅游提供了良好场所。有条件的地方可以建设成为水库型的水利风景区。自然山水风景多数远离市区，但仍是人们在各类旅游景区中的首选，以游客接待量为统计数据，中国 2017 年旅游百强景区的结果显示，超过 60% 的上榜景区为自然山水风景区。随着社会经济的发展，旅游者的文化素养不断提高，旅游者越来越注重景观的文化意义。水利风景区作为展示当地地域山水文化的重要载体，是体现当地地域山水文化特色的名片，而地域文化是由特定区域的人们在特定环境下和特定时期中生产生活的历史产物，具有地域文化的水利风景区能满足旅游者健康高雅的精神追求，使景区更具有完整性和生命力。水电站库区吸引人的地方在于让人们能够触摸到由人与水和谐共处所形成的山水文化。不管是体现人类改造自然、驯服水害的宏伟的水利工程，还是供游人休闲娱乐的优雅舒适的人工景观；不管是风景区关于水的各种传说逸闻，还是当地各种特有物品和特有工艺都具有无可比拟的人文价值。把这些治水文化、工程文化和当地特色文化深度挖掘、巧妙组合，展示给旅游者，必然会给游客留下深刻的印象，使山水文化得到有效的传承。

4.3.3 梯级开发与科普文化

水电站是展现科普文化的场所。水电站是一座集“发电、文物、教学、旅游”功能于一体的综合型电站，让更多人了解水的利用，了解水对人类生活的影响，珍惜水、爱护水。为了宣传人民群众治水的历史功绩和伟大成就，弘扬水利精神，传承水利文化，普及水利知识，促进水利持续发展，有条件的地方可以在水电站适当位置建设展览馆、陈列室，通过图片、实体模型、光影技术展示水电开发的前世与今生、水力发电的基本原理；展示因为能源紧缺，需求上升，水电作为一种安全、经济、清洁、可再生的能源，所具有的节能减排作用；展示电站在防洪，保护下游安全方面所起的重要作用。水电旅游可以开阔视野、增长见识，对于国民的身心发展都有很积极的作用。特别是对青少年而言，有利于其全面健康的成长。有地域文化特色的水库型水利风景区，不仅能让游客缅怀历史，更能触动游客的理性思考，引起情感上的共鸣，如纪念先辈的丰功伟绩，弘扬革命传统，开展爱国主义教育，歌颂地域文化中的杰出人物，宣传名言警句，展示该地域的历史典故或是传统民俗活动等。

电站旅游使科普文化得到有效传播。水电资源开发使旅游产业得到迅速发展，电站旅游具有非常明显的教育意义，它可以是一种社会化的因素，因为它使人们在亲自感受美好风景的同时，可以培养人们的情感因素，在很多情况下，它有利于智力、科学、技术、艺术和文学方面的创造。电站旅游业对文化建设的作用，主要不是依靠国家投入来实现，而是主要依托游客自身到电站旅游消费而实现，实际上是用很小的成本，产生很大的文化收益。从这个意义上讲，电站旅游业既推动了文化建设，同时也促进了经济建设。以旅游的方式形成的核心价值观不是僵化、填鸭式地灌输，而是通过柔性影响、自然渗透，春风化雨式地帮助人们在旅游过程中形成共同的核心价值观。比如，人们在游览了电站周边的壮美河山、人文景观和名胜古迹之后，很自然地会将对大好河山的热爱转移为对水利科技文化的热爱，通过这样的方式形成的价值观更为巩固和持久。通过现场体验水车、水磨和水碓等农具，通过展板或者文化墙了解水民俗和农谚语，通过系统整理、展示和宣传治水成就，传承和发扬中华文明，增强人民群众的水忧患意识，让人们通过近水、亲水、观水、戏水和识水，了解水的历史、认识水的哲理、体会水的重要、重视水的保护、加强水的节约、增强水的法制观念。

4.4 梯级开发的价值观

水利水电发展历程表明，河流水电资源开发需要科学世界观的指导。古代受生产力水平的限制，人类早期认识和改造自然的能力很低，通常只能被动地适应自然。随着社会的进步，人类适应自然的能力得到提高，适应自然和征服自然的信心也在上升，并自发形成了人类在宇宙中占有突出位置的人类中心主义倾向。自工业革命以来，人们的思想进一步解放，随着技术的进步，生产能力的提高，形成了经济增长至上的价值观。但是随着经济增长，人类社会面临许多挑战。水资源不合理利用带来的频繁的自然灾害，比如旱灾和洪水等，导致农业生产的潜力受到限制；水质污染，水环境恶化，河流断流等。这使得人们认识到经济增长并不总是直接等同于社会发展，它应围绕着人的全面发展。经过多年的探索和认识，可持续发展观被广泛认可。人类的经济活动不能由人是自然主宰的观念所指引，不能无度地向自然索取从而激化人与自然的矛盾，必须要尊重自然、顺应自然，协调发展，尤其要协调人与自然的关系，实现人与自然的和谐，坚持空间均衡原则。

4.4.1 古代开发的价值观

梯级水电资源开发是人类文明发展到一定阶段的产物。只有技术、资本、

政策、管理和环境等多方面要素同时满足条件时，人类才有能力开发水电资源。在远古时代是不可能进行水电资源开发的，由于当时的生产力水平极其低下，人们对很多自然现象都无法解释，对自然界的理解还停留在非常低的水平，他们就把生活中的得失、胜败归结为自然的威力，在价值观念上就表现为自然崇拜。在封建社会和中世纪时代，对河流梯级资源的开发只停留在修建梯级堰坝和渠道上，对水资源的利用主要在农业灌溉和生活用水方面，因为当时的基础设施和资金规模还不够，管理水平也跟不上，所以不能通过建造大坝电站为社会经济发展提供必需的电力。

在山区，古代人们为了生存，满足农业灌溉需要，经常修建梯级堰坝蓄水，修筑渠道进行农田引水灌溉。修建堰坝充分考虑了当地的地势、生态特点，遵循河流运动规律，因势利导，自觉地遵循了人与自然、人与人协调发展的规律，减缓了所在地区水灾发生的频率，保证了枯水季节的生活用水和灌溉用水。古代先民在没有先进的测量设备、专业技术人员的情况下，靠多年实地踏勘和与洪涝灾害斗争的经验，科学合理地利用地理地势选址，因地制宜，就地取材，创造工艺筑堰。古堰渠充分反映了先民利用自然资源兴利避害、“天人合一”的科学理念；保护生态使水与自然、水与环境、水与人类和谐相处。古堰体现了人与自然和谐发展的科学世界观，对当代的水电资源开发指明了方向。

4.4.2 现代开发的价值观

到16世纪的文艺复兴时期，人们重新发现了“人”，找回了“人”，但在同时也失去了“自然”。培根提出“知识就是力量”的名言。他认为，人类为了统治自然必须了解自然，科学的真正目标是了解自然的奥秘，从而找到一种征服自然的途径。洛克认为，人要有效地从自然的束缚下解放出来，“对自然的否定就是通往幸福之路”。笛卡尔主张要“借助实践哲学使自己成为自然的主人和统治者”。康德提出著名的命题“人是目的”。他认为只有人是目的，人的目的是绝对的价值；而且人为自然立法，“人是自然界的最高立法者”。这是一种人类中心主义价值观。这种价值观建立在理性和科学的基础上，发展成为人统治自然的思想和实践，不仅包括以人为中心的哲学和科学知识体系，以及以人为中心的技术体系，而且包括整个人类社会的生产方式和生活方式。它的核心思想就是一切以人为中心，人类行为的一切都从人的利益出发，以人的利益作为唯一尺度，人们只依照自身的利益行动，并以自身的利益去对待其他事物，一切为自己的利益服务。人的实践正是从把自己的特征投射到整个世界开始的。这使世界相当地集中于人类，并以与人类的关系去评价世界。这种价值观是与“关系说”价值定义一脉相承的。或者说，正是在“关系说”价值定义的指导下才产生了人类中心主义价值观。

在人类中心主义价值观的支配下，随着时间的推移，人口的急剧增加，人类经验和知识的积累以及科学技术的发展，中国水电事业快速发展。人类改造自然、影响自然的能力越来越强，“人定胜天”“人是自然界的主宰”的思想日益增强，把自然界逐步看作是取之不尽、用之不竭的宝藏，肆无忌惮地对水资源进行掠夺式开发利用，发展灌溉、航运、发电、供水等各种功能，给人们生存、生活和发展带来了福音，但是人们对自然界采取了征服、掠夺、占有和挥霍的野蛮态度，“让高山低头，叫河水让路”成了社会时代的最强音。同时把自然界看成是一个无底的垃圾箱，毫无顾忌地向其中排放废水、废渣、废气。近几十年来，为了负载过多的人口，争取更多的空间，生产足够的粮食，人们侵占河滩，围湖造田，毁林（草）开荒；为了满足快速增长的用水需求，人们建起一个又一个的蓄引提工程；为了降低生产成本，污水、废水不经处理，随意排入江河湖泊。这些大大改变了河流的本来面貌，大规模的水电开发特别是河流的水电梯级开发也带来了一系列的经济外部性问题。人们依据这种人类中心主义价值观对待自然界，主张通过驾驭自然、主宰自然来满足人类的利益和需要，以至于造成现在的生态危机、环境危机和资源危机，使人类陷入困境，直接影响到河流的自然功能和永续利用，对社会经济发展产生了负面影响。

4.4.3 当代开发的价值观

基于过度开发水电站带来的负面性，传统的价值观愈来愈受到人们的质疑与挑战，人类对水资源的开发也提出更高的要求。人们需要一种新的价值观，摒弃人类中心主义，建立人与自然和谐发展的价值观；把万物间的自然性质及自然联系都视为一种相互依存的价值关系，把万物的品性看成是具有伦理性基础的一种规定；扩展人与自然的“伦理关系”，站在更大范围的“自然的立场”包括人类在内来考虑人类在自然生态系统中的行为准则。人与自然和谐发展的价值观则是把“价值”看成是万物普遍生存中所存在的性状，万物间包括人类在内都有相互依存而显现的意义。因此，新价值观的对象界定要比传统价值观宽泛得多，科学得多。生态价值观正是这种新价值观的直接体现。在人与自然的关系之中，人水关系是最核心的关系之一。水是生命之源、生产之要、生态之基，水的存在和循环是地球孕育万物的基础。随着人类社会的发展，“人水关系”也经历了从人被动“适应水”到盲目“主宰水”，再到科学“善待水”的演化。水利、水电，是人与自然关系的最重要的连接。

1. 河流梯级水电开发要尊重自然规律，确保生态系统的平衡

在生态文明发展的大框架下，建立水电可持续发展的自然观、价值观、工程观，使水电开发在人类社会需求和自然环境保护之间，保持一种必需的平衡和必要的张力。比如河流梯级开发要使河流有自然弯曲的河岸线；有常年流动的河水；有天然的砂石、水草、河心洲；有深潭浅滩、泛洪漫滩；有丰富的水生动植物；有野趣、乡愁；有必要的防洪设施；划定岸线蓝线、确立河长制。也就是人类在通过水电工程建设来开发和利用自然时，不仅要充分了解和尊重自然规律，维护自然界的生态平衡，尽量减少对生态环境的消极影响，还要加强环境保护规划和生态环境建设，以工程措施和非工程措施相结合，实现生态环境协调、优化和再造，在提高人类生活质量的同时，实现人与自然的和谐发展。水电开发中坚持遵循自然规律，尊重和慎重处理人与整个流域的关系。对于水资源问题，从流域整体可持续发展的层面上，从陆地、水系、生物圈共同组成的复杂动态系统和谐发展上，思考问题，探索问题，解决问题。从长远看，保护了整个自然界、保护了生态系统，归根到底还是保护了人类自身，即人的生命财产安全和利益得到必要的保护和满足。在水电开发中坚持人与自然和谐相处的观念，反映出价值取向的变化。由“以人为中心”和人控制自然、统治自然的价值理念，转变为以人为本，全面、协调、可持续发展的理念，强调人与自然和谐发展，共同进步。

2. 河流梯级水电开发要促进社会和谐与稳定

水电资源并不仅仅直接为经营主体和强势群体服务，也需要造福百姓，促进当地经济发展，有利于子孙后代的生存和发展。在河流上进行梯级电站开发，强化水电站安全监管和运行监控，实行规范化、标准化、科学化管理，确保工程安全和社会公共安全。在调度环节，按照兴利服从防洪、区域服从流域、电调服从水调的原则，统筹上下游、左右岸、干支流，兼顾防洪、供水、发电、

航运、生态等目标要求，精心制定调度运行方案，跟踪开展动态调控，充分发挥水电工程的综合效益。根据洪水预报，各水库间进行统一调度，预泄一部分库容，使下游村庄在洪水来临时不受淹；在干旱季节，保证河流不断流，满足生态流量和亲水服务功能，保证生态用水和景观用水。有条件的地方可以建设成水利风景区，促进旅游业的发展，这样可以使当地实现防洪减灾，一方面确保了流域内的人民财产免受损失，另一方面旅游业使当地人们得到增收，切身体会水电开发带来的自身的利益。从而使水电开发在助推乡村振兴，造福一方百姓方面发挥重要作用。按照“谁受益、谁补偿”的原则，既得利益者要对受损者进行补偿。这样才能实现人与人之间的和谐，进而促进人与社会的和谐与稳定。

3. 河流梯级水电开发可促进清洁能源生产

水电提供清洁的电能。根据中国环境科学研究院研究，小水电（径流式为主）全生命周期替代燃煤火电减排温室气体和PM2.5的因子为每千瓦时937～1019g和0.202g，风电为921～1013g和0.134g，太阳能发电为820～984g和0.131g。小水电的减排优势明显，减排PM2.5的效益是风力、太阳能发电的1.5倍以上。小水电在我国已有100多年历史，是大规模开发利用最早、技术最成熟的可再生能源。我国在小水电站设计、施工、设备制造、运行管理等方面处于世界领先地位。小水电站运行可靠，出力相对稳定，年平均利用小时数约3200h，高于风电的1900h和太阳能发电的1100h，2014年小水电装机容量是风电装机容量的3/4，发电量是风电的1.5倍。有调节能力的水电站一般都承担调峰调频任务，保证供电品质和电网安全，同时小水电无需配套建设常规能源来保证电网稳定。在电站建立清洁能源教育基地，通过绿色水电的教育和学习，使人们形成尊重自然、保护环境、节约资源和维持人类持续生存能力的价值观，让人们接受绿色消费理念，主动选择使用清洁能源。这样使人们迅速转变消费观念，提高认识，让消费者自觉选用清洁能源，形成清洁能源的市场消费理念，逐步改变传统能源消费结构，减小对能源进口的依赖度，提高能源安全性，减少温室气体排放，有效保护生态环境，促进社会经济良性循环发展。

第5章 城市河湖生态系统治理案例

5.1 中扬湖河道生态治理

5.1.1 河道概况

中扬湖河道位于上海，始于彭越浦河，止于万荣路，水域呈不规则“十”字形，如图5-1所示。中扬湖北部段，长230m，平均河宽10m；东部段，长130m，平均宽11m；南部段，长66m，宽5.0m；西部段，长349m，宽17m。总长度约775m，总水域面积约9648m^2。

图5-1 中扬湖地理位置图

5.1.2 河道现状

中扬湖通过疏浚及拓宽河道后，河道过水断面达到规划断面要求，提高了河道的行洪除涝和引清能力；通过新建、改建防汛墙，使其满足防汛要求；通过河道整治，拆除防汛通道范围内的建筑物，适当布置绿化，中扬湖岸上景观优美怡人。

市北有关部门对中扬湖的水质非常重视，先后建设了两套河水处理站，一套用于从彭越浦河补充水净化，另外一套用于河水的循环净化。但中扬湖水质由于长期使用化学杀藻剂，水体残留化学药剂较多，水生态几乎无存，河道缺乏自净能力，水体发绿、浑浊（图5-2）。

图5-2 中扬湖治理前水质

中扬湖的水质大部分时间能见度能达到0.7～0.8m。但是，每年冬春季节，水质很差，藻类大量暴发，能见度不足0.3m，2016年3月测得的氨氮数据是2.4mg/L，氨氮超标严重。中扬湖的水质严重影响了市北的形象。此外，中扬湖之前的净化技术都是采用物理和化学净化，运行费用高，容易产生二次污染，且石英砂、活性炭过滤单元对截留藻类的针对性不强。从景观风貌上看，中扬湖也过于硬质化，水下呈现荒漠化，与现在对于河道的生态化要求有一定的距离。

5.1.3 水质恶化的原因分析及建议

中扬湖水体污染主要来自于地表径流、补充水源、绿化浇灌、雨水及降尘、养殖饵料及排泄物等几方面，如图5-3所示，分析表明，水质恶化的原因是由于水体受到了污染，同时缺乏足够的自净能力。这些污染物，简单地可以分为有机污染和氮、磷污染。本项目中主要为氮污染。过量的氨氮将导致水体富营养化，产出大量的藻类，有时还会产生青苔。氨氮主要来自于从彭越浦河的补充水，同时河中天鹅的饲养和排泄物也是主要的污染之一。水体长期使用化学药剂除藻，化学药剂本身也是一种外来污染源，对水生态系统存在二次污染的风险。

图5-3 水质污染分析示意图

基于以上分析，建议在彭越浦水质较好时经过石英砂、活性炭净化设备净化后再补水入中扬湖，减少外源污染对河道水质的冲击；充分利用河道内现有的循环净化措施，增加水动力；通过河道现有的8套曝气设备及时补充水体溶解氧。加快水生微生物对污染物的分解；构建完善的水生态系统，河道内有一定的植物、动物和微生物，可以改善水质。

5.1.4 治理方案

1. 治理内容

本次河道整治的主要内容是在河道构建水生态系统。首先是在河道布置临时沙袋坝1座，种完水生植物后拆除；通过水生植物布置、投入滤食性鱼类、杂食性鱼类、底栖动物、浮游动物，构建完善的水生生态系统。通过构建水生生态系统，改善河道水质、水环境，实现“水下森林”的美丽中扬湖。

2. 水质标准

水质目标在2016年年底稳定达到Ⅳ类水，氨氮浓度降到1.5mg/L以下，透明度大于1.2m；在2017年年底稳定达到Ⅲ类水，透明度达到1.5m。景观上，做到植物覆盖率大于90%，环境优美。中扬湖的植物施工完成后，同瑞环保对彭越浦河补水和云立方的循环净化运营提供技术支持，保证中扬湖水质持续良好。

3. 工程总体布置

工程总体布置如图5-4所示。水生态构建前在中扬湖桥东约100m处建一座临时坝，水生态构建后拆除临时坝。植物种植避开养天鹅端和曝气装置处，其余地方满种，种植面积8686m^2，占河道总面积的90%。植物种植根据河床高低不一分别种植不同高度的沉水植物，在水位较深处种植金鱼藻、轮叶黑藻、马来眼子菜等，在水位较浅处以常绿型苦草为主，提升水质。

待植物长势稳定后再投入滤食性鱼类480kg，杂食性鱼类350kg，底栖动物400kg，浮游动物140kg，构建完善的水生生态系统。同时在水生态构建前期进行底改，后期进行水质调节。

5.1.5 生态净化系统

本工程针对富营养类型的水体进行净化处理，重点对水体采取生态修复技术，恢复水体自净能力。

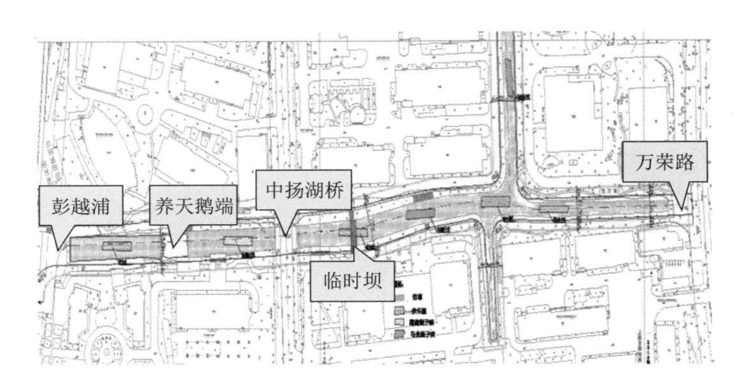

图5-4 工程总体布置图

1. 水质净化模式和生态修复系统

生态净化系统的设计和构建的核心是依据生态原理，形成多层次的水生生物系统，构建食物链，降解、固定或转移污染物和营养物，并通过这个过程净化水质。其模式如图5-5所示。

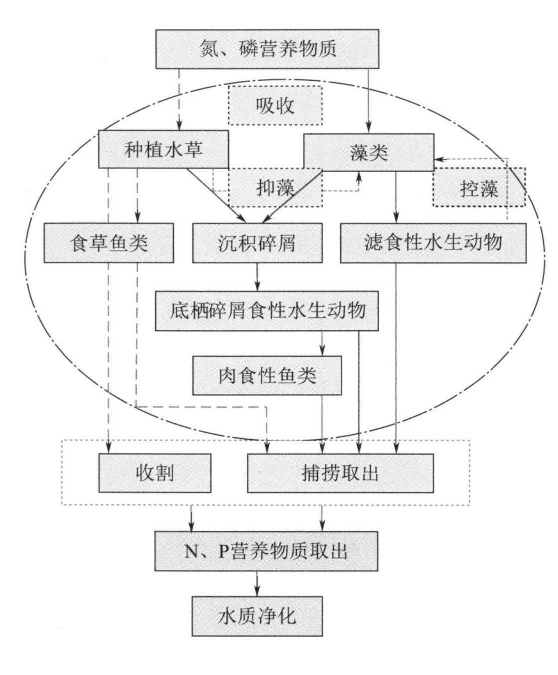

图5-5 水质净化模式图

(1) 技术原理。通过生态修复技术种植和恢复水生植被特别是沉水植被，改善水质，使水体清澈；并通过修复后的沉水植被的光合作用把大量的溶解氧带入底泥，使淤泥中的氧化还原电位升高，促进底栖生物包括水生昆虫、蠕虫、螺、贝的滋生，进而使水体生态系统恢复多样性；最后有序地放入鱼、虾、蟹类等原有土著水生动物，平衡沉水植被的生产力，同时优化水体水生生物的多样性，形成良性循环的水生生态自净系统，全面恢复水生生态系统。与此同时，水体经过生态系统营养成分的循环后得到净化，这称为水体的“生态自净”。

从物质的角度看，氮、磷等营养物进入水体后通过一系列复杂的过程，最

终以水草的形式被收割或以水生动物（鱼类等）的形式被捕捞而移出水体。

构建生态系统的关键是构建完善的水生植物（生产者）、水生动物（消费者）和微生物系统（分解者），并使之形成良性的关系。

（2）主要技术路线。主要技术路线是修复水生生态系统，如图5-6所示。

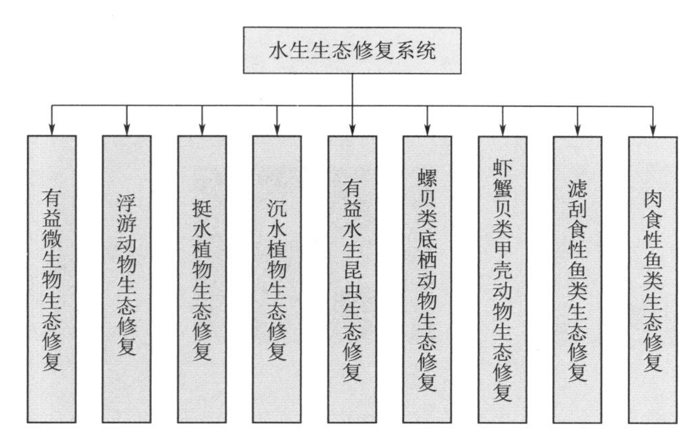

图5-6　水生生态修复系统

2. 水生生物物种的选择

水生生物物种的选择一般应依照如下原则：

（1）近自然。引入物种以本地土著种为主。

（2）有效性。引入物种占据重要的生态位，对于完善生态系统发挥显著作用，并具有高效的水质净化作用。

（3）观赏性。引入物种应满足景观的要求，具有良好的景观观赏价值。特别在沉水植被的配置上，兼顾暖水性和冷水性物种，保证四季见绿。

（4）多样性和协调性。多样性包括生物多样性、生境多样性和功能多样性，各物种的配置量和比例、结构应满足生物多样性要求，有助于构建稳定的生态系统。

（5）易维护性。所选水草应不容易形成疯长，生长速度应比较慢，每年的收割次数应比较少，特别对沉水植物，要求其植株比较矮，不容易长到水面上，以减少日常的维护量。对近岸布置的沉水植物，更是需用矮化种，以适应水浅的特点，避免造成水草杂乱的感觉。

3. 水生植物系统构建

（1）浮水/浮叶植物群落。浮水/浮叶植物在一般浅水湖泊中有良好的净化水质效果，种植和收获较容易，有经济效益和观赏效益，在一定季节可以作为重要的支持系统，见表5-1。大型浮水植物在光照和营养盐竞争上比浮游植物有优势，有些种群的耐污性很强，是良好的净化水质选择。配置如睡莲等景观效果好、净化能力强的浮水植物；根据漂浮载体分散，固定放置于水面、参考水体的水面大小比例、种植床的深浅等进行设计。

表5-1 浮水/浮叶植物

名称	图片	名称	图片	名称	图片
睡莲		荇菜		萍蓬草	

（2）沉水植物群落。沉水植物净化水质的功能非常强大。沉水植物根茎能吸附、分解、吸收水体营养负荷，其分泌物及其叶片使水体中的悬浮颗粒与胶体絮凝、沉淀，可快速提高透明度，从而大大改善水体中、下层光照条件。沉水植物的光合作用及水底光照条件的改善使溶解氧增加，遏制了一些厌氧条件下的有机物的分解反应。沉水植物还是浮游植物强有力的竞争者，某些水生植物根系能分泌出化学信息素，能有效地遏制藻类的恶性增殖，避免水华发生。在其根圈上还会栖生小型动物，如水蜗牛等，它们以藻类为食。

沉水植物由苦草、轮叶黑藻、金鱼藻、梅花藻等夏季净化能力较强的暖水性植物（苦草、轮叶黑藻、梅花藻也能耐5～10℃的低温）与伊乐藻、微齿眼子菜等冷水性沉水植物组成常绿型水生植被，形成生长期和净化功能的季节性交替互补，见表5-2。

表5-2 沉水植物

名称	图片	名称	图片
苦草		金鱼藻	

续表

名 称	图 片	名 称	图 片
轮叶黑藻		马来眼子菜	
小茨藻		伊乐藻	

1）苦草：多年生无茎沉水草本，有匍匐枝。叶基生，线形。种子多数，丝状。花期8月，果期9月。本项目中主要选用的是密刺苦草及其矮化种。这种苦草植株较小，通常高度不超过70cm，在近岸浅水区则选择其矮化种，高度不超过30cm。此种苦草也具有一定的耐寒能力。

2）轮叶黑藻：单子叶多年生沉水植物，茎直立细长，长50～80cm，叶带状披针形，4～8片轮生，通常以4～6片为多，长1.5cm左右，宽1.5～2cm。叶缘具小锯齿，叶无柄。此种植物也具有一定的耐寒性。

3）金鱼藻：多年水生草本植物，植物体从种子发芽到成熟均没有根。叶轮生，边缘有散生的刺状细齿；茎平滑而细长，可达60cm左右。

4）伊乐藻：多年生沉水植物，被称为沉水植物骄子。尤其在冬春寒冷的季节里，其他水草不能生长的情况下，该藻仍具有较强的生命力。但考虑到这种植物生长迅速，项目中应适当控制种植。

（3）水生植物的种植。水生植物特别是沉水植物的种植与水体的透明度关系密切。沉水植物的生长只能在水体透明度的2倍之内。所以，在种植沉水植物时，一般有两种方法：①依靠其他技术手段先使水质透明度提高；②先降低水位，使得水位比沉水植物高20～30cm，待植物成活后水质逐步澄清再提高水位。挺水植物一般种植区深度不大于0.5m。

水生植物也有最佳种植时间，见表5-3。

表5-3 水生植物最佳种植时间

植物种类		最佳种植时间
沉水植物	苦草、黑藻等	每年4月下旬—8月中旬
浮水植物	睡莲等	每年4月下旬—6月下旬
挺水植物	千屈菜（播种、扦插在6—8月进行，分株多在春季或深秋进行）、芦苇等	每年4月下旬—8月中旬

以上是最佳种植期，如果由于工期原因，错过最佳期，只要在生长期，一般也可以种植，但更要注意种植后的养护。

水生植物种植时应注意水分管理，沉水、浮水、浮叶植物从起苗到种植都不能长时间离开水，尤其是炎热的夏天，苗木在运输过程中要做好降温保湿工作，确保植物体表湿润，做到先灌水，后种植。如不能及时灌水，则只能延期种植。挺水植物和湿生植物种植后要及时灌水，如不能及时灌水，要经常浇水，使土壤水分保持过饱和状态。

4. 水生动物系统

（1）自泳动物群落。鱼类是人类动物蛋白质的重要来源，也是人们喜爱的食品。通过鱼类蛋白质的形式可以从水中移出大量的氮磷等营养，大大减少水体的营养负荷，据测定它们每净增长1kg体重，消耗25～30kg的藻类。同时鱼类的收获又比较简单。

一些滤食性鱼类，如鲢鱼、鳙鱼等可以有效地去除水体中绿藻类物质使水体的透明度增加。经研究，鲢鱼对螺旋鱼腥藻的利用率达64%以上，对微囊藻的利用率达29%，说明对防止藻类水华和抑制水体富营养化有明显的作用。鲴鱼能刮食固着藻类、有机碎屑等，具有水中清道夫的美称。

本项目将根据不同鱼类的不同习性进行配置，实现有效的物质循环与能量流动。当然，应该指出的是，放养鱼类的目的是迁移、转化和输出有机质、营养盐，净化水质，增产水产品不是主要目的，因此不能施肥、尽量不投饵，以免增加有机质和营养盐的输入。

滤食和刮食固着藻类、有机碎屑的动物可以在湖中散放，而草食性和杂食性鱼类等的放养要控制。

放养规格为青草鲢鳙为每千克20尾，其他鱼类为每千克40尾左右。

放养步骤是：鱼类的放养必须与水草的种植衔接，一般情况下待水草成活并开始生长后才能放养鲢鱼、鳙鱼、鲴鱼和虾类，在水草生长旺盛后才能开始放养少量的青鱼、草鱼。最佳投放时间为每年11月至次年3月。

（2）底栖动物群落。在水体中放置适当的底栖动物可以有效地去除水体中的富余营养物质，如蚌类可以将水中悬浮的藻类及有机碎屑滤食，提高河水的透明度。

螺蛳主要摄食固着藻类，同时分泌促絮凝物质，使湖水中悬浮物质絮凝，促使水体变清。放养底栖水生动物的前提是以水生植被的建设为依据，以水体水质的透明度、浮游生物的生物量等作为参考指标，确定放养水生底栖动物的种类及其密度。投放种类为河蚌、螺蛳。最佳投放时间为每年11月至次年3月。

水生动物种类及特性见表5-4。

表5-4　水生动物种类及特性

种　类	名　　称	图　　片	特　　性
鱼类	鲢、鳙		上层鱼类，滤食性，控制藻类大量繁殖
	细鳞斜颌鲴		底层鱼类，杂食性鱼类，能摄食底层丝状藻类
	翘嘴红鲌或野生鳜鱼		肉食性鱼类，居食物链的顶级营养层，合理的数量能控制水系内杂鱼
底栖动物	环棱螺	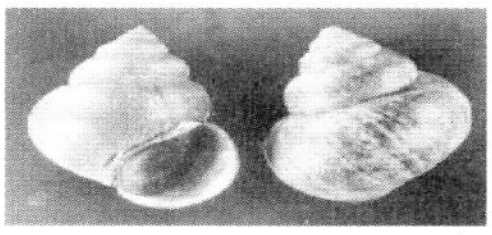	刮食性，水底附着生活。分泌黏液絮凝水中悬浮物质，净化水质
	三角蚌	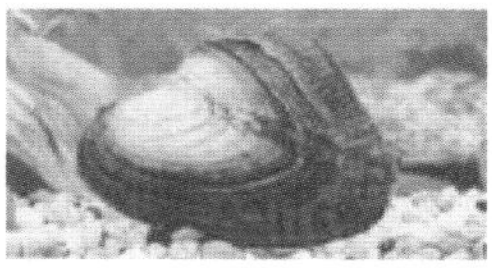	滤食性，水底埋栖生活，滤食水体中藻类和悬浮物质，净化水质

续表

种 类	名 称	图 片	特 性
底栖动物	萝卜螺		刮食水草上的附着藻类
虾类	青虾		摄食有机碎屑
浮游动物	枝角类		滤食水中细菌、单细胞藻类和原生动物

(3) 浮游动物群落。浮游动物是一类经常在水中浮游，本身不能制造有机物的异养型无脊椎动物和脊索动物幼体的总称。浮游动物也可以大量滤食藻类等浮游植物，净化水质。常用的是桡足类和枝角类浮游动物。

(4) 复合微生物群。水生生态系统应有三大部分组成，即生产者、消费者和分解者，微生物群即是其中的分解者，它是联系生产者和消费者之间的纽带，在水生生态系统中起着举足轻重的作用。

在初期，根据需要，可以在水中投入一定的微生物菌群，逐步形成长期优势菌群。本项目中使用的菌种，主要是分解有机物、去除氨氮，抑制藻类的光合细菌、硝化菌、芽孢杆菌等。以后根据需要，特别是在受到暴雨等冲击导致水质恶化时可适当投加，帮助系统快速净化水质。

5.1.6 治理效果

经过应用沉水植物快速繁殖和水生生态系统构建技术，仅仅 1 个月，中扬湖能见度已经达到 1.2m 以上，如图 5-7 所示。治理 3 个月后，中扬湖水质位于Ⅱ～Ⅲ类水之间，水质透明度 2.0m，一片鱼翔浅底的“水下森林”景象在中扬湖应运而生，如图 5-8 所示。

图 5-7 治理后 1 个月——能见度 1.2m 以上

图 5-8 治理后 3 个月——清澈见底

5.2 江场河及先锋河生态治理

5.2.1 河道概况及污染原因

江场河及先锋河位于上海市闸北区，如图 5-9 所示。两条河道首尾相连，江场河头端为盲端，先锋河尾端通过水闸和走马塘相连。江场河全长 245m，先锋河全长 250m。先锋河以西为宝山区，以东为闸北区，沿线有大量小作坊、小企业，大量外来人口生活污水和部分工业废水由于管网条件所限仍直排河道，对河道产生极严重的污染。近年来江场河北边兴建了光明乳制品研究所，南边的彭浦科技园区也在蓬勃发展，西南侧建设了长途汽车站，因此对河道治理有迫切需求，水质情况如图 5-10 所示。

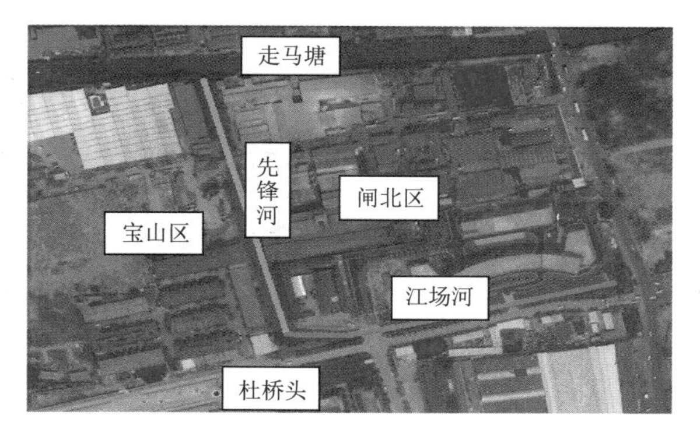

图 5-9 江场河及先锋河位置

5.2.2 河道治理措施

江场河及先锋河于 2012 年列入上海市生态治理示范河道，采用综合生态修复技术进行水质治理。综合生态修复技术以生态净化系统的构建为主，并综合

图5-10 治理前的河道水质状况

多种最新技术。项目于2014年3月动工，9月初步建成。

生态净化系统设计和构建的核心是依据生态原理，形成多层次的水生生物系统（图5-11），通过构建食物链，降解、固定或转移污染物和营养物，达到净化水质的目的。其核心是构建沉水植物系统。

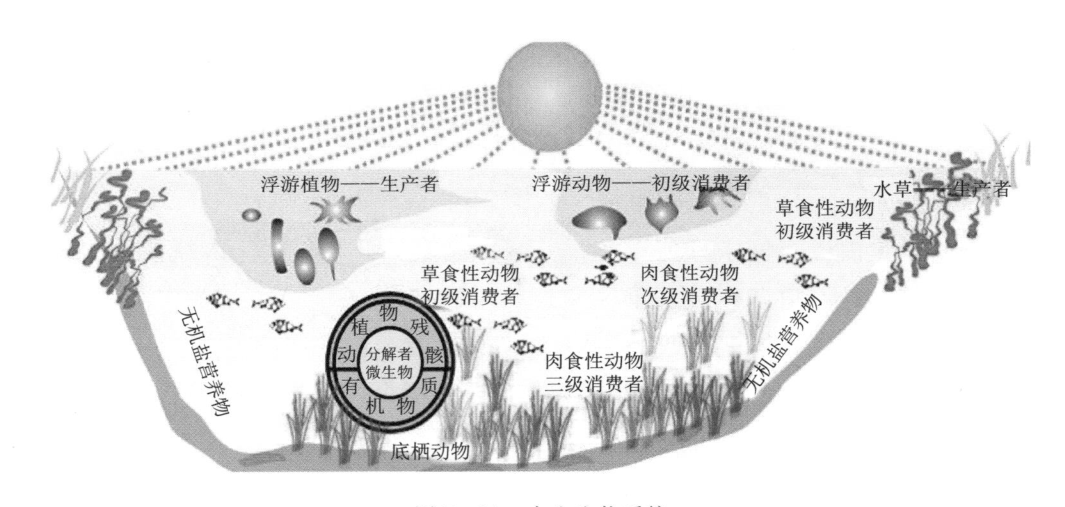

图5-11 水生生物系统

为了给沉水植物生长创造良好的生境，本项目采用了可移动式高效净化系统，如图5-12所示。设施净化拟采用“气浮＋生化＋过滤”三合一综合净化设备。

气浮是目前公认的高效的藻类去除工艺，在大型自来水厂中去除藻类也使用气浮技术，气浮去除藻类的原理示意图如图5-13所示。

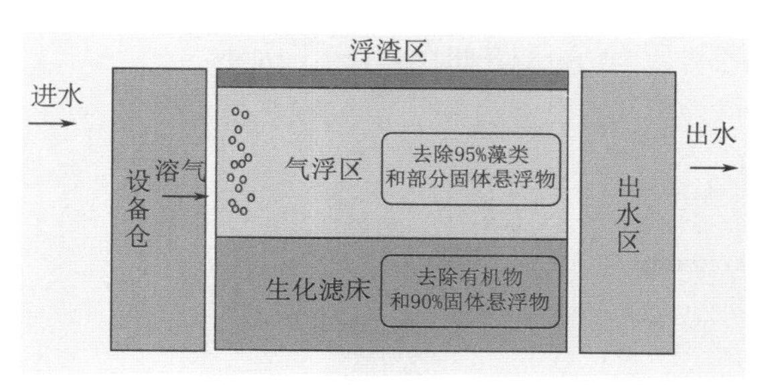

图 5-12　可移动式高效净化系统

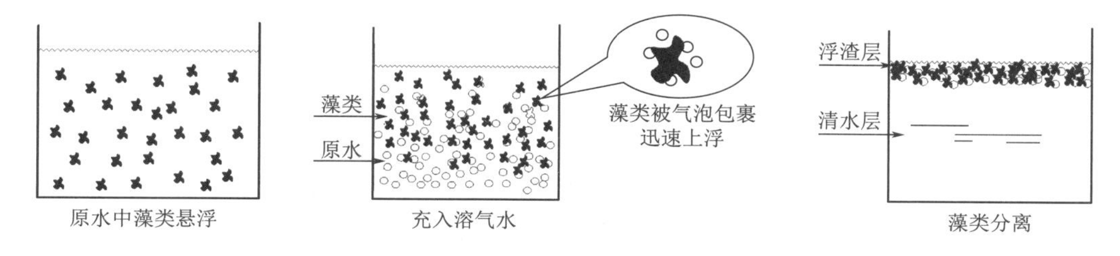

图 5-13　气浮去除藻类的原理示意图

气浮主要是在设备中产生微细气泡（10μm 左右），并使得水中悬浮的藻类粘附在这些微细气泡上而变轻并上浮到气浮设备中的水面上，这样就可以从设备底部取出净化后干净的水回到景观水体中。本项目在传统气浮的基础上，进行了周密的设计和提高，它对藻类的去除效率可高达 95％以上，而且设备体积小，效率高。气浮运行的照片如图 5-14 所示。

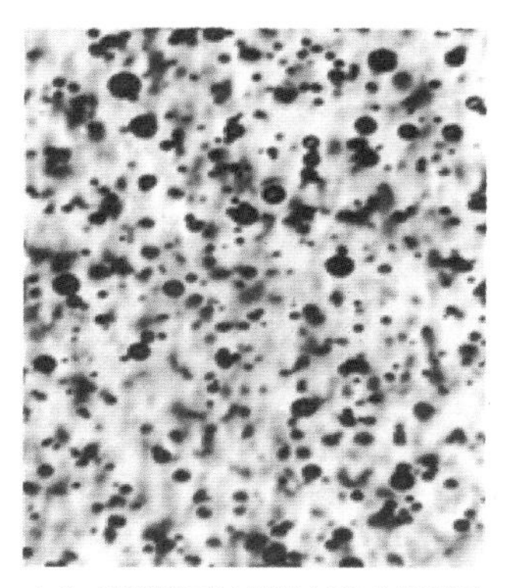

（a）显微镜下拍摄的气泡上浮照片

（b）设备运行初始照片
（白色物为微细气泡）

（c）设备运行一段时间后照片
（绿色物为分离出的藻类）

图 5-14　气浮运行的照片

生化是最常规的有机物去除手段，它主要是通过微生物分解水中的有机物，防止景观水体因厌氧而发黑发臭。生化的原理示意图如图 5-15 所示。

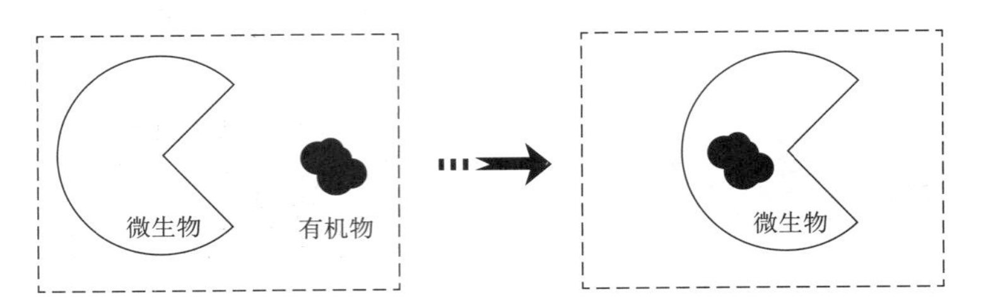

微生物分解有机物

图 5-15 生化的原理示意图

过滤则广泛应用于去除泥沙浊度，它主要是依靠滤料（石英砂等）拦截水中的泥沙颗粒。过滤的原理示意图如图 5-16 所示。

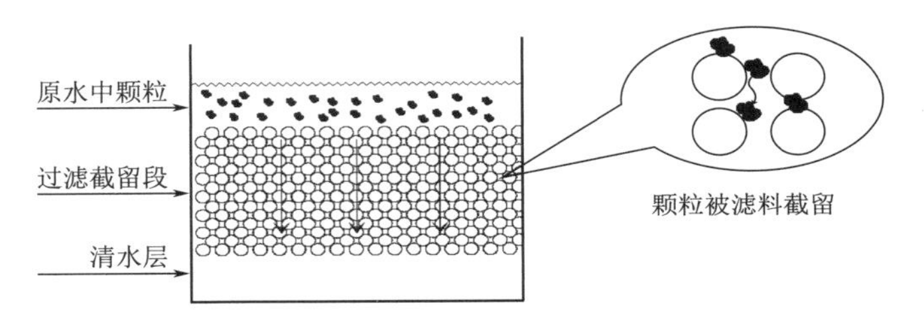

图 5-16 过滤的原理示意图

气浮、生化、过滤三种工艺联合应用，全面改善水质，确保了出水优良，对水质的适应性也大大提高。设备分离出的藻类污染物可以排入市政污水管道，进入污水系统处理。该系统以气浮技术为核心，水质适应性好，并可以在一条河道治理完成后移动到另一条河道使用，水质治理对比如图 5-17 所示，水处理系统布置示意图如图 5-18 所示。

（a）1min照片

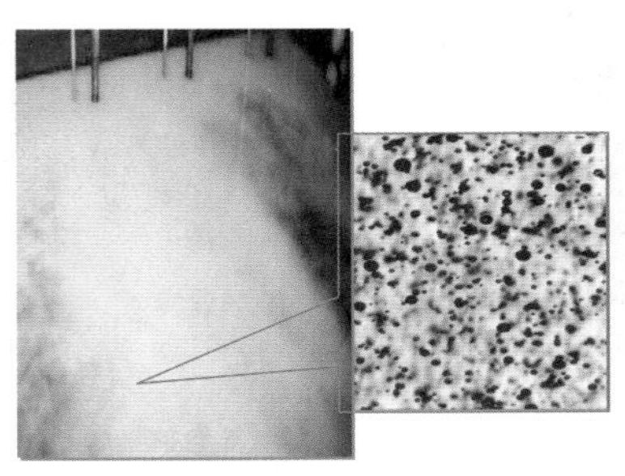

（b）显微镜下气泡上浮图

（c）30min照片

图 5-17 治理水质对比

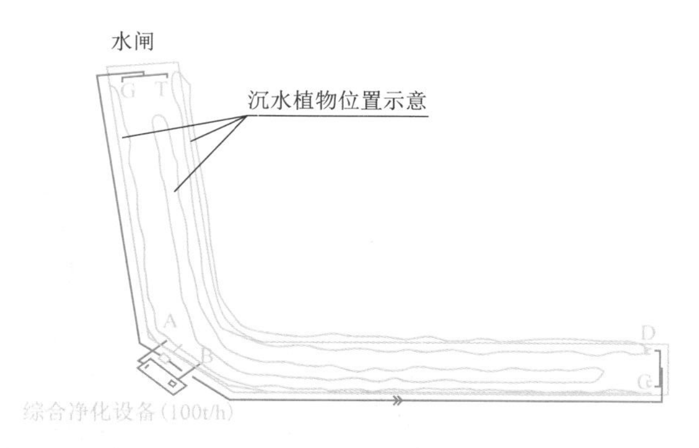

图 5-18　水处理系统布置示意图

由于条件所限，该项目仍有部分污染物直接排入河道。同时，由于水闸的渗漏，外河对内河也有污染。针对这些污染源，项目中大量使用了生态净化廊道和屏障，如图 5-19 和图 5-20 所示。生态净化屏障技术综合使用了柔性透水阻隔、固定化微生物、复合生物酶、局部曝气、复合浮床等技术，极大地减缓了污染源对河道的影响。

图 5-19　用于点源污染的生态净化廊道

图 5-20　防止外河污染的生态屏障

为了强化对污染物的净化，又创造性地使用了驳岸生态净化技术，驳岸两侧设置聚生毯就地净化河水，并利用原有水泵将净化后的水提升到上游，改善整条河道的水质。在没有清淤和截污的情况下，解决了黑臭问题，并且达到了Ⅳ类水质。聚生毯技术是附着生长在聚生毯表面的微生物对流经水中有机物进行分解，并且氧化氨氮为硝氮；一段时间后，聚生毯上还将出现固着生长的藻类，对流经水中的氮磷营养物进行吸收。经过该过程，水质得到了净化。聚生毯通常分为两层，内层多孔微细材料提供了巨大的比表面积，满足生物附着的条件，聚集了多样化的生物，并构成了生态食物链；表层绿色纤维状材料提供了附着藻类的着生条件，并且起到了美化作用，如图5-21所示。

图5-21 驳岸生态净化技术

经过治理，仅1个月，水质就达到了Ⅳ类水，能见度达到1m以上，如图5-22所示。

图5-22 治理1个月的效果

该河道治理中应用了多项新技术、新设备，能承受一定的外源污染，维护管理简单，水质净化和景观效果好。

5.3 永定河北京城市河段生态治理

5.3.1 永定河概况

永定河是海河北系的一条主要河流，历史悠久，源远流长，西汉以前统称

治水，东汉至南北朝称灅水，隋至宋叫桑干水，桑干河；金称卢沟河，元至明称卢沟河、浑河；明末清初又称无定河，直到清康熙皇帝赐名“永定”后，才始称永定河。中华历史上，永定河最精彩的一笔就是孕育了中国的七朝古都——北京。3000多年前，北京早期的先民便在永定河扇形洪积地区建立了最早的居民点。周武王平定天下后，黄帝的后代在此建立了诸侯国——蓟国，造就了北京的最初形态。永定河水是历史上北京城直接或间接的主要饮用水水源，也是历史上北京农田的主要灌溉水源。几千年来，永定河一直在滋养着北京城，润泽着历朝历代的京都子民。永定河是北京的“母亲河”。

永定河流域内水资源充沛、森林茂密，矿藏、物产丰富，因此成为离古蓟城最近的水资源、煤炭、柴薪等能源以及石料、树木、石灰等建材的供应地。源源不断的物产资源哺育了城市的成长。古蓟城从一座小居民点逐渐发展成为军事重镇，南北交通的枢纽，各民族文化、经济交流的中心，直至成为金、元、明、清的首都。

永定河全长680km，总流域面积47000km^2。流经北京境内长170km，流域面积3168km^2。永定河上游有两个源流，一为源自内蒙古兴和县以北山麓的洋河，一为源自山西省宁武县管涔山的桑干河。两源流至河北省怀来县朱官屯村汇合为永定河，流经河北省涿州市，天津市武清、北辰区，汇北运河从永定新河入海。纳北京市延庆区妫水河，南流至官厅在门头沟区入北京界，至三家店出山经北京市石景山区、丰台区、大兴区、房山区，分为官厅山峡段、平原城市段、平原郊野段，流经北京市门头沟区、石景山区、丰台区、房山区和大兴区五个区。

5.3.2 存在的问题

永定河曾碧水环绕北京，但后来源头植被被破坏，风沙严重，水量变少逐渐干涸，令民众惋惜。中国连续出现20多个暖冬，导致降水量减少，而华北地区在这20多年中，年降水量更是减少了10%～30%。然而，与此同时，城市快速发展，需水量增多。上游水库、水坝、水渠等“关卡”设置过多，中下游断流。永定河沙石采盗猖獗，致使河道内沟壑遍布，河床裸露，生态系统受到严重破坏。20世纪80年代以来，永定河有限的水资源几乎全部用于北京西部工业建设，使部分河道断流、干涸，河床逐渐沙化，是北京境内的五大风沙源之一（图 5－23）。随着沿岸地区经济的发展，入河污水排入量逐年增多，污染河道，防洪堤坝受到破坏。永定河生态环境日趋恶劣，与城市的发展极不协调（图 5－24）。

图 5－23 曾经断流的永定河是风沙的主要源头

图 5－24 过度开发导致永定河干涸、滩地荒芜，满目疮痍

5.3.3 治理方案

按照“安全是主线、节水是理念、生态是效果”的新思路，政府主导、专家领衔、社会参与、统筹规划、科技攻关、综合治理，开放搞科研、开放搞规划、开放搞设计。面对挑战，一改过去“就河论河、工程治河”的做法，率先提出“流域规划、全面规划、系统规划”的新理念，按照“以流域为整体，河系为单元，山区保护，平原修复”的方针，在山区建设水源地保护，自然修复生态系统，平原区坚持“四治一蓄”（治砂坑、治污水、治垃圾、治违章、蓄雨洪），开展了《永定河生态构建与修复技术研究与示范》专题研究，制定了《永定河绿色生态走廊建设规划》，推动了《永定河绿色生态发展带综合规划》，编制了《永定河绿色生态发展带绿化景观方案》和《永定河生态走廊文化景观保护规划》，在治理中保护水文化，在开发中大力弘扬母亲河文化。通过全面构建永定河流域的防洪安全保障体系、水生态保护体系、水资源配置体系三个体系，把永定河建成“有水的河、生态的河、安全的河”。

永定河绿色生态发展带建设分期实施，2010 年开始启动门城湖、莲石湖、园博湖、晓月湖、宛平湖和循环管线、园博湿地工程，简称“五湖一线一湿地”工程。在永定河 18.4km 干涸的河道上，建成了北京首个大型城市河道公园，贯穿门头沟区、石景山区、丰台区三个区，总面积 837hm^2。利用河道内的砂石坑、垃圾坑，营造门城湖、莲石湖、晓月湖、宛平湖五个湖面，形成水面面积400hm^2，蓄水1000万m^3。五湖景观各具特色，波光潋滟的湖面，与溪流、湿地交相串联，远眺观望，宛若五颗璀璨的明珠，镶嵌在京西大地上。把永定河建设成为河道公园，河道空间实现共享，人能亲水，车能进河，水来人退，水退人还，处处展现人、水、绿共享与融合的美好画面。可同时接待3万～5万市民在此望山、亲水、戏水、健身、游览、娱乐、休闲，建成的多项公共服务设施满足了市民的需求（图5-25）。

图5-25　治理后人水和谐的亲水景观

1. 整个河道公园凸显十大亮点

（1）安全生态、里刚外美。创造性采用柔性网格结构的附着结构对现有防洪结构进行加固，以柔克刚，同时保证生态工程的安全。工程经受2012年“7·21”特大暴雨的考验，行洪标准达到5年一遇，河道行洪后安然无恙。

（2）以人为本、服务于民。河道公园主要的公共服务设施有：无障碍多功能环湖路，贯穿门头沟区、石景山区、丰台区三个区，长度42km。滨水自行车专用道，长度约10km，位于莲石湖，为休闲骑车健身一族提供安全、舒适的专属车道。专用停车场，在阜石路、莲石路、园博路、京港澳高速路跨河桥下，集中布置了4个大型停车场，沿河每隔1km左右设置下河的无障碍车行坡道，并在滩地分散布置林荫地、渗透型停车场等。综合运动场地，可以开展足球、篮球、网球、羽毛球、门球等运动。公共洗手间，建设了几十座木屋厕所，服务半径500m，为市民休闲游览提供方便。主景区设置体现各湖特色和文化内涵的观景平台，为游客登高望远、俯瞰各湖壮丽的景观提供最佳的观赏点。大量安全的亲水设施，包括滨水步道、汀步、栈桥、码头、游船、亲水平台、戏水池等，让您与水亲密接触，享受水汽甜美的熏陶。

（3）自然水形、曲曲有情。按照传统的理水手法，沿着既有的子槽布置“之玄如织，回环区引”的溪流，展现动感、曲折之美。沿着河道主流和既有的砂石坑布置湖泊，“深聚留恋，绕抱有情”，展现了宽广、静谧之美。有浅滩、深潭，浅水湾，为鱼类提供了各种生境需要——客厅、产房、卧室和娱乐空间。匠心独运的生态岛、生态坑、鸟巢是专门为野生动物、鸟类准备的居所。

（4）三向连通、渗透水岸。水体可以通过纵向、横向、竖向渗透，形成生态河道的生物循环链。通过营造适宜的水绿过渡空间，河道外与城市绿地融合，形成风景防护林带，形成3个循环系统，即地上地下水量与空气的循环生态系统、上下游河道溪流水生生物循环系统、横向岸坡两栖生物循环系统。

（5）自然植被、回归自然。首次实现在这种贫瘠的土地中形成大面积绿化景观。上百种乡土花草混播形成不同季节、不同年份，有不同主题的野草组合、野花组合。水生植物也以大面积的单一品种为特色，体现湖区气势磅礴的大景观特色。沿河种植大量的垂柳、旱柳、馒头柳、粉枝柳、柽柳、扦插柳枝，表现的是永定河古道传统的植物景观，体现出永定河的植柳文化。

（6）循环节水、高效利用。雨水利用，再生水回用，以水带绿，以绿净水，涵养水源，丰水多蓄，水少多绿，水退草丰，水绿相间。利用已有砂坑形成雨洪坑，使超过生态蓄水的雨洪水及时回补地下水。

（7）截污减污、保障水质。通过湿地处理、支流净化、补渗过滤、生物净化、跌水补氧、砾间氧化、水体循环、川流不息，水质稳定。

（8）亲水设计、保障安全。深浅分区、由浅入深、水草丰美、亲水安全。设计上巧妙地把深水区和浅水区分开，即形成“主河槽＋浅水湾”的蝶形断面形式，实现了人、植物、动物的和谐共生。

（9）低碳水利、环保节能。废物回收、就地利用、节水灌溉。河底既有的卵石、块石，部分拆除废弃的混凝土板，以及植物残枝、残叶等材料全部就地利用。木屋厕所为环保节能建筑，电力采用太阳能光伏发电。移动泵站和固定管网系统相结合的绿化节水灌溉模式，灌溉节水30％。

（10）文化传承、浸暖人心。凸显引水文化、防洪文化。留住治河记忆、浸入人心。注重对石卢灌渠渠首与沉砂池遗址、十八蹬古石堤遗址、卢沟桥减水坝遗址等水利遗址的挖掘与保护。门城湖主景区的设计，体现永定河的出山口文化。莲石湖主景区的《金、元、明、清北京城水系图》，体现北京城“因永定河而建、因水而兴”；为找寻1700年前的记忆，建设戾陵堰和车厢渠模型景观；为永定河的治水先人刘靖父子竖立雕像；复原石硪、石夯、石锤、打桩、厢埽等治河工具和技艺，更体现了历代劳动人民治水智慧的结晶。永定河综合治理工程从规划设计理念、技术理论支撑、工程布局、生态防护措施等方面提出并形成一套先进的河道治理模式，经济效益明显，处于国际领先地位。

2. 研发了多项创新技术

（1）以再生水为主的水资源高效调配和循环利用。

1）总结和分析永定河历史洪水过程，研究河道天然地形及水体交换方式，优选出以“外调再生水为主、雨水和地表水为辅”的生态用水方案，结合内部循环系统达到水资源高效利用的目标。工程通过采用3级自动化控制联调泵站，多达17种工况的设定，涵盖了设计河段夏季、冬季、近期、远期的复杂运行模式，成功解决了永定河常年干涸、了无生机的环境问题，确保水体达到流动性要求，为稳定水质提供必要条件。

2）通过调水和结合减渗、增渗布局设计，改变了径流的时空分布，使河川径流更趋于均匀，利于蓄水、保土、保水作用。水体在湖泊、溪流和湿地中先形成水景观，再以5～20mm/d渗入地下，补充地下水。

3）通过水形、地形设计和种植搭配，形成了丰水多蓄、水少多绿、水退草丰、适应自然的多元景观，无论枯水期还是丰水期均有优美景致。

（2）设计建设了亚洲最大的人工湿地水质保障系统。

1）成功设计了总面积37.5hm^2、处理再生水8万m^3/d或循环水10万m^3/d的人工湿地，并通过景观设计形成北京园博会湿地展园。人工湿地采用复合垂直流湿地（29hm^2）为主工艺、辅助水平流湿地和表流湿地，创新设计了分区均匀无动力布水系统、高效防堵湿地填料组配等。园博湿地无论从潜流湿地面积、处理水量还是服务对象、景观利用等方面均是国内第一的人工湿地。对微污染水中有机物（生化需氧量）去除率达50%以上，总氮和总磷污染物去除率达60%以上，出水水质好于Ⅲ类的目标要求。

2）成功设计了以浅水湾湿地、溪流湿地为主的面源污染防控系统。该系统在河道内设置河口湿地、浅水湾、生态沟渠、生态岛、促流道等，面积达 $100hm^2$，放养200t的水生动物，两岸设置生态截留沟，达到河段间输水、初雨雨水截留、面源污染土地渗滤处理等多功能目标，使进入河道内的水体污染物大大削减，水质保持亲水的要求，并形成秀美的湿地型河流景观。

（3）利用三维勘测和设计，研发针对国内最大的河道垃圾回填坑就地复式处理技术。

1）针对整个工程区域的地形和地质勘探，采用三维激光扫描测绘技术和地质雷达技术，构筑精准的地面和地下耦合的三维模型。

2）蓄水区的不均匀地基处理决定本工程的成败。基于土方就地平衡、旧物就地高效利用的原则，采用三维设计模型，对面积达 $500hm^2$ 既有沟壑纵横深、浅不一的垃圾回填坑地基的复式处理，就地利用的建筑垃圾达到5000万 m^3，与弃除建筑垃圾相比，可降低投资70%。地基处理的复合技术有分层换填、强夯、柱锤冲扩桩、土工格栅和水沉法等。

3）构筑地下水数值模拟模型，结合同位素测试技术，通过对既有垃圾回填坑的地基进行注水试验和运行监测，水体通过处理过的河床下渗后，表明地下水的水质满足安全标准。

（4）适应地基变形和可控制渗漏量的减渗结构设计及其防冲技术。

1）处理后的人工地基深浅不一，遇水后会发生不均匀沉降；基床的渗漏系数达到1m/d以上，渗透性极强。结合地下水数值模拟模型和1∶1比例尺的现位试验，首次提出“减渗”理论，减少景观蓄水区的渗漏量，优化出减渗结构包括地基处理、下垫层、减渗层本体、过渡层和抗冲保护层的设计，以控制人工地基的不均匀沉降。

2）研发了减渗复合人工土、复合黏土堵漏抢修材料。根据地下水回补和景观蓄水的需要，优化出面积达 $400hm^2$ 的减渗结构布置方案——深水区采用复合土工膜、浅水区采用纳基膨润土防水毯、水位变化区采用复合人工土、增渗区采用现场透水材料，可控制综合下渗量1.5～6.0m/a。

3）减渗结构层的保护采用石笼格、现场可利用大粒径卵石等柔性材料，防冲流速达到3m/s，同时为底栖动物提供栖息空间，也为沉水植物提供生境，鱼潜水底，水草丰茂。

（5）研发应用在大型防洪河道上满足行洪要求和体现干湿交替特点的大面积植物配置技术。

1）研发了基于大面积种植河道的大流量、大比尺河床生态糙率物理模型及试验方法，并应用生态水力模拟技术，评估生态工程安全标准及防洪影响。首次提出满足防洪要求的河道种植的适宜防洪标准，即“3草、5灌、10乔”种植模式——在3年一遇洪水位以下以花卉、草本、水生植物为主，3～5年一遇洪水位以花灌木为主，5～10年一遇洪水位以小乔木为主，10年一遇洪水位以上点缀大乔木。很好地解决了防洪与植生之间的矛盾。

2）开展了全流域河流生态调查，试验筛选出适宜永定河的乡土植物139种，并与水流、土壤与生物多样性、景观效果综合对位，提出满足行洪要求和干湿交替特点的河床、浅水湾、滩地、堤脚、堤坡和堤顶滨河带的立体植物配置，种植面积达到500hm^2。一河两岸生机勃勃，水鸟纷飞，百花争艳，雨水灌溉，维护低廉。

（6）强调河道三向连通的水形和结构布置。

1）纵向连通性。蜿蜒水形。利用地形，深浅有致，布置近自然的湖泊、溪流、沟渠、深潭、浅滩、岛屿，水形多样，连通流畅，景观连续，简洁明朗。“梯田式跌水”——化整为零，研发具有生态、景观、交通和亲水功能的“梯田式跌水”，流水潺潺，景观优美，改变传统水工建筑物“傻大黑粗”的形象。

2）横向连通性。蝶形断面——河道的横断面设计成带子槽的蝶形断面，水岸由浅入深，便于植物的自然成长和动物的爬行，中部设置深槽，为行洪主通道，两侧布置浅水湾，面积达100hm^2，形成河流湿地，净化水体，也形成亲水的安全隔离区，为水生动物和两栖动物提供生境。生态护岸——大量采用自主研发的、兼顾施工期防冲和景观效果的SG植生护岸、WE渗滤植生护岸、扦插柳枝护岸、砂砾料缓坡护岸等10余种可呼吸的护岸，建成柔美的岸线72km，这些生态护岸抗冲流速3～5m/s，滞洪补枯，里刚外柔，生机盎然。

3）竖向连通性。水域采用可控制下渗量1.5～6.0m/a的减渗措施，非蓄水区可自然下渗，道路全部采用透水铺装，每年可补给地下水3000万m^3。

（7）保证防洪结构安全的里刚外柔的硬质堤防的生态修复。

1）首次在重点防洪河道上大面积进行硬质堤防的生态修复，堤防生态修复长度达33km，创造性地利用柔性网格结构在既有硬质护砌上覆土植绿，使生物工程与既有刚性结构有机连接，隐蔽堤防，形成绿通、人通、气通的自然型大堤景观，实现“睡堤唤醒”。

2）在一河两堤的护脚设置防冲石笼和植草沟、堤坡种植固坡植物，设置植生雨淋沟，堤顶设置林荫景观大道，有效地组织、净化和利用雨水。

3）研发了在硬质堤防上设置HCW蜂巢植生系统，配以野花固坡组合种子，首次实现“石头开花”。

（8）大面积面源污染控制及雨水调蓄和净化。

1）雨水利用塘。利用既有部分深坑，预留蓄洪空间，面积达到200hm^2，可蓄滞雨水2000万m^3。汛前湖泊和溪流降低水位运行，利用预留库容蓄滞雨水，水满则溢，自上而下流动并补充地下水。雨水利用塘设计为干湿交替的生物景观塘。

2）水土保持。对堤顶客水、坡面和滩地的雨水，利用植草雨淋沟、植生排水沟，有组织地收集、渗滤、净化和利用，使“黄土不露天”，全面控制面源污染，项目区形成水文平衡的稳定的生态系统。建立了适合于北方缺水型河流的生态评价指标体系。

3）野花地被组合。研发了10组包含100多种野花地被配置和管养技术，固坡、固土、保水、防冲，节水灌溉，维护简便，形成“十里画廊、百顷花海”的景观效果。

（9）基于水的生态服务价值研究和评价确定生态修复标准。

1）基于河流生态修复多目标综合优化模型，分析了河流生态退化机理和生态服务价值的时空变换，研发了一套考虑水量、水质、生态和社会经济的大流域河流生态修复综合决策系统，确定永定河的生态修复标准。

2）本工程投资21.8亿元，核算水的生态服务价值增值265.83亿元，其中：增加了包括水资源调蓄、水质净化、空气净化、气候调节、洪水调蓄的水生态调节服务价值每年9.19亿元，旅游娱乐、休闲增加价值为每年14.68亿元，带动周边房地产增值每年129.60亿元，沿河GDP年增值每年112.36亿元。

3）本工程的设计，积极带动两岸环境建设，目前已经建成门城滨水公园、永定河休闲森林公园、园博园等3个主题公园，面积达到567hm^2，一河两岸共建成面积1400hm^{2}的生态公园。永定河的治理，对服务沿河两岸经济发展、服务首都生态文明建设，建设宜居北京、提高市民的幸福指数提供了有力的支撑。同时可以带动永定河全流域的治理，逐渐实现“湿润永定河”的目标，对国内其他城市的河道综合治理也有借鉴意义。

按照计划，将陆续建设麻峪湿地公园、南大荒湿地公园、晓月水文化园、长兴生态园、永兴生态园、大兴机场临空区绿道，以及永定河南段的59km的防洪生态治理。未来几年，永定河北京段将建成长170km、面积约1500km^{2}的生态发展带。新增水面面积1000hm^2、绿化面积9000hm^2。实现“源于自然、融入自然、回归自然”的三段功能分区。建成后的永定河北京段将成为：生态河道的示范区，林水相依的景观带，流域文化的展示廊，经济发展的新空间。

5.3.4 五湖一线一湿地工程

永定河绿色生态发展带建设分期实施，截至2013年建成门城湖、莲石湖、园博湖、晓月湖、宛平湖、循环管线和园博湿地工程，简称“五湖一线一湿地”工程。

“五湖一线一湿地”工程主要任务为治理河道18.4km，总面积836hm^2，铺设22km循环管线及修建3座泵站，建成园博湿地37.5hm^2。同时，依河而建了门城滨河公园、休闲森林公园和园博园共3个主题公园。

永定河的五湖景观，各具特色。波光潋滟的湖面，被溪流、湿地串联在一起，像五颗璀璨的明珠，镶嵌在京西大地上。

1. *五湖*

(1) 门城湖。门城湖，上承永定河出山口三家店水库，下接莲石湖，东倚石景山，西傍门头沟新城，河段长度5.24km。景观主题：塑生命之源，扮秀水门城。门城湖工程于2010年8月动工，2011年9月完工，投资3.93亿元。建成“直曲相融、开合有序、岛屿相间、流水有声”的景观长廊（图5-26），面积177.4hm^2（其中：水面面积70.8hm^2，绿化面积92.6hm^2，配套基础设施面积14hm^2），堤防生态修复10.2km。形成“亲水乐园休闲、湖区健身运动、湿地观光教育”三大水景区。设景点10处：“门城水恋”“荷塘月色”“栈道风情”“银杏乐园”“水韵码头”“曲桥风荷”“溪径流觞”“湿地拾趣”“生态运动”“叠水映虹”。山水相依，繁花似锦，清灵鲜润，幽约绵长。对推动门头沟现代化生态新区建设，带动城市西部地区发展具有重要意义。

图 5-26 治理后的门城湖

(2) 莲石湖。莲石湖，位于石景山麻峪至京原铁路桥，上接门城湖，下接园博湖，河段长度 5.8km，为历代引水之首选，京城防洪之要冲。

图 5-27 治理后的莲石湖

莲石湖工程于 2010 年 8 月动工，2011 年 10 月完工，投资 4.67 亿元，建成烟波浩渺、清新爽朗、隽秀灵美的景观长廊（图 5-27），总面积 $230hm^2$（其中：水面面积 $105hm^2$，绿化面积 $107hm^2$，配套基础设施面积 $18hm^2$），堤防生态修复 10km。设 1 个主景区和 8 个景点，主景区主要是通过“山、水、莲、石”四个元素传承永定河和石景山区的引水文化、防洪文化、治水文化。

景观主题：钟灵秀之气、郁万物之英。

景点是：

“湿经花溆”——涵莲水之源，开秀美之始。

“云汉浩森”——观云海绰绰，看水波连连。

“蒲香缠涓”——育浅滩绿蒲，赏湖光浩渺。

“绿桑暄妍”——融自然和谐，营水活湾绿。

“亘古空廊”——承先人之智，展治水之魂。

“伴渠引练”——伴渠水潺湲，养桃源闲情。

“望碧秀岛”——登鹰山俯望，赞永定复生。

“鹰山水影”——倚水畔平台，眺鹰山胜景。

（3）园博湖。园博湖，位于永定河城市核心段，长度4.2km，上接莲石湖，下接晓月湖，左临永定河休闲森林公园，右临园博园，占地246hm^2，是第九届中国国际园林博览会的拓展区。

设计主题：湖光塔影、翠映园博。

工程总面积246hm^2，其中：水面面积115hm^2，绿化面积122hm^2，配套基础、服务设施面积9hm^2。设置联动溪流长4.1km，建成的园博湖具有开阔大气、错落有致、水绿交融的景观特色（图5－28），形成鱼潜深水、鸟栖浅滩、人走花间的生态和谐环境。园博湖主要分为3大景区。

图5－28　治理后的园博湖

北景区——“山水相依”。西有鹰山毗邻，河床平顺开阔，乡土地被丰富，溪流水系雅致，湖光塔影交融。

主景区——“龙腾盛世”。园博湖主景区，湖区水面宽阔，堤脚林荫路9.8km，环湖亲水路7.1km，休闲道路6.9km，间隔150～200m设休憩平台。设置入口坡道17处，林荫停车位700个，综合运动场地8处，公共洗手间14处，亲水平台27处，码头1座。工程于2011年11月动工，2013年4月竣工，投资3.26亿元。建设特点：废坑利用、雨洪渗蓄、自然生态、生物固坡、地景艺术、人水相亲。水形曲折自然，坡面龙鳞闪耀，翠映园博盛会。

南景区——“幽谷观澜”。谷底深聚留恋，岸线蜿蜒顺畅，地被景观壮美，水绿绕抱有情，人水相亲乐园。

（4）晓月湖。晓月湖，永定河自卢沟桥分洪枢纽工程上游450m为起点，至卢沟新桥为终点的河段，以卢沟桥为核心，此段河道有燕京八景“卢沟晓月”之名，因此命名“晓月湖”。晓月湖总面积72hm^2（其中：水面面积56.8hm^2，绿化面积10.3hm^2，配套基础设施面积4.9hm^2），堤防生态修复3.5km。由卢沟桥分洪枢纽工程、铁路桥、卢沟桥、橡胶坝将其分成3区，各区各具特色，其景观格局分为：湖光山色、曲径通幽、卢沟晓月（图5-29）。

图5-29 治理后的晓月湖

湖光山色：晓月湖Ⅰ区湖面宽度430m，长度450m，围合而成城市湖泊景观。借助右岸缓坡和湖心的皴峻营造一个度夏休憩的平台。闲来斜卧阳光下，呼吸着湿润的空气，躲开城市的喧嚣，不必远行，就可享受水乡的旖旎风光。

曲径通幽：晓月湖Ⅱ区湖面在卢沟桥分洪枢纽下游锐减为宽度250m，区段长度650m。与下游以跌水自然连接。在两岸高堤下，曲折的水上通廊，水岸边婆娑的芦苇、菖蒲，与岛上柳荫桃影交相呼应。

卢沟晓月：晓月湖Ⅲ区为燕京八景之一“卢沟晓月”的所在，这里坐落着有着八百多年历史的“卢沟桥”，经历了血雨腥风的宛平城。借助接近水平面的码头、栈桥以突出湖面的开阔。岸边方亭寓意“离情难舍”，设置“打尖”的客栈，纪念昔日“行人使客，往来络绎，疏星晓月，曙景苍然”的繁华。在岸边设置种植台，遮挡干硬的护砌，恢复河道的生机，重现了一副生机盎然的“卢沟晓月”。

工程投资1.8亿元，2010年9月开工建设，2011年12月竣工。

（5）宛平湖。宛平湖，上承卢沟桥橡胶坝，下终燕化管架桥，东倚绿堤公园，西傍大宁湖，长度1.31km。

景观主题：故河焕生机、绿堤伴水远。

宛平湖工程于2010年7月动工，2011年10月完工，投资1.3亿元，建成纯朴、爽朗、幽雅、诗意的景观长廊（图5-30），总面积为73.7hm^2（其中：水面面积51.6hm^2，绿化面积19.9hm^2，配套基础设施面积2.2hm^2），堤防生态修复2.8km。

图 5-30 治理后的宛平湖

设景点8处："平湖秋月""悠情垂钓""曲桥风荷""香漫石汀""吟月码头""双亭览翠""叠水映虹""碧漪恋岛"，给游人带来"像呼吸那么自然"的美好感受，再现"名桥、古城、皓月、碧水"的历史风貌，对推动丰台永定河生态文化新区建设，带动城市西部地区发展具有重要意义。

2. 循环管线工程

先期实施的"五湖一线"工程主要利用高品质再生水，作为河道环境的补给水源，提出"多水联调、众水汇潴、丰水多蓄、水少多绿、水退草丰、水绿相间"的设计和管理理念。本着可利用水资源的循环节约使用，充分利用清河再生水厂的再生水作为永定河的主要环境水源，在再生水入河前建设水源净化工程，进一步提升再生水的品质，满足水功能区划明确的Ⅲ类水质指标，通过监测系统的实时监控、反馈，进而通过循环管线的调度，控制水体的流向和流速，满足各段水域所需的水量和水质要求。以"五湖"的总体布置和水量调配需求为基础，将永定河三家店—燕化管架桥段18.4km长的河道分成三个循环系统，每个系统末端设置泵站，将水从下游提升至上游，再经过溪流和湖泊自流到下游形成循环水，目的在于保证河道内水为流动状态，保持水质。

(1) 永定河循环管线工程（图5-31）具备四大功能。

1) 三套系统单独或串联运行，将经湿地处理的再生水在河道内循环，满足水质要求。循环规模4万～15万m^3/d。每年5—10月运行。

2) 三套系统联合调水，将大宁水库清洁水调至三家店水库，调水规模4万m^3/d，每年11月至次年4月运行。

3) 作为湿地备用水源。在清河再生水规模不足情况下采用河道水补充。

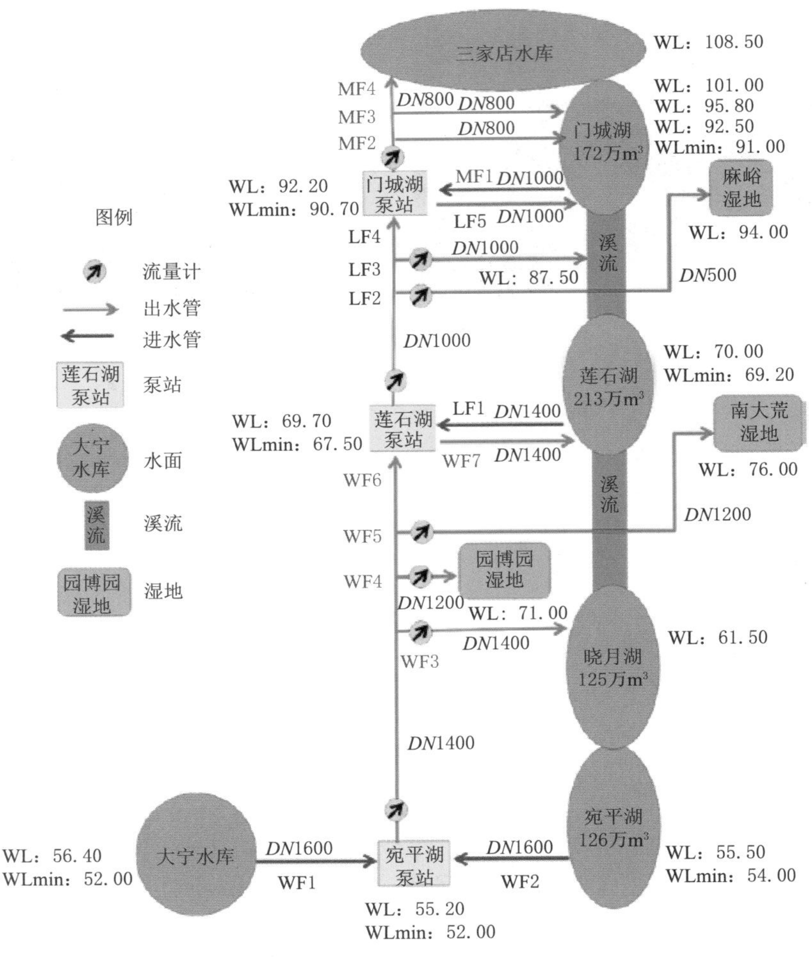

图5-31 永定河循环管线系统示意图

4）利用现状滞洪水库供水管线由三家店库区向五湖供清洁水。

（2）永定河循环管线工程规模。管道总长度20.6km，3座泵站总功率1515kW。

（3）工程等别。Ⅲ等，主要建筑物级别3级。

（4）防洪标准。泵站30年一遇设计，河底管道20年一遇设计，穿堤管道100年一遇设计。

（5）管道参数。宛平湖$DN1400$主管长7.8km，$DN1200$支管长0.9km；莲石湖$DN1000$主管长7.3km，$DN500$支管长0.3km；门城湖$DN800$主管长3.2km；滞洪水库$DN1000$供水管线改造长度1.1km。

（6）泵站参数。宛平湖泵站设置水泵4台，单泵流量$Q=0.44m^3/s$，扬程

H=25m，前池设计水位 55.20m，最低水位 52.00m。莲石湖泵站设置水泵 3 台，单泵流量 Q=0.31m^3/s，扬程 H=35m，前池设计水位 69.70m，最低水位 67.50m。门城湖泵站设置水泵 2 台，单泵流量 Q=0.23m^3/s，扬程 H=23m，前池设计水位 92.20m，最低水位 90.70m。

（7）工程特点。

1）三级调水：远期规划与近期实施相结合。一线多用：夏季循环与冬季补水相结合。

2）循环理念：实现水资源循环利用。生态效果：净化河道内水体。

3）景观效果：形成流动的水景观。灵活控制：3 套系统可单独循环，也可整体循环。

3. 园博湿地

园博湿地——永定河园博园水源净化工程，位于第九届中国国际园林博览会展园东南角，永定河园博湖右岸，是利用最深达 23m 的砂石垃圾回填坑为场址，以再生水净化为核心功能，采用复合垂直流为主要工艺的复合型人工湿地生态公园，是规划建设的永定河 5 大再生水水源净化湿地之一，也是目前亚洲最大的潜流型人工湿地（图 5-32）。

图 5-32　治理后的园博湿地

（1）工程定位。河湖净化之肾——永定河再生水源深度净化厂，水生动植物家园——再现完善的湿地生态系统，野外科普基地——传播生态文明知识，华北最美的人工湿地——人工湿地生态展园。

（2）设计主题。取自然之材，还自然之色。

（3）建设思路。废坑高效利用、地基复式处理、环保材料应用、水体自然净化、雨水调蓄利用、生态景观再现。

（4）水质目标。将近Ⅳ类再生水净化为Ⅲ类地表水（总氮除外），注入永定河园博湖、晓月湖、宛平湖和园博园，并通过循环管线进入湿地再净化以维护水质。

(5) 建设规模。人工湿地设计净水能力 10 万 m^3/d，总占地面积约 37.5hm^2，其中：复合填料床人工湿地面积 28.1hm^2，表流湿地面积约 1.3hm^2，服务道路面积 2.1hm^2，科普教育、休闲娱乐用地面积 0.7hm^2，景观绿化面积 5.3hm^2。人工湿地划分为 6 区 29 单元。设置管理服务、科普教育展区 1 处，景观木栈道 2.1km，观景桥 9 座，观景塔 1 座，休憩、科普廊亭 21 座。种植特色乔灌木及地被 30 余种、水生植物 30 余种。放养底栖动物 2 种，放养鱼类 10 余种。工程于 2011 年 10 月动工，2013 年 5 月竣工，投资 3 亿元。整个湿地俯瞰如船帆，远观似梯田，近看是花海，清水在水草中流淌，路桥在百花中盘亘，高低起伏、动静结合、曲直相融。园区布置有 7 个主要景点，分别是：

1) 方池听水：游人和水源的主入口。在方池之上观水色、听水声，观察再生水、循环湖水的源水状态。

2) 赤足探水：湿地内娱乐园。深入湿地内部，与花草为伍，与清水为伴的嬉戏水世界，初探湿地之美。

3) 花堰分水：湿地总布水池。将进水化整为零，分入单元处理，单元出水汇零为整，完成湿地净化过程，可了解湿地水处理流程。

4) 栈桥闻水：湿地内景观游道。沿线花鸟虫鱼水，尽显湿地之美，可了解湿地水生生态系统的构成，学习水生生物知识。

5) 高楼观水：湿地内观景塔。俯瞰湿地百花争艳，树影婆娑，流光溢彩，芦花飘荡，水鸟纷飞，深入了解湿地水处理原理。

6) 汀步戏水：表流湿地观景桥。与清水为伴，与花草为伍，与游鱼为邻，体验湿地净水之奥妙，感受自然力量之神奇。

7) 斗池集水：表流湿地出水口。汇集自然净化之水，送归永定河，可了解湿地净水的去处，感受水是生命之源的神圣。

5.4 朝阳河生态系统治理

5.4.1 河道现状

1. 水系现状

朝阳河属于上海市水利控制片中的“嘉宝北片”。该片北临浏河，南依苏州河及澛藻浜闸下段，西与江苏昆山、太仓为邻，东以长江和桃浦河为界。

朝阳河位于普陀区的朝阳河水系内，是桃浦河的一条支流，河道总长度约2.91km，河口宽度约16.0m，河道南、北两端分别由朝阳泵站、北新浜泵站控制，朝阳泵站规模3.4m^3/s，北新浜泵站1.2m^3/s。朝阳河水系位置如图5-33所示。

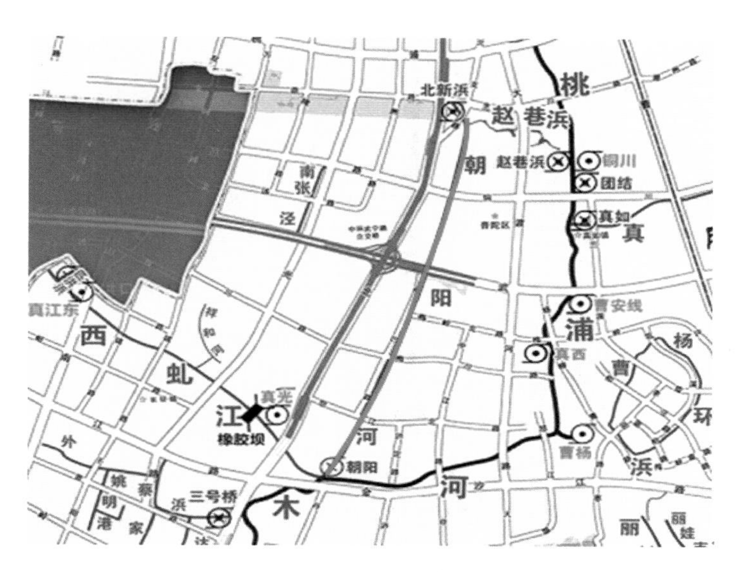

图5-33　朝阳河水系位置图

2. 水质现状

根据《地表水环境质量标准》（GB 3838—2002）中Ⅴ类水水质的主要控制指标，另据《城市黑臭水体整治工作指南》中黑臭水体的判定标准，水质的主要控制指标见表5-5。

表5-5　水质的主要控制指标　单位：mg/L

河道水质标准	溶解氧	化学需氧量	氨氮	总磷
地表水Ⅴ类水标准	≥2	≤40	≤2	≤0.4
黑臭水体判定标准	<2	—	≥8	—

注：《城市黑臭水体整治工作指南》中，根据黑臭程度的不同，将黑臭水体细分为“轻度黑臭”“重度黑臭”两个级别：氨氮浓度在8.0～15之间，为轻度黑臭，氨氮浓度大于15，为重度黑臭。

根据2015年普陀区环保局针对区内现有河道地表水环境状况的调查结果汇总（表5-6），2015年本工程河道由于氨氮、总磷超标，均判定为劣Ⅴ类。

表5-6　　地表水环境状况调查结果汇总表（2015年）　　单位：mg/L

河道名称	断　面	溶解氧	化学需氧量	氨　氮	总　磷	总　氮	水质判定
朝阳河	梅川路桥	5.67	23.5	3.90	0.46	8.82	劣V类

3. 污染情况分析

经过多轮的截污纳管和污水综合治理工作，朝阳河基本上已经消除生活污水直排的现象。然而通过现场勘察，朝阳河沿线仍有一些雨水排放口，甚至部分雨水排放口中还混有少量的生活污水排放，这给朝阳河带来了一定的污染。河道沿线排放口分布示意如图5-34所示。通过表5-7的数据分析可知，朝阳河水环境污染问题控制指标主要为“氨氮”，经初步测算，生活污水混合排放及雨水管道排放、雨水散排入河所带来的氨氮污染量约为6.01t/a。通过截污纳管工程（由普陀区建委另立项建设），并加强市政监管等工程措施后，预计雨水中的氨氮量排放可以减少到2.58t/a。

图5-34　朝阳河沿线排放口分布示意图

由于朝阳河的水动力不足，导致其自净能力极差，稍有污染便可能因累积效应产生黑臭现象。因此，目前实际运行中，朝阳河自木渎港大量调水，“南引北排”，以增加其水动力。然而，由于外部河道水质较差，据估算，每年通过调水带入朝阳河的氨氮量达到143.6t/a。因此，现状通过调水虽能减少黑臭现象的发生，但是并不能从根本上改善朝阳河河道水质。待朝阳河的截污纳管及河道生态工程实施后，在朝阳河水质优于外部水质的情况下，建议尽量减少外部调水量。

4. 河岸绿化情况

朝阳河河岸乔木以水杉、香樟、广玉兰、女贞、悬铃木、合欢、垂柳、银杏、枫杨、构树为主；花灌木以桂花、夹竹桃、珊瑚树、桃花、垂丝海棠、紫叶李为主；灌木以八角金盘、桃叶珊瑚、云南黄馨、杜鹃、红叶石楠、金叶女贞、瓜子黄杨为主；地被以麦冬为主。现状局部岸段绿化植物需修补，花灌木品种较少，灌木和地被植物被踩踏破坏，在局部地区出现黄土裸露的状况。朝阳河内现有狐尾藻、梭鱼草、鸢尾等水生植物。

5. 水动力及水质现状模拟分析

通过水动力模型建立、模型参数选取、水质模型率定，经过计算得出朝阳河在雨天、调水工况下河道内平均氨氮浓度略优于旱天、调水的工况，表现在引水口门附近雨天调水时氨氮平均浓度值为4mg/L，而旱天为2mg/L；而在不调水的时段，雨天与旱天河道内氨氮的平均浓度差别不大，基本可以维持在2mg/L的水平，仅在局部的瓶颈段（北新浜泵站出口与箱涵衔接段）雨天氨氮浓度高于8mg/L。

6. 驳岸现状

朝阳河河道中心线长度2.91km。朝阳河两侧现有驳岸均为直立浆砌块石挡墙，朝阳河两岸岸顶高程约4.00～4.20m，河道两侧邻近居住小区河段岸顶设置了栏杆，岸后现状有步道。

7. 水生态现状

朝阳河水生态现状见表5-7，根据沿线调查朝阳河有少量挺水植物，如狐尾藻、梭鱼草、鸢尾等。

表5-7 朝阳河水生态现状表

河道名称	类别		品种类及分布	总结
朝阳河	生产者	水生植物	挺水植物：狐尾藻、梭鱼草、鸢尾	量少，品种少，杂乱
			沉水植物：水盾草、菹草	杂乱，景观效果不佳
			浮叶植物：无	无
	消费者	水生动物	底栖动物	无
			鱼类	少量

8. 结论

（1）朝阳河现状水质均处于劣Ⅴ类状态，为了达到清水生态的效果，有必要对河道水体进行净化处理。

（2）朝阳河水环境污染问题控制指标主要为“氨氮”，分析其原因，除去外部调水水源水质较差的原因外，朝阳河主要是因为生活污水混合排放、雨水管道排放及雨水散排入河，导致氨氮污染量超标。

（3）朝阳河河岸后局部岸段现状绿化植物需修整，花灌木品种较少，灌木和地被植物被踩踏破坏，在局部地区出现黄土裸露的状况，河内局部有少量狐尾藻、梭鱼草、鸢尾等水生植物。

（4）除朝阳河现状有少量水生植物外，朝阳河河道内水生植物、水生动物种类较少，水生态系统不健全。

（5）朝阳河两侧现状护岸均为直立浆砌块石挡墙结构。

5.4.2 解决方案

根据调研报告，普陀区河道水环境综合治理工程近中期对策主要有污染源控制（外部污染源控制——河道沿河排放口改造、外部调水；内部污染源控制——底泥清理或河道疏浚）、水系沟通与拓宽、河道内部水质净化措施（生态修复）、旁路强化处理（潜流湿地）及滨河景观带构建五大类措施。

目前朝阳河水质及污染现状特点：水质指标处于劣Ⅴ类，主要为氨氮超标；有雨污水排入河道，受外源污染较为严重；水生态系统不健全。根据调研报告分析，朝阳河综合治理工程内容包括外部污染源控制（外部调水）、内部污染源控制（底泥清理）、河道内部水质净化措施（生态修复）及滨河景观带构建。

5.4.2.1 外部污染源控制

如图 5-35 所示，河道最主要的氨氮污染源为外部调水、雨水排放污染、生活污水排放及垃圾抛撒。根据此种现状，将就这四大污染源的控制进行逐一阐述。

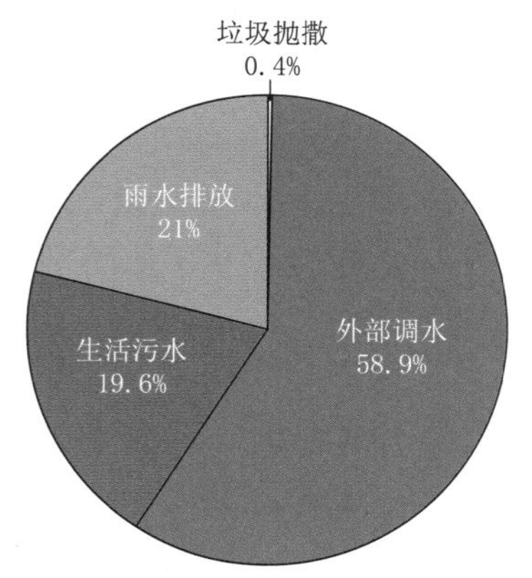

图 5-35 普陀区内部水系氨氮来源比率分布图

1. 外部调水污染源控制

外部调水为主要污染之一。西虬江与桃浦河沟通，因此，需要考虑桃浦河水质，如若桃浦河水质未有大幅改善，应尽量不引或少引，从而减少外围水质对朝阳河的影响，为内部河道达到Ⅴ类水标准创造条件。

2. 雨水排放污染源控制

雨水污染是造成水环境污染的原因之一。然

而，由于雨水污染具有分散、冲击负荷大等特点，治理难度相对较大，要想较为彻底地解决需要借助于初期雨水调蓄与处理措施。除此之外，还可采取以下措施来减少雨水排放所带来的污染：

（1）结合目前各部门已经开始的市政雨水泵站截污改造工作，在雨水泵站的截污改造中应适当增加初期雨水的截留量，以减小初期雨水入河带来的污染。

（2）改善下垫面的透水性；增加下垫面雨水入渗、蓄积和滞留能力；建设雨水就地处理利用设施，减小径流系数和径流峰值。实现城市排水、景观、生态与经济的统一协调，营造生态城市的特色。

（3）以绿色建筑推广为抓手，积极推行公共设施和民用建筑节水器具的使用，鼓励雨水削减、下渗收集和回收利用，减小径流总量、延缓径流峰值，提高雨水资源化利用。

3. 生活污水排放污染源控制

生活污水是水环境污染的重要因素。针对污水直排，应对每一条河、每一个排水口做截污纳管工作，从而彻底解决污水直排入河现象，根据总体安排，河道沿河排放口改造工程已于2016年完工。

由于雨污混接所产生的污染占生活污水污染的80%左右，因此生活污水污染源控制主要从以下方面开展：

（1）加强区域内市政二级管网排查力度：对于发现的沉管破损、接口移位等问题以及雨污水管道混接现象进行专项整改，确保避免污水泄漏以及在分流制区域中出现市政排水管网的雨污混接情况。

（2）推进老旧小区的雨污混接改造：制定老旧小区雨污混接改造计划，逐步推进老旧小区的雨污混接改造工程，同步完善相应市政二级收集管道，确保新截流污水顺利收集。

（3）开展市政雨水泵站的截污改造工作：根据市水务局的统一部署尽快完成普陀境内所有雨水泵站的旱流放江截污改造工程。

4. 垃圾抛洒污染源控制

垃圾抛洒所带来的污染物相对较少，但是由于目前普陀区许多河道紧贴居民生活区，以致部分河道受生活垃圾抛洒影响相对较大。针对这种情况，可一方面加强市政监管，使得附近居民不能乱抛撒垃圾；另一方面可增加河岸的绿化和景观，使得附近居民不忍乱抛撒垃圾。

5.4.2.2 内部污染源控制

底泥清理可快速降低黑臭水体的内源污染负荷，避免其他治理措施实施后，底泥污染物向水体释放；河道疏浚可提高河道行洪能力，改善河道水动力条件。

综合考虑朝阳河历年轮疏的情况、河道规划行洪断面、现有护岸结构安全、底泥检测初步成果等因素，对河道进行底泥清理。

5.4.2.3 河道内部水质净化措施（生态修复技术）

河道受污染型式多种多样，治理技术也相应有不同的选择。根据成因和表现，受污染河道又可分为黑臭河道和富营养化河道。

这两类污染河道的治理技术有很大的区别：黑臭河道主要采用曝气复氧和微生物处理技术，着眼于去除有机物和氨氮；富营养化河道则采用物理化学或生态技术，去除藻类或氮磷营养物，抑制藻类。

1. 黑臭河道治理技术

（1）生态浮床。浮床是以水生植物为主体，运用无土栽培技术原理，以高分子材料等为载体和基质，应用物种间的共生关系，充分利用水体空间生态位和营养生态位的原则，建立高效的人工生态系统，以削减水体中的污染负荷。即把特制的轻型生物载体按不同的设计要求，拼接、组合、搭建成所需要的面积或几何形状，放入受损水体中，将水生植物植入预制好的漂浮载体种植槽内，让植物在类似无土栽培的环境下生长，植物根系自然延伸并悬浮于水体中，吸附、吸收水中的氨、氮、磷等有机污染物。

生态浮床单纯依靠植物根系附着微生物，植物受生长期影响，吸收效率不稳定，且效率低。

（2）复合生态浮床。复合生态浮床技术是一种成熟的水处理技术，一般由水生植物和填料构成，可以降解水中的污染物，保证出水水质，对处理水体有很强的适应性。

采用复合生态浮床等技术方法，利用微生物—植物生态系统有效去除水体中的有机物、氮、磷等污染物。综合考虑水质净化、景观提升与植物的气候适应性，复合生态浮床应尽量采用净化效果好的本地物种，并关注其在水体中的空间布局与搭配，并在合适的季节进行植物收割。复合生态浮床靠介质上形成的生物膜降解污染物质，不仅稳定，且效率高，比普通生态浮床效率高10倍左右。

(3) 生物基。生物基是附着在填料上的生物膜，当有机污水与生物基介质流动接触，水中的悬浮物及微生物被吸附于固相表面上，其中的微生物利用有机底物而生长繁殖，逐渐在载体表面形成一层黏液状的生物膜。这层生物膜具有生物化学活性，又进一步吸附、分解污水中呈悬浮、胶体和溶解状态的污染物。

生物基好氧微生物以水中的有机物作为自身进行新陈代谢的基质（营养物），从而达到净化水体的目的。

生态填料设置在河底，不占用水面空间，且由高分子材料制成，一次性安装后，不会腐烂，可使用多年不需更换。

(4) 人工增氧。为了提高河段内微生物的处理效率，需要适当增加河段范围内的溶解氧量，可采用人工辅助增氧方式对水体进行增氧，以提高水体溶解氧、激活投放入水体中的微生物群落，发挥微生物的降解作用。

对于受污染水体的生态修复，人工复氧是最为常用的技术手段，也是微生物繁殖、附着、激活的重要的生存条件，复氧曝气和水体藻类可有效增加水体的溶解氧，提高水体好氧微生物的活性，加快污染物质的分解。

(5) 污水净化廊道。污水净化廊道是曝气、污水处理的生物膜技术与水生植物结合的处理技术，主要利用介质挂膜、曝气增氧、水力循环等方法为微生物提供最佳的生长繁殖环境，利用微生物来降解水体中的污染物。因此，污水净化廊道实际上是一个系列处理过程，这个过程使得处理效率提高了几十甚至上百倍，将污水集中到污水净化廊道处理，相当于一个小型的污水处理厂，处理效果好，效率高。

(6) 驳岸生物处理。驳岸生物处理是直接在三面硬化的渠道式河岸上敷设高效人工生物介质，然后将受污染的河道水提升到驳岸顶端，污水流经高效净化介质，污染物质被介质中生长的微生物和附着生长的藻类净化（菌藻共生）。同时，生物介质上逐渐自然形成了螺、草，从而构建了包括动物、植物、微生物的完整生态净化系统。同时，河道也进行了充氧，进一步强化了河道的自净化能力。驳岸生物处理技术处理效果好，即使冬季仍然有较好的氨氮去除效率，见效快，不额外占地，不影响河道正常的行洪能力。但是驳岸生物处理技术对河道驳岸有要求，一般适用于驳岸前沿有一定坡度的情况。

(7) 固定化微生物培养器。固定化微生物培养器将选定的高效微生物固定在沸石等多孔载体上，再装填在培养器中，并辅助合适的微生物生长条件，促进微生物快速生长，并释放到河水中，快速除臭、降低黑度。该方法见效快，成本较低，一般用于黑臭河道治理，增加微生物浓度（特别是特种微生物浓度）。

(8) 人工湿地。人工湿地污水处理技术是 20 世纪 70 年代末发展起来的一种污水生态处理新技术。通过在填料（砂石、土壤等）上种植特定的湿地植物，从而建立起一个人工生态系统，当污水通过系统时，其中的污染物质和营养物质被系统中所产生的植物、微生物等吸收或分解，使水质得到净化。

人工湿地按污水在其中的流动方式可分为两种类型：表流湿地和潜流湿地。表流湿地系统中，污水在湿地的土壤表层流动，水深较浅（一般在 0.3～0.6m），其优点是投资省，缺点是负荷低。而潜流湿地系统中，污水在湿地床的表面下流动，一方面可以充分利用填料表面生长的生物膜、丰富的植物根系及表层土和填料截留等作用，提高处理效果和处理能力；另一方面由于水流在地表下流动，保温性好，处理效果受气候影响较小，且卫生条件较好，是目前国际上较多研究和应用的一种湿地处理系统，潜流湿地负荷较高，但该系统的投资比表流湿地系统略高。

2. 富营养化水体治理技术

(1) 生态系统构建。生态净化系统的设计和构建的核心是：依据生态原理，形成多层次的水生生物系统，构建食物链，降解、固定或转移污染物和营养物，并通过这个过程净化水质。

生态修复的环境兼容性好，是富营养化水体的常用方法，景观效果好，可形成水下森林的生态景观。

(2) 食藻虫。生物操纵是用调整生物群落结构的方法控制水质，其主要原理是调整生物结构，保护和发展大型溞及其他枝角类浮游动物，从而控制藻类的过度生长。目前成熟的生物操纵技术是以食藻虫等枝角类浮游动物吃藻控藻、滤食有机悬浮物颗粒等作为启动因子，继而引起各项生态系统恢复的连锁反应，最终实现水体的内源污染生态自净功能。食藻虫的应用局限性较大，一般只适用于封闭水体。

(3) 紫外杀藻。通过紫外作用，将藻类的胞囊击穿，并使藻类的生物酶失去活性并被分解。在光触媒的作用下在水中产生羟基自由基（—OH）使藻类残体具有一定的凝聚性，由原先微米级的单体变为毫米级的藻团，更有利于清除，同时（—OH）的分解作用，将藻类的生物量转化为游离的有机质，很容易被微生物分解。

紫外杀藻作为富营养化河道治理的旁路系统，效率相对较低，营养物质并未提取出来，仍然残留在河道内部，并未解决根本问题。

(4) 应急处理设备。应急处理设备采用“气浮＋生化＋过滤”三合一综合净化设备。“气浮”主要针对富营养化水体，去除藻类的效率可达95％以上。“生化”是常规的有机物去除手段，主要是通过微生物分解水中的有机物，防止水体因发生厌氧反应而发黑发臭。“过滤”则广泛应用于去除泥沙等颗粒物，它主要是依靠滤料拦截水中的泥沙颗粒。

将三种工艺结合，对污染的适应性更强，可用于河道应急治理，如受到污染后快速消除污染或者重点区域快速水质改善。且该装置可移动，灵活性强，但需一定占地。

5.4.2.4 滨河景观带构建

1. 项目概况

朝阳河（图5-36）位于普陀区，属于生态水系治理工程中的朝阳片区的朝阳河水系内，是桃浦河的一条支流，河口宽度约16.0m，河道南、北两端分别由朝阳泵站、北新浜泵站控制。南起丹巴路、桃浦河，北至芝川路，河道走向与中环线基本平行，由南至北有6条市政道路横穿河道，分别是怒江北路、梅川路、梅岭北路、武宁路、铜川路、真北支路。周边基本为住宅及部分商业、厂房、基础设施建筑，其中铜川路与武宁路之间的河东侧为普陀区区政府。朝阳河的地理位置十分重要，本工程重点打造河道两岸的景观。

2. 设计需求分析

(1) 满足周边居民活动的需求。朝阳河的地理位置可为周边居民提供休闲、活动的公共活动场所，通过对基础设施、活动道路、地坪、绿化等的改造，以

图 5-36 朝阳河位置图

满足周边居民的需求。

（2）适应上海市河道改造工程发展形势的需要。上海市第十四届人民代表大会第四次会议要求在年内完成 150km 的中小河道整治。

（3）符合河道景观长远发展的需要。全面响应普陀区河道管理所提出的加强河道整治的要求，使河道景观能更好地为市民服务，通过本次改造，使河道景观质量和养管水平上一个新的台阶。

3. 相关规划解读

梅川社区与长征社区控制性详细规划如图 5-37 所示，从规划图上可以看出河道绿带为此区域的重要绿地系统。

4. 设计内容

本次朝阳河景观工程包含河道两侧的滨水步道、地坪、绿化、小品街具的设计。

其中滨水步道包含栈道设计，地坪包含亲水平台设计，绿化含新建与改造

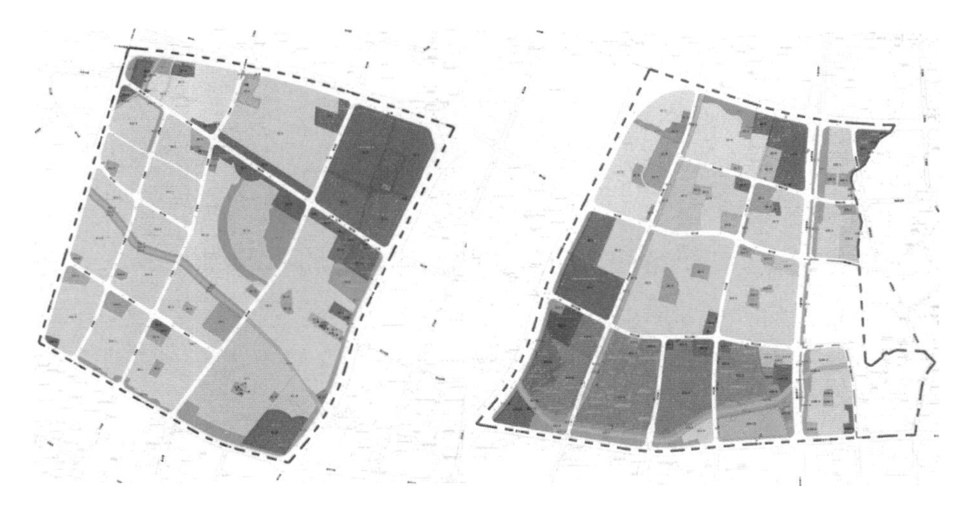

图 5-37　梅川社区与长征社区控制性详细规划

两部分，小品街具设计包含桥梁改造美化，桥梁及驳岸栏杆改造，曝氧喷泉美化设计，桥两侧管线美化设计，休闲亭改造，雕塑设计，坐凳，垃圾桶设计，驳岸亮化工程，部分围墙面美化等内容。

5. 基地现状与周边环境分析

(1) 朝阳河现状两侧绿地以河口线至人行道边线为界，平均宽度 5～6m，最窄处 2m，最宽处 8m 多，部分段与住宅小区共用。其中武宁路以南河道的西侧河道走向与丹巴路基本平行，以北东西两侧均与小区及单位共用绿地。

(2) 整条河道两侧绿地现状无统一、完整的景观设计，滨水步道没有贯通。

(3) 硬质景观方面除梅川路两侧在之前的改造时留下的景观平台及园路，其余均无系统的设计。

(4) 软景方面除了怒江北路北侧小区、南侧的丹巴路人行道边有设计感较好的绿化景观，其余绿化有待提升。

(5) 全线桥栏杆、驳岸栏杆、坐凳、树穴等风格不统一。

(6) 朝阳河水质较差，在河道水生态整治的同时，整条河道的景观改造是不可缺失的一个重要环节。

6. 设计技术规范

(1)《城市绿地设计规范》(GB 50420—2007)。

(2)《绿地设计规范》(DG/TJ 08—15—2009)。

(3)《行道树栽植技术规程》(DBJ 08—55—96)。

(4)《大树移植技术规程》(DBJ 08—53—96)。

(5)《花坛、花境技术规程》(DBJ 08—66—97)。

(6)《上海市绿化条例》。

7. 设计指导思想

(1) 完善河道景观的功能布局，提升服务设施质量，丰富植物景观，改善景观面貌，满足市民的需求。

(2) 营造和谐的河道环境，创造既适合观景，又能满足游人活动需求的协调空间。

(3) 加强河道与周边环境的联系，共享河道景观带的绿色空间。

(4) 提升河道景观的文化内涵，恢复和营造河道景观特色。

8. 设计原则

以保留、恢复、提升为原则，保留原有风格和格局，通过局部调整强化河道景观特色。具体原则如下：

(1) 保留原有的布局结构。

(2) 重点改善基础设施建设。

(3) 保留原有大树和大灌木，适当新增景观植物，营造新的植物景观，恢复被踩踏地被、草坪，提升整体绿化面貌。

(4) 对于矛盾突出的区域及重点景观区域，予以重点改造，提高河道景观质量。

(5) 拆除部分质量差及影响景观的违章建筑，改造、更换街具小品等设施。

9. 设计主题

以保留、恢复、提升为原则，打造一条以生态、休闲为主的，具有朝阳地区特色的河道景观。

10. 设计方案

(1) 设计总平面及交通流量分析。朝阳河南段总平面如图5-38所示、朝阳河北段总平面如图5-39所示、交通流线分析如图5-40所示。

(2) 道路地坪设计。道路地坪设计平面图如图5-41所示。

(3) 滨水步道选用透水混凝土，休闲地坪选用砂、碎石作垫层的舒布洛克透水砖，该材料在美观上符合园林的现代性设计要求，又可在功能上使雨水下

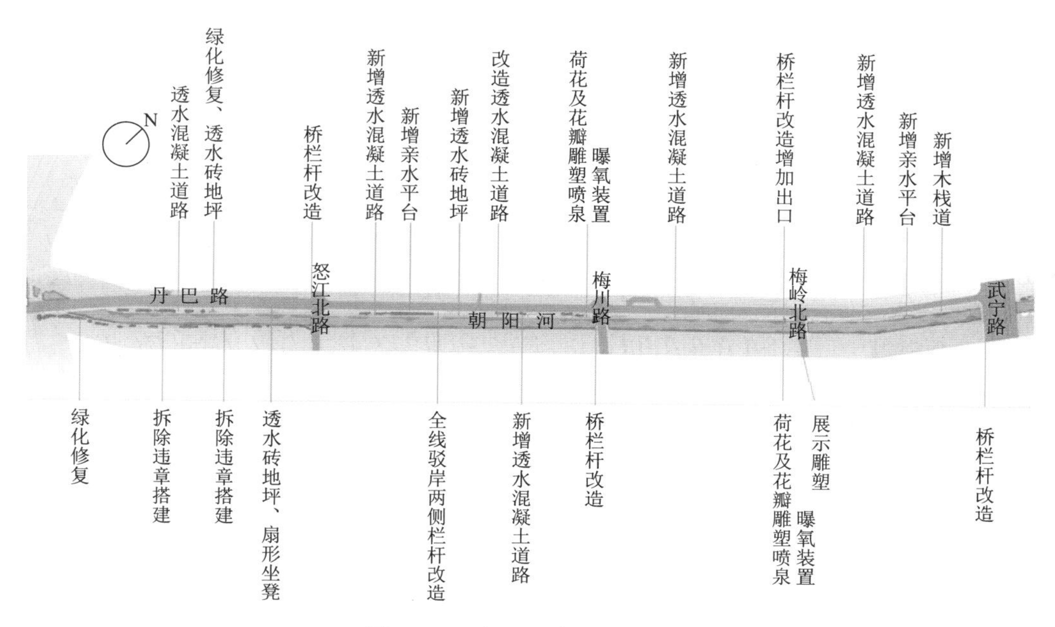

图 5-38 朝阳河南段总平面图

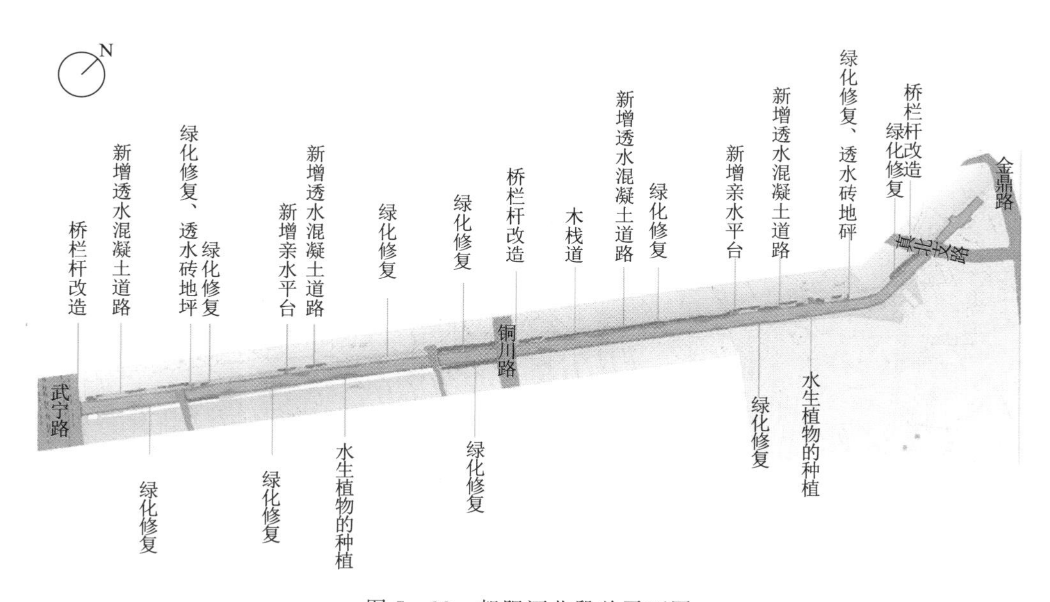

图 5-39 朝阳河北段总平面图

渗进入泥土改善土壤条件，使土壤盐碱性得到降低，更加有利于植物生长，另外可以降低夏天人行步道的热量。局部的栈道与亲水平台设计使用塑木铺设。在一些没有空间设置滨水步道的区域用汀步石材形成通道，形式以透水混凝土、

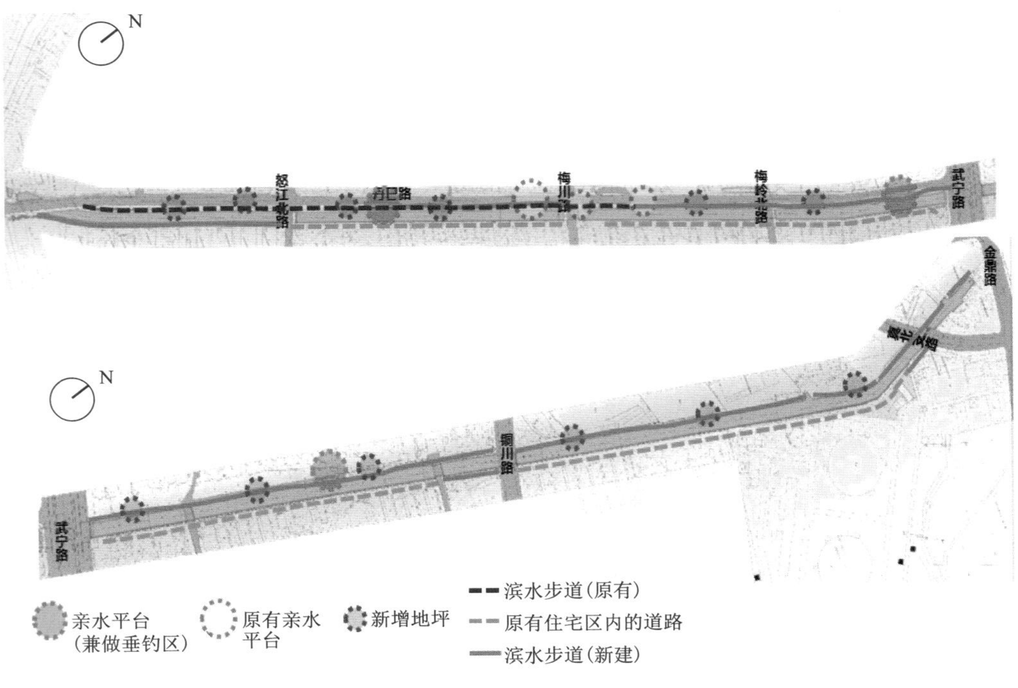

图 5-40 朝阳河交通流线分析图

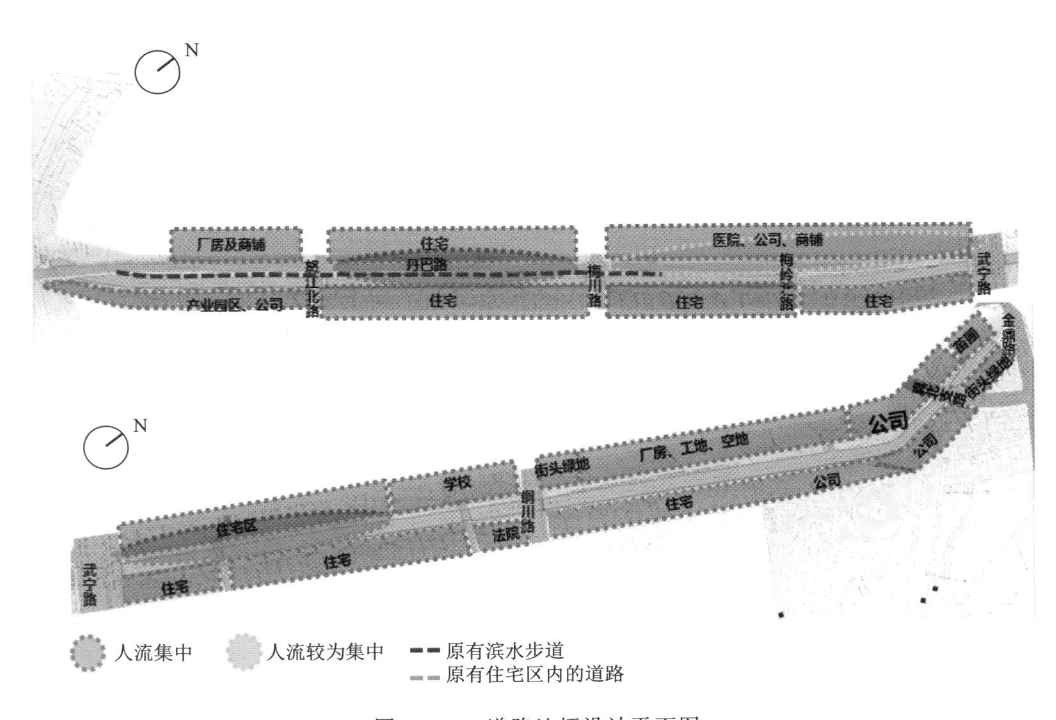

图 5-41 道路地坪设计平面图

舒布洛克为主，透水砖、花岗石、料石作为条状装饰，整体风格追求简约、大气、明朗（图 5-42）。

(a)道路——透水混凝土、木栈道

(b)地坪——舒布洛克透水砖

(c)局部道路——汀步

图 5-42　道路地坪设计选材意向图

（4）分区详细设计——武宁路以南节点（武宁路—梅林北路）。

1）现状分析。本段沿线基本为居住小区，丹巴路河道对岸的绿化带属于小区内部车行道等设施，丹巴路一侧均无滨水步道，绿化以水杉为主，下木麦冬部分空秃（图 5-43）。

图 5-43　武宁路—梅林北路段现状照片

2）设计方案。新增木栈道与透水混凝土道路，扇形地坪，部分不可移植的乔木用花坛、树穴等围合。打通梅林北路与武宁路与绿地间的出口。保留水杉等大乔木、补充梅花为主的花灌木，种植耐阴品种的八仙花，栈道周边增加水生植物的种植。更换桥梁栏杆、驳岸栏杆、驳岸上挂垂直绿化等。武宁路—梅林北路段改造平面图如图 5-44 所示。

武宁路—梅林北路段效果图如图 5-45 所示。

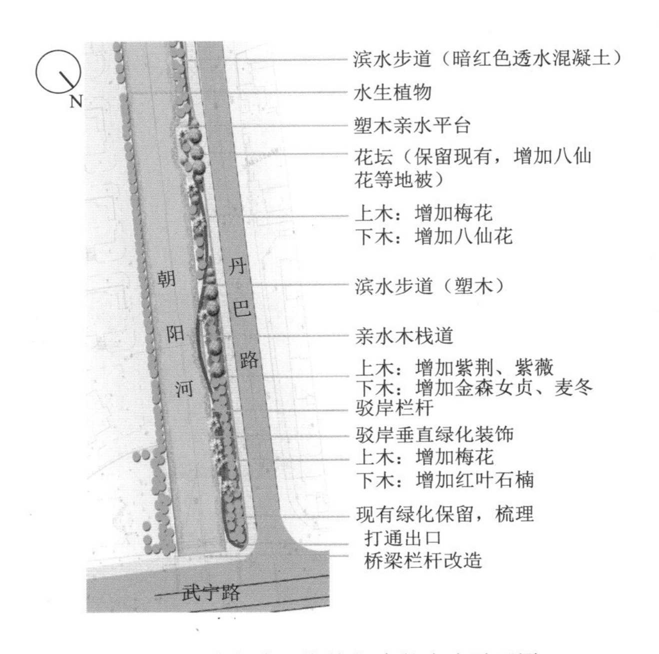

图 5-44　武宁路—梅林北路段改造平面图

图 5-45　武宁路—梅林北路段效果图

（5）分区详细设计——武宁路以南（节点梅林北路路口）。

1）现状分析。本路口为沿线市政道路与河道交叉口之一，部分路口有以下问题：①路口无通向绿地的通道，不方便行人进出河道绿地，桥栏杆风格不统一、陈旧，桥两侧管线无装饰感，影响整体景观；②路口为视线焦点，景观要求更高，现状无特色的绿化设计，较单调乏味，如图 5－46 所示。

图 5－46　梅林北路路口现状照片

2）设计方案。打通与绿地间的出口，梅岭北路至梅川路增加透水混凝土的道路，与梅川路一侧的设计连接、统一。

梅岭北路路口东侧的地块，考虑布置一处用以展示改造成果的雕塑，雕塑可以选择水净化为主题的抽象形雕塑。

保留水杉等大乔木，补充梅花、紫荆、紫薇等花灌木，种植耐阴品种的灌木及地被。

更换桥栏杆、管线进行外观美化装饰。

布置荷花花瓣形的喷泉曝氧装置。梅林北路路口改造平面图如图 5－47 所示，梅林北路路口效果图如图 5－48 所示。

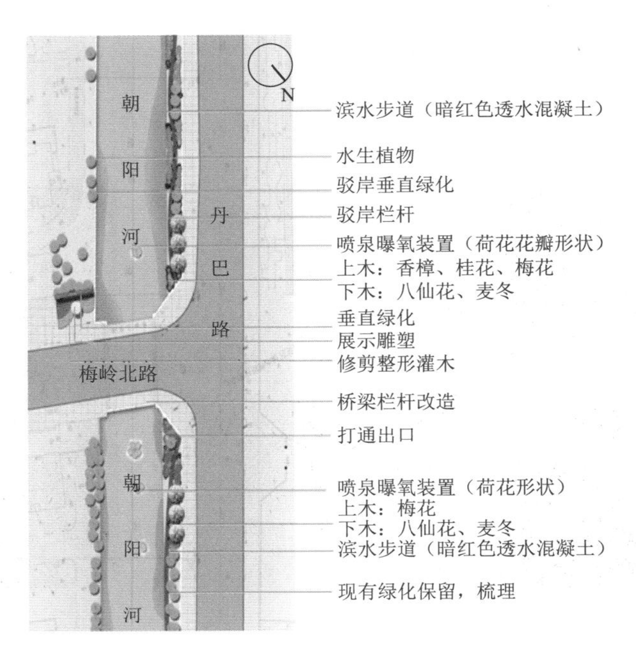

图 5－47　梅林北路路口改造平面图

图 5－48　梅林北路路口效果图

（6）分区详细设计——武宁路以南节点（梅川路路口）。

1）现状分析。本路口为沿线市政道路与河道交叉口之一，现状景观较新，整体风格统一，绿化丰富。现状有两处较大的平台（图 5－49）。

图 5-49　梅川路路口现状照片

2）设计方案。梅川路路口两侧的现状大平台考虑用来定义为休闲集散广场，增加一些休闲座椅，以方便周边居民更好地在此洽谈、组织小型活动。

其次可以将树穴一圈改造成座椅，更好地利用空间。梅川路路口改造平面图如图 5-50 所示。

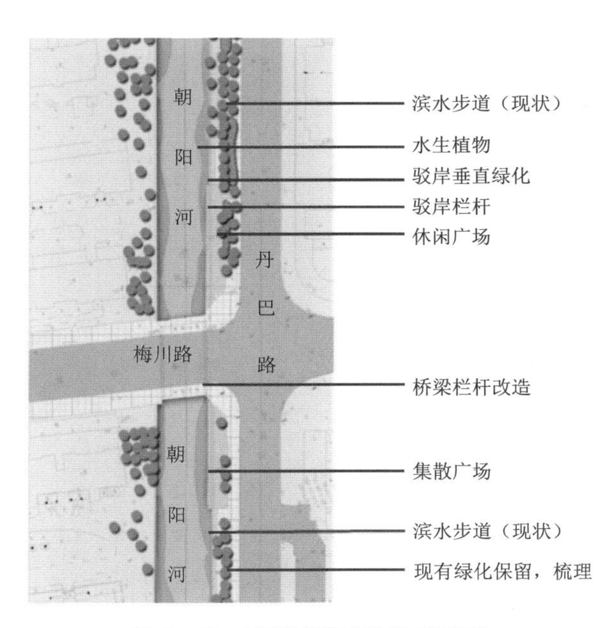

图 5-50　梅川路路口改造平面图

(7) 分区详细设计——武宁路以南节点（三怒江北路以南丹巴路口）。

1）现状分析。本段为朝阳河的南段初始段，丹巴路对岸的绿化带紧贴厂房等建筑，现状违章搭建建筑较多，路口绿化种植单一仅为麦冬满铺，单调缺乏绿化景观设计。怒江北路以南现状图如图5-51所示。

图5-51 怒江北路以南现状图

2）设计方案。保留大乔木、补充常绿乔木与色叶乔木结合的混交林带，桂花、紫荆、紫薇等开花灌木作为前景，梳理、种植耐阴品种的灌木及地被。怒江北路以南改造平面图如图5-52所示，怒江北路以南效果图如图5-53所示。

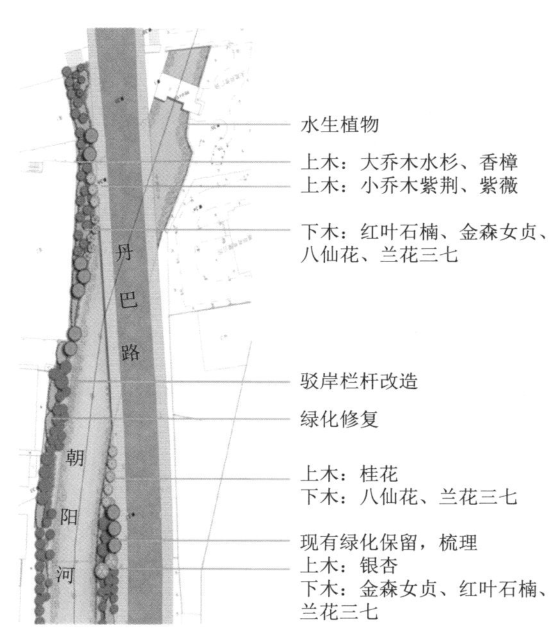

图5-52 怒江北路以南改造平面图

(8) 分区详细设计——武宁路以北。

1) 现状。武宁路以北西侧为住宅小区的停车场，驳岸边绿化带宽 2～3m，现状为杉树及夹竹桃，下木空秃。铜川路以南西侧为铜川学校，东侧为普陀人民法院围墙，铜川路以北东侧为住宅小区，西侧为公司、4S 店及部分建筑工地，西侧以北区域景观面貌较差。真北支路以南东侧为普陀煤气储备站，西侧为商住楼，真北支路以北为公司及一处街头绿地。

图 5-53 怒江北路以南效果图

2) 设计方案。东侧基本为住宅小区范围，由于陆域控制线 6m 范围内主要为车行道，此段主要是对现有绿化带的修复，补充种植八仙花为主的耐阴灌木及地被。西侧小区停车场与河道间 6m 范围内规划布置 1.5m 宽的滨水步道及休闲地坪，保留部分面貌较好的乔木，补充乔灌草的搭配种植。铜川学校处考虑到安全问题，以种植、修复绿化为主，补充开花小乔木及下木的种植。

(9) 分区详细设计——武宁路以北（武宁路以北铜川路以南西侧节点设计）。

1) 现状分析。武宁路以北西侧为住宅小区的停车场，驳岸边绿化带宽为 2～3m，现状为杉树及夹竹桃，下木空秃。武宁路以北铜川路以南西侧现状图如图 5-54 所示。

图 5-54 武宁路以北铜川路以南西侧现状图

2) 设计方案。西侧住宅小区停车场与河道间 6m 范围内规划布置 1.5m 宽的暗红色透水混凝土滨水步道，节点设计透水砖材质的休闲地坪，亲水平台位置设计在小区出口左侧，保留部分面貌较好的乔木，如水杉、香樟等，取消夹竹桃等种植面貌不良的绿化，补充西府海棠、垂丝海棠等花灌木，小灌木以八仙花为主，搭配兰花三七、麦冬等耐阴地被。驳岸处部分段设计垂直绿化，全线种植水生植物，形式曲折自然分布。武宁路以北铜川路以南西侧改造平面图如图5-55所示，改造效果图如图5-56所示。东侧住宅小区范围内以补充下木空秃区域的地被为主。

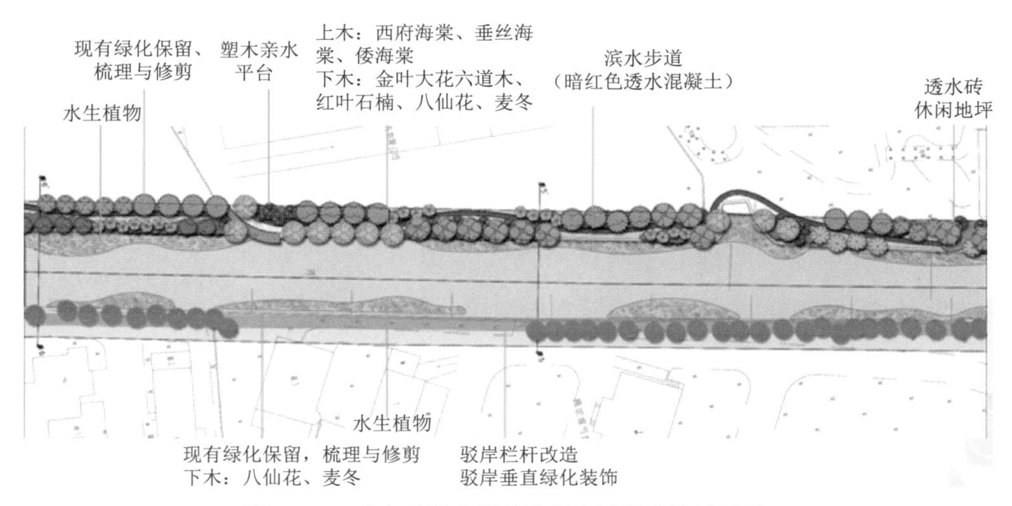

图5-55 武宁路以北铜川路以南西侧改造平面图

(a) 效果图一

(b) 效果图二

图5-56 武宁路以北铜川路以南西侧效果图

（10）分区详细设计——武宁路以北节点（铜川路路口）。

1）现状分析。本段为朝阳河北段一个重要的路口节点，道路东侧为普陀区人民法院，南侧为厂房。法院围墙粉刷陈旧单调，沿岸绿化一侧为零星的几株乔木，灌木单一、空秃，另一侧乔木过密，下木也均空秃。桥梁栏杆陈旧，无特色，不远处的景观小桥破旧，无景观设计。铜川路路口现状照片如图 5－57 所示。

图 5－57　铜川路路口现状照片

2）设计方案。拆除普陀区人民法院围墙，退界到 6m 陆域控制线外，改造为镂空围墙，绿化带内种植乔木搭配开花灌木，为高中低三个层次，路口处种植景观树种配合景石点缀。另一侧拆除铜川学校围墙改为镂空围墙，抽稀乔木，补充开花灌木及下木的种植。铜川路路口改造平面图如图 5－58 所示，铜川路路口效果图如图 5－59 所示。

11. 绿化种植设计

（1）设计原则。

1）保护利用原则。保护和充分利用现有资源，尊重基地土地肌理，深入分析现状条件，巧妙利用现有资源。

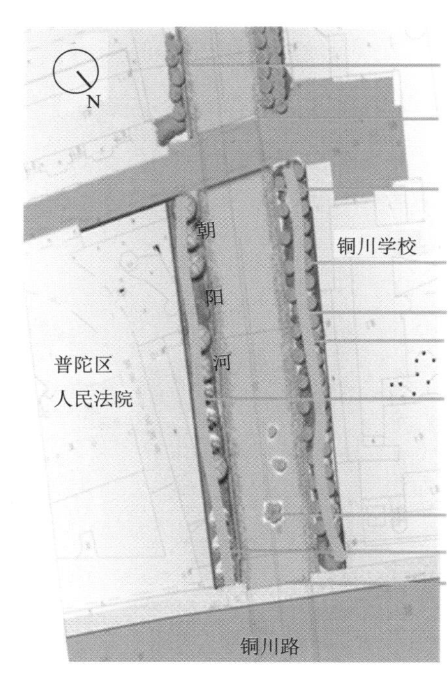

图5-58 铜川路路口改造平面图

图5-59 铜川路路口效果图

2）生态科技原则。设计过程中充分考虑绿地系统、水环境系统、材料系统等科技的应用。

3）联动发展原则。充分考虑项目与周边地块的关系，使绿地内的自然生态空间、运动健身空间、公共活动空间等与市民产生良好互动。

4）人性化、本地化的设计原则。注重人性化的设计理念：在道路选线、场地布局、绿化种植等方面注重满足游人的物质与心理实际需求。同时，妥善考虑后期养护管理与安全性。

（2）现状绿化分析。

1）乔木以水杉、香樟、广玉兰、女贞、悬铃木、合欢、垂柳、银杏、枫杨、构树为主。

2）花灌木以桂花、夹竹桃、珊瑚树、桃花、垂丝海棠、紫叶李为主。

3）灌木以八角金盘、桃叶珊瑚、云南黄馨、杜鹃、红叶石楠、金叶女贞、瓜子黄杨为主。

4）地被以麦冬为主。

现状绿化总体感觉植物生长比较零乱，地被植物不足，植物品种不丰富，缺乏特色，需要进行调整充实。问题集中体现在上木部分杂乱，花灌木品种较少，灌木和地被植物被踩踏破坏，在局部地区出现黄土裸露的状况。

（3）设计特色。全线植物种植特色为“紫阳花”——八仙花，紫阳花的“阳”字与朝阳河的“阳”字相互对应。全线绿化设计以保留为主，下木增植八仙花为特色的绿化景观。延续住宅小区的种植特色品种，进行住宅小区对岸绿地、路口及重要节点的景观区域绿化点景设计，增加有特色的开花灌木的组景。

（4）改造方案。乔木种植保留、梳理为主，并补充景观树种。重点景观区及路口种植小乔木及花灌木组景，选取住宅小区特色的品种，如：桂花、梅花、樱花、海棠等。小灌木及地被种植以调整补充为主，光秃的区域补充下木八仙花，形成整条河道景观的特色。

1）上木设计。延续住宅小区的种植特色品种，进行住宅小区对岸绿地、路口及重要节点的景观区域绿化点景设计，增加有特色的开花灌木的组景。如：海棠苑的周边河道景观节点处及道路交叉口种植西府海棠、垂丝海棠、倭海棠等海棠类植物品种。

2）下木设计。河道绿化带全线空秃区域种植地被八仙花，八仙花又名绣球花、紫阳花，八仙花洁白丰满，大而美丽，其花色能根据土壤的酸碱度呈现出粉红色至紫色的变化，令人悦目怡神，是常见的观赏花木。适合成片种植，形成壮丽的景观。由于八仙花为落叶灌木，因此部分区域可以另选耐阴常绿地被，如麦冬、兰花三七、络石等搭配选用。八仙花及宿根花卉种植意向图如图 5-60 所示。景观重点区域集中在休闲地坪、亲水平台、道路交叉口处，部分区域选择适当的宿根花卉、观赏草进行点缀。

图5-60 八仙花及宿根花卉种植意向图

3）节点设计一。廊架处梳理下木海桐，增植紫藤等爬藤植物，并丰富色叶品种的灌木。廊架改造意向图如图5-61所示。

4）节点设计二、三改造。节点设计二、三现状与改造对比图如图5-62所示。

（5）专项设计——复合生态浮床。全线驳岸以下部分的水中采取生态浮床的技术，种植范围为自然曲线状排布，不仅起到了净化水质的作用，更能美化河道景观（图5-63)。全线河道驳岸采用复合生态浮床是本方案的主要净化手段（图5-64、图5-65)。

（6）专项设计——垂直绿化。原有硬质驳岸边、挑出水面的亲水平台边结构较为生硬，部分段将使用垂直绿化进行景观设计。起到软化驳岸生硬的景观效果，与水中的生态浮床设计起到上下呼应的效果。成品种植钵可固定在驳岸挡墙上，种植钵内根据需要放置一些营养介质，主要的种植品种为爬藤月季、云南黄馨等。驳岸垂直绿化的安装示意图如图5-66所示、效果图如图5-67所示。

（a）意向图一

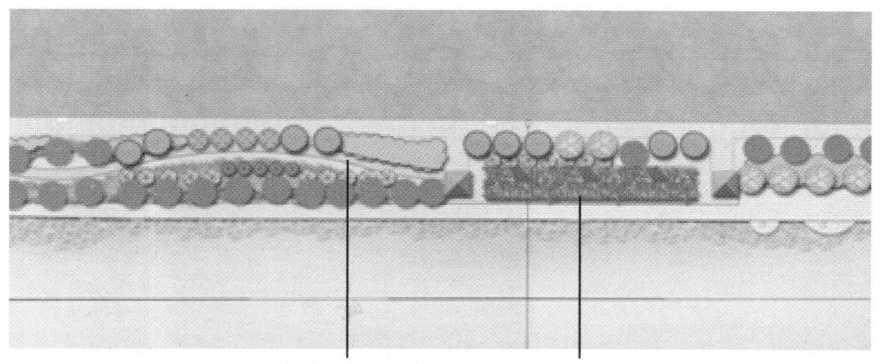

（b）意向图二

（c）意向图三

图 5-61　廊架改造意向图

12. 小品街具设计

（1）曝气装置。为了提高河段内微生物的处理效率，减少黑臭现象，需要

图 5-62 节点设计二、三现状与改造对比图

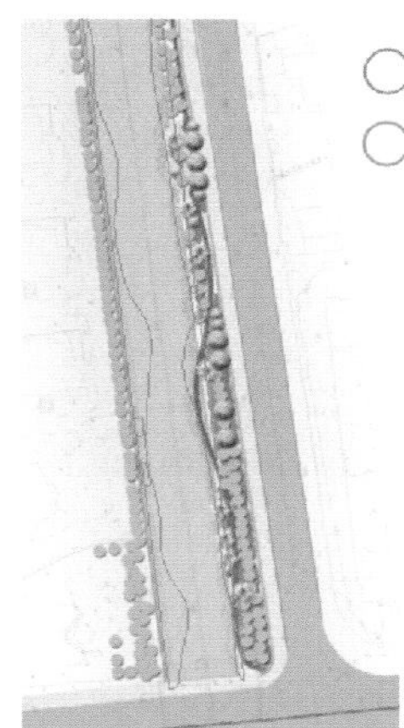

复合生态浮床范围示意图

驳岸垂直绿化范围示意图

复合生态浮床运用效果图

图 5-63 改造种植标准段与效果图

图 5-64 实际工程应用照片

栽植特征

运用挺水植物、浮水植物等发挥植物的作用及特色。

种类建议

挺水植物：紫穗槐、千屈菜、芦苇、慈姑、香蒲、茭白等。

浮生植物：浮萍、睡莲等。

图 5-65 生态浮床植物选择

适当提高河段范围内的溶解氧量。采用人工辅助增氧方式对水体进行增氧，以提高水体溶解氧，激活投放入水体中的微生物群落，发挥微生物的降解作用。

图 5－66　驳岸垂直绿化的安装示意图

图 5－67　驳岸垂直绿化效果图

曝气装置普遍缺乏美感，将本工程的曝气装置进行美化设计，以“荷花”外形设计，挑选荷花整体及荷花瓣局部形态，结合到曝氧装置上，将其分布在每段桥梁及重点的景观处（图 5－68）。

（2）栏杆设计。

1）桥梁栏杆。原桥梁栏杆陈旧、破损，风格缺乏现代感。

传统曝气装置

美化后的曝气装置

图 5－68　曝气装置效果图

设计方案：古典风格为主。混凝土、钢材及木质结合的材质应用。桥梁两侧引桥栏杆风格与主桥风格统一，规格适当减小以满足协调性（图 5－69、图 5－70）。

原铜川路桥栏杆照片

原梅川路桥栏杆照片

铜川路桥栏杆效果图

梅岭川路桥栏杆效果图

图 5-69 栏杆改造前后照片

2）驳岸栏杆。风格较不统一，部分已经破损老化。

设计方案：统一全线河道驳岸的栏杆，采用古典、风格大气的塑木材质的栏杆为主，截取八仙花花瓣的图样作为栏杆中心的装饰。在木质栏杆稳重的基础上增添了一种趣味感（图 5-71）。

3）人行道边栏杆。设计风格不统一，普遍过高，给人一定的压抑感。

设计方案：对防汛墙要求的高度以上的部分进行拆除，表面贴石材，局部设置休闲坐凳，部分路段栏杆改线改造（图 5-72）。

（3）驳岸装饰设计。原驳岸大部分为浆砌块石。局部在之前有改造过，为混凝土贴面，装饰花纹为波浪纹。颜色为米色，大部分已经变脏。

设计方案：浆砌块石效果较为自然，但建造较陈旧，本次改造将修复原驳岸面，并将原改造的混凝土区域拆除统一风格。本次以局部驳岸上挂垂直绿化来装饰驳岸面。水生植物与垂直绿化将驳岸面美化后使得原来单调的驳岸面景观变得丰富起来（图 5-73）。

图5-70 中式古典桥栏杆设计意向图

图5-71 驳岸栏杆设计意向图

图 5-72　栏杆坐凳设计意向图

图 5-73　驳岸装饰改造图

(4) 坐凳树穴的改造。全线坐凳品种多样，缺乏统一性，树穴材料风格不统一。

设计方案：本次改造全部换新坐凳、采用现代的风格，在保留树种的区域增加树穴的设计，采用弹阶石，部分区域设计成一个树穴坐凳，可供人休憩（图 5-74)。

图 5-74　坐凳改造意向图

(5) 管线改造。沿线桥梁处的管线陈旧、颜色普遍为蓝色，与整体景观不协调。

设计方案一：用钢材或木藤包起管线，其上种植爬藤类进行绿化，用绿意美化管线的生冷感（图 5-75)。

设计方案二：管线外美化装饰的同时设计为方便检修的形式。将管线融入艺术作品中，美化整体景观效果（图 5-76)。

图5-75 管线美化改造意向图

图5-76 管线美化改造意向图

(6) 亮化设计。整体河道两侧无景观照明设计，局部在上次改造中有设计，但未见效果。

设计方案：整体考虑驳岸景观的亮化设计，在局部重点处加强打造，休闲地坪区域设置地坪等，绿化重点区域设置射树灯（图5-77）。喷泉处结合灯光设计。

图5-77 亮化设计改造意向图

5.5 潭头河生态系统治理

5.5.1 工程概况

1. 工程地理位置

深圳地处广东南部，珠江口东岸，是中国南部海滨城市。深圳是广东省和珠江三角洲经济区的金融中心、信息中心、商贸中心、运输中心，也是我国重要的旅游创汇基地。

宝安区位于深圳市的西部，是深圳市六大辖区之一，地处东经113°52′、北纬22°35′，全区面积392.14km²，海岸线长30.62km。宝安南接深圳经济特区，北临东莞市，东与东莞市及光明新区接壤，西滨珠江口临望香港，是深圳的工业基地和西部中心，倚山傍海，风景秀丽，物产丰富，陆、海、空交通便利，地理位置优越。

潭头河位于宝安区沙井北、松岗南，属茅洲河二级支流，为排涝河一级支流（图5-78），发源于五指耙水库西侧山谷，由东向西穿越广深公路，广深高速公路，于潭头二村西汇入排涝河。潭头河流域面积4.83km²（其中城镇面积4.5km²），河长5.3km，上游分水岭高程为133.00m，河口高程为0.48m，河流平均比降2.6‰。

图5-78 工程位置示意图

2. 工程兴建缘由

2015年7月1日，广东省省委副书记、深圳市委书记马兴瑞到宝安调研，提出要将茅洲河作为治理水污染的一个突破口，作为当年要抓好的头等大事。按照国家和广东省的考核时间节点和水质目标任务要求，茅洲河流域整治时间非常紧迫。

为加快推进茅洲河流域水环境整治，2015年8月12日，宝安区区政府、宝安区环境保护和水务局考虑茅洲河流域宝安片区实际情况，利用先进治河理念，结合已有相关规划成果，通过综合工程措施，开展茅洲河综合整治工程，切实改善流域水环境。

由于本工程项目众多且由不同实施主体各自单独实施，每个工程都要办理繁杂的项目前期、工程建设各类许可，按照常规思路去实施茅洲河治理，根本不可能完成国家、广东省要求的2017年和2020年以消除黑臭水体为主的水质考核目标。

为此，8月12日黄敏书记、姚任区长提出茅洲河治理要“打一场歼灭战役”，并立即成立了由区长任指挥长的治水提质工作指挥部，统揽全区治水工作。区委区政府专门聘请了专业顾问团队，借鉴杭州等治水先进城市的成功经验，突破常规思路，创新治理模式，提出了“一个平台、一个目标、一个项目、一个工程包”和“全流域统筹、全打包实施、全过程控制、全方位合作、全目标考核”的创新治理模式，按照“系统治理、标本兼顾、转型提升、科学管理”的思路，并编制完成了茅洲河流域（宝安片区）水环境综合整治工程项目建议书，项目包含了片区雨污分流管网工程、河道整治工程、片区排涝工程、水生态修复工程、补水工程、形象提升工程等六大类工程。

本工程即为河道整治工程中的潭头河综合整治工程。潭头河流经密集城区段，沿河主要为工业区，局部为居住区，沿岸分布有沙井新桥和松岗潭头等社区，该区域处于松岗和沙井结合部，为跨街道河流，属于水环境治理上易忽略且难实施的盲区。潭头河现状洪涝问题突出、河流水体黑臭、河流空间受严重挤占，其恶劣的水环境状况已成为社会各方关注的焦点。

5.5.2 现状分析

1. 防洪工程现状及存在问题

（1）防洪工程现状。近年来，茅洲河流域开展了大量的防洪排涝工程建设，流域防洪排涝能力有所提升，但潭头河及其左支因下游排涝河水位顶托，同时广深高速以上段暗涵过流断面宽窄不一，过流能力受限，造成严重的洪涝灾害。此外，磨圆冲左岸地面高程为 3.50～4.00m，受下游水位顶托为易涝区。潭头河流域现状防洪排涝能力较差。潭头河所在沙井—排涝河片区地势现状图如图 5-79 所示，潭头河部分河段现状如图 5-80 所示。

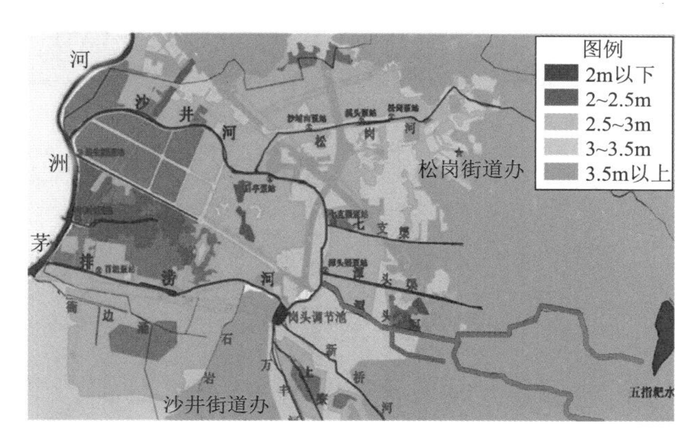

图 5-79　片区地势现状图

（2）存在的主要问题及成因分析。

1）潭头河中上游河段洪涝问题较为突出，其中：一是中游河道行洪断面不足，防洪设施不完善；二是城市道路建设导致水系割裂、排洪不畅，特别是广深高速至潭头第二工业区段暗涵顶托影响，河道上游段堤防标高不满足防洪要求河段长度为 1.558km；三是沿河边界复杂，河道沿岸用地基本为市政道路、工业园区及高压走廊控制用地，河道拓宽空间受制约。

2）已有河道堤防的建设缺乏系统性。河道浆砌石挡墙建成年代久远，局部河段的旧挡墙破损现象严重，需拆除重建；河道沿线有阻水闸 1 处、阻水桥梁 5 座；沿河有 2.24km 的巡河路不贯通、1.7km 的河段两岸无防护栏杆，与目前生态城市建设发展的要求具有较大差距。

3）五指耙水库现状下泄通道不顺畅，严重威胁水库下游位于潭头河—松岗河流域区间的松岗街道中心区的城市防洪排涝安全。

4）潭头河片区污水管网建设严重滞后，片区基本为雨污混流，污水漏排入河量大。

因此，潭头河综合整治工程对全面提升流域防洪体系建设、片区水利基础设施的防洪排涝能力、水环境等是非常有必要的。

（a）河口至1号桥段河道现状照片

（b）1号桥至2号桥段现状照片

（c）2号桥至广深暗涵出口段现状照片

（d）广深暗涵口至松岗大道桥段现状照片

图5-80 潭头河部分河段现状照片

2. 水环境现状

(1) 河流水质现状。根据宝安区2014年第2季度河长制河流水质监测资料(表5-8),潭头河现状水质属于劣Ⅴ类标准,其中化学需氧量、五日生化需氧量、氨氮及总磷指标均远超过《地表水环境质量标准》(GB 3838—2002)的Ⅴ类标准。

表5-8　深圳市宝安区2014年度第2季度河长制河流水质状况　单位:mg/L

主要污染项目	测量值	Ⅴ类水体指标值	超Ⅴ类标准倍数
化学需氧量	70.20	40	0.76
五日生化需氧量	28.80	10	1.88
氨氮	22.44	2	10.22
总磷	3.40	0.4	7.50

(2) 河流对周边环境的影响。根据管网资料及现场踏勘,潭头河片区雨污混流情况严重。沿线多年来大量污水的排入已对潭头河造成了严重的污染(图5-81)。旱季中水体发黑,臭味蔓延百余米远。河流的严重污染带来了环境的破坏:原河道生态平衡被破坏,鱼虾等水生生物基本灭绝,河槽的土壤被污染,重金属富集,地下水受污染,引起蚊蝇孳生、疾病传播,严重影响了周围环境和人民的生活健康,制约了当地经济的发展。潭头河下游为沙井河,原河道污染物将进入沙井河、茅洲河。

图5-81　潭头河水体现状

(3) 沿河排放口现状。根据相关测量及调查资料，潭头河及其支流明渠段现状共有 65 个排放口，其中：排污口 24 个，雨水口 41 个。排污口主要为沿岸居民或厂房的生活污水口或者工业污水口，直径在 100～800mm 和 0.5m×0.4m～0.5m×0.8m 之间。潭头河干流明渠段排污口左右岸均有分布，其中左岸 7 个、右岸 6 个；潭头河支流磨园冲排污口主要分布在左岸，共 11 处。沿河排放口现状如图 5-82 所示。

图 5-82 潭头河排放口现状

(4) 入河面源污染现状。根据分析统计，潭头河流域现状建成区面积达 367.68hm^2，占流域面积的 76.8%。根据 2013 年 12 月深港产学研编制的《深圳市西部河流水环境治理策略研究》报告，深圳西部城市生活区 COD 面源污染物输出速率为 30t/(km^2 · a)，故本流域建成区每年 COD 面源污染入河量达 114.9t，约相当于 45.7 万 m^3 生活污水的污染负荷。

(5) 污水处理厂及配套管网建设现状。

1) 污水处理厂工程。潭头河流域属于沙井污水处理厂的服务范围。沙井污水处理厂一期工程处理规模为 15 万 m^3/d，采用 BOT 模式建设，于 2008 年建成投入使用，出水水质达到《城镇污水处理厂污染物排放标准》(GB 18918—2002) 一级 A 标准；二期工程新增 35 万 m^3/d 处理规模，目前正在开展可研设计工作。

2) 已建截污配套管网工程。沙井污水处理厂配套污水干管（二期工程）服务范围为沙井街道东、北部片区，面积约 28.17km^2，松岗街道西部江边、碧头、沙埔片区，面积约 17.12km^2。目前潭头河流域配套污水干管已完成施工。

根据施工图设计资料，潭头河流域配套污水干管结合河道下游右岸道路敷设。第一段污水干管设计范围为河口至中心路延长段，管径 400mm，管长 444m，设计纵坡 2%，未设计截流污水口，设计污水流向为自河口流向中心路延长段；第二段污水干管设计范围为中心路延长段至上星路，管径 500mm，总长 667m，设计纵坡 2%，未设计截流污水口，设计污水流向为自上星路流向中心路延长段。两段污水管均接入中心路延长段管径 600mm 污水主干管，由其向北接入其他污水主干管，最终转输至在建松岗 2# 污水泵站，由泵站向南提升至北环路管径 2200mm 配套干管中。由于现状松岗 2# 污水泵站仍在建设中，实际该两段污水管现状仍未运行。

另外，在磨园冲汇入潭头河的下游处，设有 1 座截流闸，设计将闸上游污水截流至新桥河的截污干管中，并通过沙井污水处理二期配套干管转输至沙井污水处理厂处理。根据现场踏勘和物探情况，该闸左岸处目前设置有潭头河应急处理设施，规模为 1.5 万 m^3/d，用以消除黑臭水体。

3）片区污水管网建设情况分析。根据《深圳市排水管网规划——茅洲河流域》，沙井片区需沿市政道路敷设污水管道 506km，而现状建成污水管道（含在建）约为 156km，主要为污水干管，支管网建设严重滞后，建成的污水管道不足规划目标的 1/3。片区现状雨污混流现象严重，近期内难以实现雨污分流。

（6）水环境现状成因分析。潭头河片区污水管网建设严重滞后，片区基本为雨污混流，污水漏排入河量大，其存在的问题主要如下：

1）明渠段仅河口右岸建成 1.1km 污水管，其余约 5km 明渠段仍为截污盲区。

2）流域内污水系统不完善，周边生活污水和工业污水直排入河，导致河道成为纳污通道，雨污混流情况严重。

3）环卫设施不足，居民环保意识不强，导致面源污染严重，每年 COD 面源污染入河量达 114.9t。

4）流域内建成区面积比例大，河道基流量小、纳污能力差，河道基本无自净能力。

5）下游段河道感潮，外部污染回溯，污染物难以扩散。

5.5.3 工程建设必要性

1. 符合深圳市水务发展规划要求

在深圳市“十二五”规划期间，深圳市各项治污治河工作稳步推进，重点项目进展良好。“十二五”期间，全市规划治理河道64条，规划治理河道总长约375.0km。其中，茅洲河中上游段干流综合整治、大沙河中下游段综合治理、郑宝坑渠截污完善工程和龙岗河湿地公园均已相继完工，深圳河湾污水截排二期工程（后海湾截排）截污管线、布吉河二阶段、深圳河四期、清湖湿地二期、排涝河截污、双界河等工程也均按计划顺利推进。

根据深圳市水务发展“十三五”规划要求，其工作重点在于推进民生水务建设，改善河流生态环境，加强水务管理体制机制建设，采取市区上下联动，共同规划深圳未来水务发展。进一步推进民生水务建设，把解决关系民生的水务问题放在更加突出的位置，切实解决好人民群众的各项涉水需求；注重区域平衡，加快特区内外水务基础设施的均衡发展；扎实推进水污染综合治理，实现人水和谐，努力建设生态宜居城市。

因此，本项目的建设实施，不仅是可行的，更是必要的。

2. 防洪减灾的需要

现状的潭头河渠道整体防洪能力不能满足20年一遇的防洪要求，同时对外交通不畅、汛期抢险困难。一到大暴雨季节，造成周边严重受淹。历年的洪水使得沿河流域社区街道造成不同程度的洪涝灾害。

公共安全是城市发展的根本，洪涝灾害对当地居民、企业的正常生活造成了严重威胁，严重影响了社会形象，是社会经济发展的潜在威胁因素。通过整治堤岸、改建阻水建筑物、美化环境，可使河道达到20年一遇的防洪标准，保证其结构安全，减免洪涝灾害，保证沿岸人民的生命财产安全，稳定人心，改善投资环境，为城市发展提供良好的基础和保障。

3. 将改善水环境污染严重的状况

本项目为河道综合整治，沿河设置了截污管，将改变城市污水无序排放的现状。工程实施后可大幅度削减污染物的排放量，从而可有效减轻水环境的污染，实现城市总体规划中的环境保护总目标。

4. 实现当地经济可持续发展的保障措施之一

在珠江三角洲新一轮发展的大环境条件下，深圳市将持续过去几年的高速发展，继续保持社会经济的高速稳定增长。规划到2020年，深圳市社会经济发展总体上达到中等发达国家水平，基本实现各项基础设施和城镇建设的现代化，建设成为经济发达、环境优美、发展均衡、社会安定、可持续发展的城乡一体化地区。为达到这一目标，必须高起点、高标准地进行城市基础设施规划建设，建立和形成高效能的现代化城市管理体系，保持城市生态平衡，提高环境质量。作为实现当地经济可持续发展的保障措施之一，本项目的建设十分必要，同时也十分紧迫。

5. 保护水资源的要求

水资源是极其宝贵的，是人类赖以生存和社会持续发展的先决条件。水资源的开发利用既要满足社会经济发展的需要，又要充分考虑水资源的承受能力，对水资源实施切实可行且有效的保护，使水资源得以持续利用，支持社会的可持续发展。这就首先必须在对城市污水进行综合治理的同时进而实现流域治理，改善水环境，美化生活环境，并使水资源的可持续利用满足经济的可持续发展，水环境综合整治工程是达到这一目的的重要步骤。

5.5.4 解决方案

1. 防洪工程解决方案

本工程初设阶段整治范围为潭头河干流、左支及磨圆涌支沟。其中潭头河干流整治范围为排涝河河口至田园路北侧，整治河道总长4.58km；左支整治范围为107国道暗涵汇合口至左支上游石场路附近，整治河道总长2.40km；磨圆涌支沟整治范围为上游107国道雨水渠至洋下泵站入潭头河干流河口，整治河道总长1.04km。

（1）潭头河干流。潭头河干流河道工程布置总体上维持已有自东往西走向，在清淤清障基础上对不满足防洪河段进行拓宽，分段布置说明如下：

1）T0＋000.00～T0＋634.09（田园路口至北滞洪区入口段）：利用两岸现状挡墙，拆除重建6号桥，河床以表层清淤清障为主，现状两岸堤顶新建景观栏杆（景观栏杆由后期茅洲河干支流景观提升工程统一实施）。

2）T0＋634.09～T1＋069.56（北2号滞洪区入口至松岗大道暗涵入口段）：为系统解决五指耙水库泄洪及区间排水问题，在松岗大道上游芙蓉路两侧分别设置南北两处滞洪区，为充分实现滞洪区的调蓄功能，南北滞洪区之间新建分洪箱涵串联，箱涵规模为2孔2.5m×1.8m（宽×高），确保南北滞洪区串联滞洪。同时在分洪箱涵上游起点设置2孔3.0m×1.5m（宽×高）控制闸门。

3）T1+069.56～T2+592.26（松岗大道暗涵入口至广深公路立交暗涵出口）：该段河道以利用两岸现状堤防和箱涵为主，并对河床和暗涵进行清淤疏浚，其中广深公路立交下现状暗涵后半段（T2+514.77～T2+592.26）由于现状规模无法满足河道行洪要求，本次初设拓宽扩建至3孔5m×3.6m（宽×高）。

滞洪区以下段考虑上游五指耙水库分洪洪水经滞洪区调蓄后安全下泄，满足片区排洪要求，沿芙蓉路新建2.7m×（3.0～4.0）m（宽×高）分洪箱涵。同时为承接潭头渠分流洪水，本次初设在潭头河北1号滞洪区以北，松裕路以南区域新建潭头渠滞洪区，调蓄潭头渠分洪洪水。

4）T2+592.26～T3+658.29（广深公路立交暗涵出口至芙蓉西路段）：本段拆除总口截污阻水闸1座，拆除重建阻水桥梁4座。河道左岸结合河道拓宽，全段新建钻孔灌注桩挡墙；右岸基本利用现状堤防，其中T3+294.83～T3+658.29右岸段，结合地勘报告分析成果，右岸局部堤防质量较差，部分已发生崩塌破坏，本次初设结合河道拓宽，对该段河道新建钻孔灌注桩挡墙。

5）T3+658.29～T4+581.22（芙蓉西路至排涝河口段）：结合地勘报告分析成果，该段河道两岸的护岸已有老化、破坏或变形现象，需要进行整治和修葺，本次初设该段河道两岸主要采用新建缓坡式堤防的型式。

河道T3+658.29～T4+581.22建设以两岸老堤为主，并对现状堤防斜坡面采用草皮护坡进行防护，下设厚20cm的耕植土；两岸老堤挡土墙前设置4排直径60cm的水泥搅拌桩加固，墙趾设置C25素混凝土齿墙护脚，对河床进行清淤疏浚以满足行洪要求；对不满足防洪要求的两岸老堤防浪墙进行加固加高。

（2）潭头河左支。潭头河左支上游段Z0+000.00～Z0+921.03现状为明渠段，其余基本为现状暗涵。左支现状暗涵以清淤为主，清淤厚度约为0.3～0.5m。其中Z2+091.58～Z2+396.44（左支终点）段由于现状暗涵无法满足行洪要求，根据水面线计算成果，该段现状暗涵应拆除重建，扩建规模应为两孔2.7m×3.0m（宽×高）。

考虑到近期征地拆迁实施困难，该段箱涵扩建待远期城市更新改造时实施，初设阶段仅对现状暗涵进行清淤和修复。上游Z0+000.00～Z0+921.03段本次仅清淤疏浚，后期结合城市更新改造工程开展芙蓉路南侧滞洪区的建设，调整左支水系，通过新建南2号滞洪区滞纳左支上段河道的来水，经滞洪区调蓄后，由新建南2号滞洪区水闸排入下游现状暗涵。

（3）磨圆涌支流。磨圆涌支流河道工程布置总体上维持已有自东往西走向，其中河口204m段河道因《桥头片区排涝工程》洋下泵站的建设，对该段河道进行渠化改造，不纳入本工程防洪建设。该段河道左岸拆除重建现状挡墙，右岸结合规划水面计算成果，拓宽新建斜坡式堤防，堤防基础采用堤脚块石理砌防护。

（4）五指耙泄洪隧洞。新建分洪隧洞穿越田园路东侧山体，洞身轴线全长733.96m，进口布置于五指耙水库主坝左坝肩，隧洞进水口设置泄洪控制闸门，为满足检修管理要求，新增检修道路与坝顶道路连接。隧洞出口通过15.0m（长）×15.0m（宽）消力池与田园路现状明渠连接，穿田园路现状3.2m（宽）×1.7m（高）箱涵往潭头河下泄洪水。

2. 水环境工程解决方案

（1）截污完善工程。根据潭头河沿线污水排放口分布特点，结合周边污水管道建设情况，本次设计采取合流制排水体制，截流倍数$n_0=3$，就近接入现状配套污水干管及拟建污水管网中。通过设计截流井，针对较大的排污口设置限流设施，旱流污水100%进入市政污水干管内，雨季时，超出设计截流倍数的雨水流入河道内，以控制入厂处理规模。

本截污完善工程新建污水管总长1.70km，迁改雨水管总长210m（管径300～1500mm），迁改污水管总长192m。

（2）补水工程。根据《沙井污水处理厂再生水补水工程初步设计报告》中的相关结论，潭头河补水以沙井污水处理厂再生水为水源，补水规模为4.9万m^3/d，其中：磨圆冲补水量为1.20万m^3/d，干流补水量为3.70万m^3/d。

潭头河补水管从中心路新和大道路口向潭头河岸预留的管径1200mm钢管（污水处理厂再生水补水工程）中接出，管径1200mm钢管沿潭头河左岸一路向东敷设。管道敷设至上星路，分出一根管径500mm补水管接沙井污水处理厂再生水补水工程的管线后，再沿潭头河左岸敷设至广深高速西侧，潭头河暗渠转明渠处，分为两路：一路横穿至右岸后到达干流补水点；一路向南敷设至磨圆涌补水点。管道总长1.87km，管径300～1200mm，主要与河道堤岸整治同步建设实施。

5.5.5 治理效果

本工程建设以保障城市防洪安全为主要任务，并包括河道沿途市政管线改造工程和河岸景观工程的建设，从而有利于城市河道水环境改善和景观环境的改善，因此，本工程实施的主要任务如下：

(1) 确保防洪安全。结合桥头片区排涝工程及排涝河截污工程，在复核现状河道过流能力的基础上，通过河道拓宽、新建及加固堤防、新建滞洪区、清障等措施，重点解决潭头河的防洪能力问题，通过贯通巡河路、增设下河检修道路等手段，完善河道的防汛管理系统。

(2) 改善河流水质。通过敷设截流管收集旱季漏排污水及一定截流倍数的雨污混流水，同时采取补水措施，实现河流水质的改善。

(3) 提升人居环境质量。基于洪畅、水清，结合片区人居环境改善需求，对岸坡进行系统整理，将潭头河打造成联系城市生活与大自然的蓝色纽带。

潭头河目前还在施工中，部分河段治理效果汇总如图5-83所示，潭头河下游河道景观效果图如图5-84所示，潭头河滞洪区景观效果如图5-85所示。

图5-83 潭头河治理效果汇总图

图 5-84　潭头河下游河道景观效果图

图 5-85　潭头河滞洪区景观效果图

第6章

其他河湖生态系统治理案例

6.1 开县调节库消落区生态系统治理

6.1.1 工程概况

1. 工程地理位置

开县行政隶属重庆市，地处重庆市东北部，北依大巴山，南近长江，距重庆市区约330km，县域位于东经107°55′48″～108°54′00″，北纬30°49′30″～31°30′00″之间。开县东与巫溪、云阳两县接壤，南与万州区天城毗邻，西与四川省开江、宣汉两县交界，北与城口县相连，海拔在134.00～2626.00m之间。

2. 开县消落区概况

在三峡工程建设过程中，开县受淹土地共46.37km²，涉及14个乡镇11万人，是库区受淹面积最大的县。三峡工程建成后，三峡水库正常蓄水位173.22m，枯期最低水位143.22m，受枢纽工程运行影响，在高程143.22～173.22m之间，目前为陆地的库周沿岸，形成与天然河流涨落季节规律相反、涨落水位差高达30m的水库消落区。消落区夏季出露为陆域，秋季由陆域迅速向水域转变，冬季全部成为水域，春季由水域渐次转变为陆域。

开县范围内消落区面积42.78km²，是三峡库区消落区面积最大且集中分布的县，占全库区消落区总面积的12.3%，占重庆库区的13.97%，主要集中分布于人口稠密的开县新城周围的河谷平坝区，连片面积达24km²。为减小县城段消落区深度，开县2007年6月在澎溪河乌杨桥处正式开工建设开县水位调节坝工程，调节坝（图6-1）工程建成后，使库内水位长期稳定在168.50m以

上，最大消落水深由30m减少至5m左右，坝址以上消落区面积由24km²缩小至9.52km²。同时，通过开县新县城建设，可进一步缩小消落区范围，根据开县新城总体规划，消落区面积可进一步减少至5.20km²，大幅度减少了消落区面积和水位消落变幅的高度。

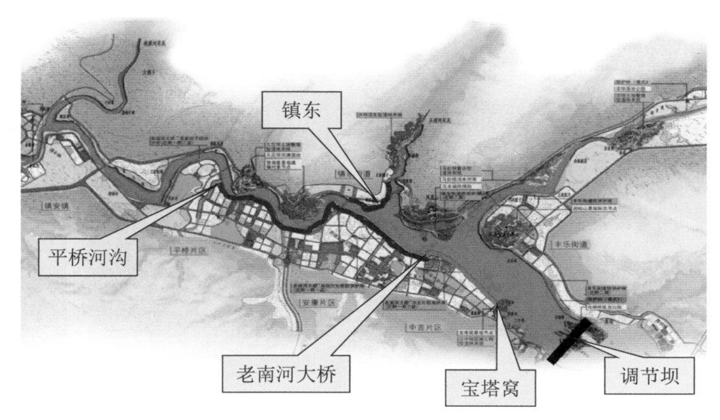

图6-1 调节坝位置

3. 生态调节库运行方式

每年的2—5月为挡水期，6—9月为蓄水期，10月—次年1月与三峡同步运行。

在三峡水库水位低于168.50m时，调节库内水位按正常蓄水位168.50m运行，当三峡水库水位等于或高于168.50m时，调节库内水位保持与三峡水库水位同步运行。

4. 堤防护岸迎水面区域划分

根据水位及受淹的不同，堤防护岸迎水面可以划分为以下部分：

(1) 水下区。水下区是指江河、湖泊、水库等水体常年水位淹没以下区域，基本不出露。

(2) 消落区。消落区是指随江河、湖泊、水库等水体季节性涨落被周期性淹没和出露而形成的干湿交替地带。

(3) 水上区。水上区是指位于堤防护岸设计（校核）标准高程以上区域，常年出露，不受水位影响。

6.1.2 消落区主要问题

1. 生态系统退化，生物多样性降低

三峡水库形成后，消落区复杂多样的陆地生境转变为结构和功能较为单一的干湿交替生境，由于消落区水位长期周期性的上涨和回落，表层土壤基质均为淤积土或裸露基岩，植被覆盖度大幅度下降，生态系统食物网趋于简单化，生态系统抵抗外力干扰的能力降低，易发生波动，区域生态系统将呈现严重的退化趋势（图6-2）。

图6-2　区域生态系统退化、景观资源减少

2. 景观资源减少，结构退化

三峡水库和开县生态调节库正式运行后，消落区将形成60d左右蓄水淹没，300d烈日暴晒的局面。消落区冬水夏陆，成陆期植被稀少，地表裸露，局部区域淤泥堆积，如果不进行建设处理，呈现似“荒漠化”景观，景观组分简化、结构缺损、异质性降低，景观质量下降（图6-2）。

3. 存在流行性疾病暴发隐患

（1）上游径流入库后，由山溪性河道急流转变为湖泊缓流，水体自净能力和稀释能力下降，径流携带的污染物滞留在库内，在消落区附近形成污染带，易孳生病菌、寄生虫和蚊蝇等，从而可能诱发疫情。

（2）6—9月为三峡电站防洪限制水位运行期，消落区大面积出露，在烈日的烘烤、暴晒下，有诱发传染病、瘟疫的可能。

（3）旧县城搬迁区内可能遗存污染源点，包括污沟、医院、垃圾转运站、公厕等，这些残留在库内的污染物如处理不当，将可能出现多种流行性疾病发生和蔓延的情况。

4. 库区水污染问题

开县生态调节库坝址上游大量生活污染与农田污染通过径流汇入调节坝库内，库周还存在一定的工业污染源，消落带有部分旧县城残留污染物。在半年暴晒半年淹没的情况下，第一年沉没在消落区的污染物又将成为第二年的污染源，如此年复一年，对库区水环境形成较大的污染隐患（图 6－3）。

图 6－3 库区水污染

5. 影响城镇及库岸安全稳定

三峡水库蓄水后，随着水位的上升，对环库开县新城等城镇防洪安全提出了新的要求。开县消落区主要为平坝区，土壤构成以泥土和细沙为主。每年经过半年左右浸泡，土壤疏松，含水量增大，土壤固结力降低，在汛期极易被洪水冲走，造成土壤侵蚀，加速库岸失稳。另外，在蓄水和水位消落过程中，受水位变化影响，环库库岸可能会出现一系列的环境地质问题，像滑坡、危岩、库岸失稳等，影响水库的正常运行，对开县人民的安居乐业和各项基础设施建设带来不利影响（图 6－4）。

图 6－4 城镇及库岸存在安全隐患

6. 土地资源损失

三峡水库蓄水后，原来具有良好生产能力的农用地、建设用地等将被淹没，消落区内土地虽然每年有部分时间出露，但由于周期性受淹，大幅度降低了土地的功能。开县是三峡库区土地损失情况较为严重的县之一（图 6－5）。

图 6－5　消落区内土地损失严重

6.1.3　解决方案

6.1.3.1　解决思路

为解决消落区出现的生态问题，改善消落区的环境状况，重点通过湿地重构、防洪、水质保持与改善、库岸防护、土地整理、生态景观等工程建设，实现开县消落区的综合保护和建设，同时对库周的城镇建设和开发提出控制性规划要求。对消落区综合治理的思路如下：

（1）采取生态修复措施对消落区退化生态系统进行修复和重建，实现区域生态环境协调以及稳定的可持续发展。

（2）采取工程措施和政策措施，提高环库城镇防洪减灾能力，固结库岸，保护水源，防治污染，改善水质，创建清洁的库区环境。

（3）采取生态景观工程措施，恢复和建设库区特色景观，改善区域人居环境，为发展库区生态旅游产业创造条件。

6.1.3.2　解决方案

治理措施共分为四大项，分别为消落区综合治理与保护、库区城镇防洪、库区环境综合整治、库区生态景观建设。

消落区综合治理与保护以消落区生态修复为核心，结合库区城镇防洪、环境综合整治和生态景观建设，达到生态保护的目的，主要包括生态湿地建设、环库防护林构建等内容。

库区城镇防洪包括开县规划主城区、竹溪组团、白鹤组团、丰乐街道办事处、镇东街道办事处和镇安镇等重要城镇的防洪工程建设。

库区环境综合整治主要包括库区水污染防治和环境卫生及传染病预防两部分内容。

库区生态景观建设，包括自然景观和历史文化景观两个方面的保护与建设。在消落区综合治理的基础上，结合周边景观资源，恢复和打造库区生态景观。对现有自然条件较好、风景优美的区块，如迎仙山、凤凰山、盛山十二景等加强保护，同时结合新县城和库区的形成，合理规划建设一批新的景观区，如新城滨水公园、生态湿地公园等。

消落区治理模式为：除城镇部分消落区结合防洪堤建设采用生态堤防治理外，其他消落区的治理模式主要采用湿地治理模式、防护林治理模式和自然修复治理模式三种。

对开发利用类消落区，由于消落区坡度平缓、面积大，以湿地治理模式为主，并根据消落区具体情况辅以防护林治理模式。对保护建设类消落区，消落区分布在新城区附近，坡度陡，主要结合生态堤防建设进行治理。对限制治理类消落区，以防护林治理模式为主。对自然修复类消落区采用自然修复治理模式。

1. 新城防洪护岸工程

新城防洪护岸工程（图 6－6）将在乌杨桥生态调节坝治理成果的基础上，既要实现新城区的城市防洪要求，同时将通过其他综合技术手段，以提高 168.50～173.22m 之间的消落区生态系统的稳定性和多样性。

图 6－6　新城防洪护岸工程位置示意图

（1）设计原则。开县堤防工程以城市规划岸线和自然岸线为基础，结合河流的防洪治理目标和生态景观要求，开展生态工程技术的研究，实现功能保护目标，维护河流的生态健康。为提高河流形态的空间异质性，生态堤防设计时，同时考虑了纵向（堤线）、横向（横断面形态）两个维度。

1）纵向堤线布置。

（a）尊重河流自然走势，充分利用新城区土方回填形成的河线雏形，保持河流的自然风貌，尽量减少土地占用和拆迁工程量，对不合理河段作适当的河线理顺。

（b）沿江岸线布置以满足防洪为目标，尽可能避开村镇及工矿企业，降低政策处理赔偿。

（c）河线方案在满足河道功能和稳定安全的前提下，尽可能为区域的综合发展提供有利的环境空间。

（d）充分利用淹没形成的浅滩格局，为营造水域湿地景观和农业产业园区创造条件。

2）横向断面布置。

（a）护岸结构同时体现防洪和生态景观功能，在满足安全稳定的前提下，降低工程造价。

（b）尽量避免结构型式的刚性硬质化，强化护岸形式的视觉“柔和感观”，为实现总体规划的景观效果创建条件。

（c）尽量选择多孔、透气的结构构筑物，为生物提供生长繁育空间。

（d）尽可能采用天然材料，避免二次环境污染。

（e）通过水文分析，准确界定水位变幅消落区域。

（f）根据植物调查研究成果，合理配置植物群落。

（g）体现人与自然的和谐关系，充分考虑人们活动的亲水需求。

（2）堤防护坡结构形态。依据开县库区岸线规划，新城区的提防建设将兼顾城镇防洪减灾和生态景观功能，实现城区近远期防洪标准为50年一遇、工程措施防洪标准20年一遇的防洪要求，以及库区沿线的生活岸线、生态绿地岸线和旅游综合利用岸线的生态景观目标。将根据岸坡的不同高程位置分别分析堤防护坡的结构形态。

1）平桥河沟—老南河大桥段。设计堤顶高程180.50m，根据水位，将堤防迎水坡面分为三个区域：高程171.00m以下为水下区；高程171.00～173.22m为水位消落区，高程173.22m以上为出露区。并在高程171.00m、174.00m设两级亲水游步道。

(a) 高程 171.00m 以下(水下区)典型结构型式。

设计以满足工程稳定安全为主，根据地形、地质条件不同，采用三种典型结构型式。

埋石混凝土挡墙。墙顶高程 171.00m，基础坐落于基岩上或经过换填压实的砂砾石地基上。

抛石护脚。抛石顶宽 7m，坡度 1∶2.0，内侧设 1.5m×1m 混凝土脚槽+3.5m宽喷塑钢丝石笼，抛石顶高程至 171.00m 高程设 0.25(0.2)m 厚预制混凝土块护坡，下设 0.2m 厚碎石垫层+反滤土工布，护坡横向每 10m 设 0.4m×0.4m 圈梁，每 20m 设置一道结构缝；坡面纵向设 3~4 道圈梁。

C25 埋石混凝土基座。对局部区域地形较高段，一般在常水位以上，采用混凝土基座。基座顶宽 2m，高 2m，外侧抛石防冲，坡面设计同上。

(b) 高程 171.00~173.22m 水位消落区：为本工程设计的重点，护坡设计需在满足工程安全的前提下，注重生态绿化，打造开县滨水景观带。

2) 老南河大桥—宝塔窝。设计堤顶高程 175.50m，在高程 171.00m、174.20m 设一级亲水游步道。

(3) 堤防护坡结构形态。依据开县库区岸线规划，新城区的堤防建设将兼顾城镇防洪减灾和生态景观功能，实现城区近远期防洪标准为 50 年一遇、工程措施防洪标准 20 年一遇的防洪要求，以及库区沿线的生活岸线、生态绿地岸线和旅游综合利用岸线的生态景观目标。下面将根据岸坡的不同高程位置分别分析堤防护坡结构形态。

1) 高程 168.50m 以下。在水位调节坝运行后，库水位 168.50m 以下将成为经常性淹没区。该区既要考虑河床底质的多孔隙性和透水性，同时需要满足坡表抗冲刷及堤体的结构稳定要求，设计护坡材料时，主要采用具有高强度、耐冲刷的石材及混凝土砌块(中间圆形镂空的六棱形结构)。堤岸结构组成及设计参数：堤脚采用抛石护脚，抛石高程 164.00~166.00m(以保证有一定厚度的抛石为准，并根据需要构造错落有致的异质空间效果)，抛石顶宽 7m，其外侧坡度约 1∶2.0；在抛石靠近堤坡的 3.5~5m 范围内，采用喷塑钢丝石笼以增加堤脚临近区抛石体的整体性；堤脚处设置 1.5m×1.0m 浆砌块石脚槽；脚槽顶高程至高程 171.00m 范围，在对坡面进行 1∶2.5 坡比修整碾压后，其表面铺设反滤土工布，上方设置“0.4m 厚碎石垫层+0.25m 厚预制混凝土块”护坡，护坡每20m设置一道结构缝；在高程171.00m设5m宽亲水平台（图6-7）。

(a)堤脚抛石结构

(b)堤坡

图6-7 高程171.00m以下照片

堤脚抛石与石笼结构整体稳定，大粒径底质能起到促淤作用，形成的小浅滩有利于水生生物栖息和繁衍；工程采用的混凝土砌块不仅能起到抗冲、护岸作用，砌块镂空设计有利于坡内外水体交换，在水位骤降期还有助于坡内的排水作用。

2）高程168.50～173.22m消落区。高程173.22m为三峡水库正常蓄水位，受水位调节坝和三峡水库枢纽的运行影响，开县新城河道将在高程168.50～173.22m范围内形成消落区。因消落区的水位变动作用，堤身及护坡设计在结构稳定和渗透稳定的基础上，采用对水位骤降敏感性相对较小的“混凝土框格梁＋绿化混凝土植草＋狗牙根”护面（图6-8），在高水位消落影响下，能很好地发挥生态护坡效果。堤岸结构组成及设计参数为：高程171.00～173.80m间的坡面以1∶2坡比修整碾压密实后，表面铺设反滤土工布，其上浇筑2m×2m混凝土框格梁，框格梁内浇筑厚18cm的绿化混凝土，以狗牙根为坡面绿化植被；高程174.00m设置约5m宽平台（具体宽度结合景观需要）。

3）高程173.22m以上。高水位173.22m以上受水库水位影响较小，该范围结合景观格局，按植被型生态护坡方式进行设计，坡比依据地形取1∶2.5～1∶4.0不等（图6-9）。

4）高程171.00～173.80m坡面植物绿化设计。植物物种选配以保证5—9月低水位时旺盛生长，10月至次年1月水库高水位运行时自然休眠或水下存活，2—5月之间水位变动时能够稳定出芽繁衍为宜。

图 6-8 高程 168.50～173.22m 消落区照片（经历过 2011 年水位涨消后）

图 6-9 高程 173.22m 以上照片

以乡土树种为主，常绿植物与落叶植物相结合，利用乔、灌、草的多层次组合，间隔种植狗牙根、香根草、李氏禾、芦苇，形成错落有致的景观层次。

2. 湿地治理模式

湿地治理模式分为复合型湿地系统、沼生型湿地系统、多塘型湿地系统、工程型湿地系统和土地整理型湿地系统。

(1) 复合型湿地系统。复合型湿地的特点是利用区域内各种生态因子的梯级变化，各类植（动）物相应占有或利用与其生物习性相适应的部分，包括水分、能量、空间、土壤等生态因子，构建相对稳定的生物群落和生态系统。

该类型湿地适用于地势平坦、宽度较大、坡度在 10°以下，且高程在 168.50～

173.22m之间的地形平顺无突变的缓坡平坝型消落区，从低到高分别构建沉水植物区、浮叶沉水植物区、挺水植物区和乔灌植物区（图6-10），形成植物种类丰富、类型多样的生态系统，其生物群落包括水生植物群落、陆生植物群落以及从水生群落向陆生群落逐渐演变的水陆交替群落。

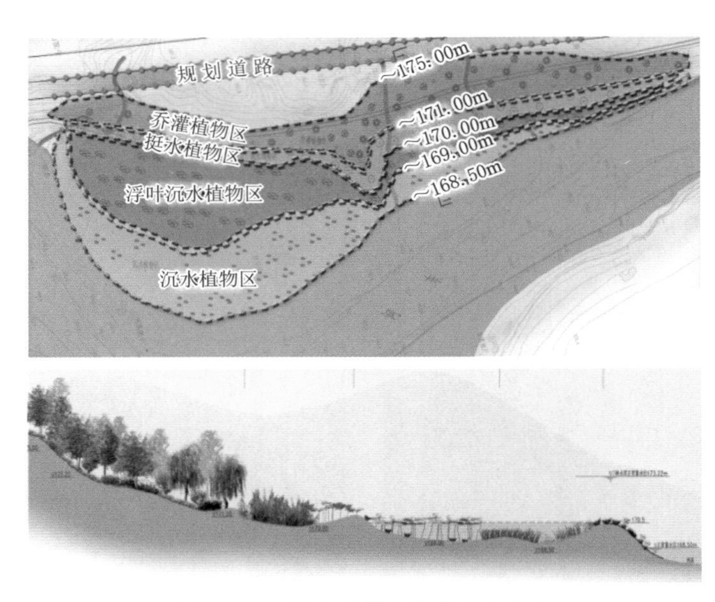

图6-10 复合型湿地植物群落分布

（2）沼生型湿地系统。沼生型湿地系统的特点是在地势相对较高的区域内，自然形成或人工促成大面积的沼泽化湿地，植物群落主要为浮叶沉水植物和沉水植物，在部分高程较高区域也配置挺水植物和湿生乔灌木（图6-11），随着区域的缓慢淤积和高程上升，也有演变为林泽和灌木沼泽的可能。

图6-11 沼生型湿地系统

该湿地生态系统适用于地势平缓、宽度较大、坡度在10°以下，并以高程在170.00～172.00m之间某一高程为主的缓坡平坝区域消落区，该类消落区高程在168.50～169.00m之间地形较陡，由土埂将消落区划分为不同区块。

(3) 多塘型湿地系统。多塘型湿地系统的特点是在一定宽度的起伏地形条件下，自然形成或人工促成较大面积的塘类湿地。其湿地系统主要由挺水植物群落构成，充分利用莲藕、芦苇对水分、空间、能量等生态因子的不同要求，占有相应的资源，并形成优势种群。

该湿地生态系统适用于宽度较大、整体坡度在10°以下但地势有较大起伏的缓坡型消落区，该类消落区内存在自然的土埂将消落区划分为不同区块，各区块内地势有一定起伏但高程变化不大，根据地形条件构建芦苇荡和莲藕塘湿地系统，同时在高程173.22～175.00m之间构建乔灌植物区（图6-12）。

图6-12　多塘型湿地系统

(4) 工程型湿地系统。工程型湿地系统采用生物浮床技术，以浮床作为载体，将水生植物或改良的陆生植物种植到水体表面，通过植物根部的吸收、吸附作用，削减水体中的氮、磷等有机物质，抑制水生藻类的大量生长，达到净化水质的效果，同时起到美化环境的景观效果。

工程型湿地系统（图6-13）主要配合城镇污水处理厂，设置在排污口附近，在水面构建生物浮床，并在库岸构建乔灌植物区。

生物浮床采用柔性连接，当消落区水位变动时，浮床整体随水位升降而上下浮动，浮床可选择聚苯烯等板材，植物选择美人蕉、香蒲、灯芯草、水芹菜等。

图6-13 工程型湿地系统

(5) 土地整理型湿地系统。在东河、南河两侧地势较高（一般在高程171.00m以上）的平坝区域，局部分布有面积大、分布集中的成片耕地，由于地势较高，淹没时间较短，大部分时间出露。为了有效保护和利用此类耕地，在不影响三峡水库防洪库容的前提下，采用“外挖内填”的方式进行土地整理（图6-14）。

图6-14 土地整理型湿地系统

3. 防护林治理模式

环库防护林建设考虑构建该地区地带性、稳定的森林群落，植物种类选择以乡土树种为主，形成既符合自然规律，且能突出地方特色的防护林体系，同时增加群落多样性、物种多样性和森林景观多样性。

4. 自然修复治理模式

自然修复治理模式主要适用于坡度大于25°的消落区、岩质消落区和库尾砂砾质河滩地消落区，该类消落区土层薄，有机质含量低，不适宜林草生长，出露或淹没对环境影响较小，生态系统较稳定，治理方式以生态系统自我修复为主，限制各类生产开发活动，不采取人工干预措施。

6.1.4 治理效果

开县生态调节库生态保护与建设规划实施后，湿地工程有效治理消落区1.51km^2，防护林工程有效治理消落区0.85km^2，生态堤防工程有效治理消落区1.06km^2，自然修复消落区1.77km^2，规划范围内消落区的生态环境可得到较为彻底的治理和改善。

工程建成后防洪护岸保障了城市的安全（图6-15），多塘型湿地系统如图6-16所示。

图6-15 防洪护岸保障城市安全

图6-16 多塘型湿地系统

6.2 杭州湾国家湿地公园水生态治理

6.2.1 项目概况

杭州湾国家湿地公园位于浙江省宁波市杭州湾新区西北部，杭州湾跨海大桥西侧，总面积6376.69hm^2，其中湿地面积6261.58hm^2，湿地率98.19%，包括沿海滩涂、离岸沙洲和塘内围垦湿地等，是中国八大盐碱湿地之一。由于地处河流与海洋的交汇区，是我国东部大陆海岸冬季水鸟最富集的地区之一，也是东亚——澳大利西亚候鸟迁徙路线中的重要驿站和世界濒危物种黑嘴鸥、黑脸琵鹭的重要越冬地与迁徙停歇地。

2000年被列为国家重要湿地（庵东沼泽区）；2005年在全球环境基金和世界银行支持下，杭州湾湿地保护工程启动；2010年6月，占地335hm^2的湿地项目一期正式对外开放；2011年12月，获批国家湿地公园试点。

6.2.2 项目现状

本项目水生植物园水域面积约10000m^2，平均水深约1.2m，最深区域可达约1.5m，补水源主要为钱塘江水，湖底为沙质底，水质和底质为中度盐碱型。由于本项目水域中营养盐的累积，导致水体藻类、浮游动物滋生，通过简单的清淤、换水等初级治理措施只能起到缓解水环境危机的作用。湿地是一个封闭式的水域，除了人为污染外，水体自然蒸发（浓缩）、大气降尘、地表径流、微生物分解动植物尸体等方式均是导致水域内营养盐累积的元凶，因为之前没有科学化的应对措施，导致水体中蓝/绿藻暴发（绿油漆），水色变黄、黑直至发臭，水质为劣Ⅴ类。

6.2.3 解决方案

6.2.3.1 原位水生态系统·平衡构建技术

原位水生态系统·平衡构建技术以自然水体富营养化专项治理技术为核心，采用复合物理法（湿地过滤）、化学法（底质改良）、生物法（有益微生物群落）等技术，此技术已经在大量工程实践中应用，是一项新型、成熟、稳定、可靠的自然水体富营养化治理技术，具有全新的意义。

通过动物、植物、微生物之间的猎食关系可以得出：水域中营养盐的累积，是导致水体藻类、浮游动物滋生的根源。通过在湿地大面积种植水生植物，将这些富余的营养物质及时地吸收转化，可有效抑制藻类的生长，再在水体中投放一些底栖动物和鱼类，对藻类、浮游生物进行滤食，藻类得到有效的控制。鱼类、底栖动物的排泄物被微生物分解转化为各种营养盐物质回归水体，这就形成了藻类在逐步减少，而水生植物在不断增长的格局，从而实现了水质的可持续性稳定。通过定期对鱼类进行捕捞、对水生植物进行收割，将富余营养盐及时转移，促使生态系统长期处于平衡状态。

水域生态系统中通常由以下两条食物链构成，如图 6-17 所示。

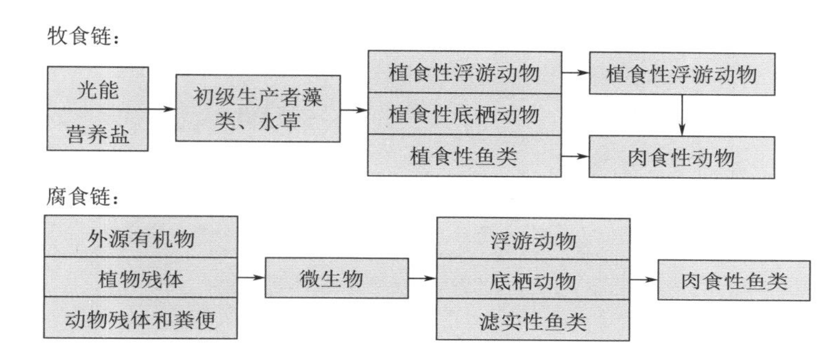

图 6-17 两条食物链构成

两条食物链进一步说明，水域中能量转化与营养盐迁移的过程，正是基于自然法则，通过人为的干预，精心挑选各能级中具有优越性物种进行配置，构建新的生态食物链，提高水体自净能力，达到长久净化水体的目的。

实际工程表明：杭州湾国家湿地公园可以采用原位水生态系统·平衡构建技术让水有自我净化能力，同时满足景美宜人。

6.2.3.2 技术路线

杭州湾国家湿地水生植物园水生态修复的技术路线如图 6-18 所示。

1. 前期工程

原位水生态系统主力军即是生态系统里的生产者植物单元，对植物生长至关重要的因素之一即为种植土层，因此，种植土回填或底质改良是杭州湾国家湿地公园整个工程构建步骤中非常关键的一步。

2. 底泥预处理工程

杭州湾项目的底质为沙质中度盐碱地，水质偏瘦，改善工程包括水体底质消毒与底质活化，其目的是为消除或者减缓水体底质污染源对后期生态系统的负面影响。在工程实施前，根据需要对水体底泥进行消毒及活性淤泥处理等措

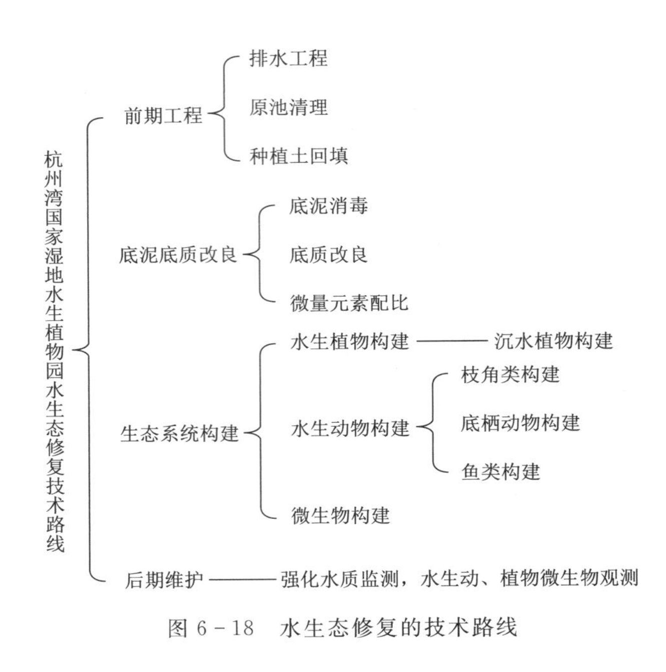

图6-18　水生态修复的技术路线

施，其目的是杀灭原来富营养化水体底质中的病原体，改善底质酸碱度，并建立或者恢复底质有益微生物处理系统，促进沉水植物群落的生长及系统的恢复和稳定，提高杭州湾国家湿地公园水生植物园水体水质净化效果。

（1）底泥消毒。利用底质改良剂，中和底泥中的各种有机酸，改变酸性或碱性环境，迅速降解底质中氨氮、亚硝酸盐、硫化氢等有害物质，减少有机质含量，改变恶臭底质；快速提高池底氧化性，降低有害物质（NH_3—N、NO_2—N等）的含量；去除有机物在低氧条件下不完全分解的产物有机酸，稳定池底pH值，杀灭原来杭州湾国家湿地公园富营养化水体底质中的病原体，改善底质酸碱度，并建立或者恢复底质有益微生物处理系统，促进初期沉水植物群落的生长及系统的恢复和稳定，提高水体水质净化效果。

（2）底质改良。向杭州湾国家湿地公园底泥中投放芽孢杆菌、光合细菌、硝化细菌、脱氮菌等有益微生物菌落，主要通过微生物的呼吸发酵，将有机物等容易造成底泥的物质迅速分解成CO_2和H_2O或转化成无害物质，使污染水体得以净化。

（3）微量元素配比。微量元素肥适用于水生植物的各个生长阶段，可显著提高植株体的光合作用，促使植物快速分蘖，增强植株体抗寒、抗旱、抗病性能，延长生命周期。

3. 生态系统构建

(1) 水生植被构建。水生植物种植是原位水生态系统构建的重要环节，是实现杭州湾国家湿地公园水体的自净和生态修复的关键生物群落，也是展现美妙水体景观的重要的工程部分，因此设计配置适宜各不同水体和各个季节生长的多种水生植物，不仅增加了杭州湾国家湿地公园水体的景观效果，同时也保持生物多样性原则，增强生态系统的稳定性。

沉水植物（表6-1）作为杭州湾国家湿地公园水体的主要初级生产者，在水生生态系统中有着不可替代的作用。当沉水植物丰富时，水体表现为水质清澈、溶解氧高、藻类密度低、生物多样性高等特点。反之，当沉水植物消失，水体处于较高营养状态时，高温季节一般藻类密度高、生物多样性低、水质浑浊。沉水植物能够通过多种途径影响淡水生态系统。

表6-1 沉水植物

名称	特性	种植面积	照片
苦草	多年生无茎沉水草本，有匍匐枝。叶基生，线形，长30～40（50）cm，宽5～10mm，顶端钝，边缘全缘或微有细锯齿，叶脉5～7条，无柄。雌雄异株	3590.4m^2	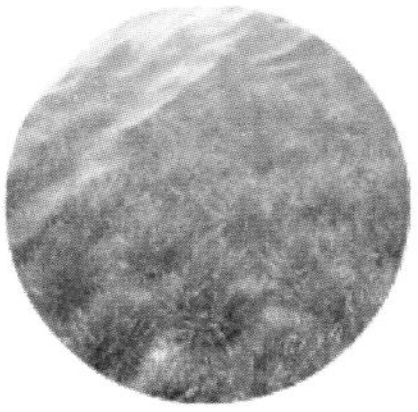
轮叶黑藻	多年生沉水草本。茎圆柱形，表面具有纵向细棱纹，喜阳光充足的环境。性喜温暖，耐寒，在15～30℃的温度范围内生长良好，越冬不低于4℃	1196.8m^2	
伊乐藻	适应力极强。气温在5℃以上即可生长，在寒冷的冬季能以营养体越冬，当苦草、轮叶黑藻尚未发芽时，该草已大量生长	1299.2m^2	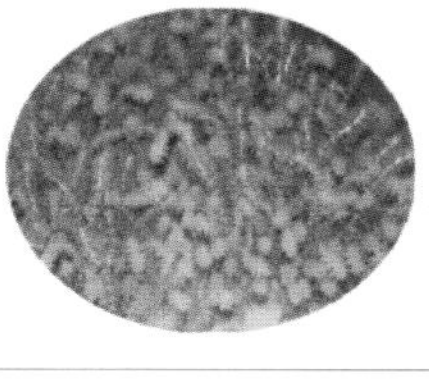
金鱼藻	金鱼藻科金鱼藻属、多年生草本的沉水性水生植物，茎长40～150cm，平滑，具分枝。叶5～12轮生，1～2次二叉状分歧，裂片丝状，或丝状条形，长1.5～2cm，宽0.1～0.5mm，先端带白色软骨质	897.6m^2	

（2）水生动物系统构建。当杭州湾国家湿地公园水系的植被体系得到恢复后，通过引入水生动物丰富的食物链，水生动物在水生态系统物质循环与流动中具有特殊的地位和作用。对于后期生态系统的平衡稳定具有重要的意义。因此，出于对杭州湾国家湿地公园良性水生态系统的构建以及水质保护的需要，构建合理的水生动物群落是十分必要的。

1）枝角类构建。本项目主要构建一个枝角类群落。枝角类又简称“溞类”，水溞，俗称红虫，是鱼虫的代表种类，隶属节肢动物门、甲壳纲、鳃足亚纲、枝角目，是一种小型的甲壳动物，也是淡水浮游动物的重要组成部分。枝角类在本项目水生态系统中起着重要的作用。一方面，它是天然水域食物链中的一个重要营养环节，是鱼类的重要天然饵料；另一方面，它在水体能量物质循环中起着承上启下的巨大作用，可以摄食水体微型生物，是对物质循环、能量起调控作用的关键功能类群，具有重要的生态功能。同时，枝角类（图6-19）对污染水体中的藻类和有机碎屑有很好的牧食作用。对水体中藻类的生长有很好的抑制作用。

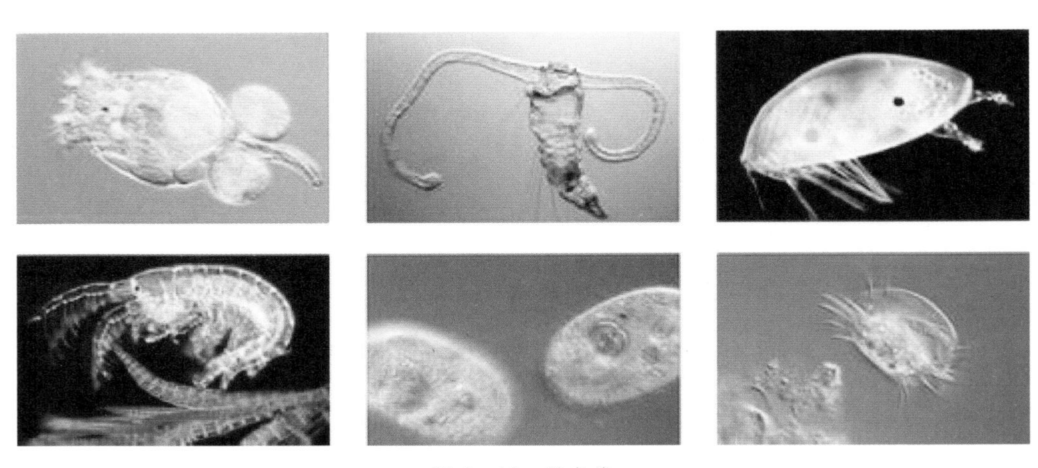

图6-19 枝角类

2）底栖动物构建。底栖动物是生活在水体底层、沉积物表面以及附生在水生植物上的各种无脊椎动物的总称。底栖动物是水生生物中多样性最高的类群之一，在水体中起着加速水底碎屑分解、调节泥水界面物质交换、促进水体自净等作用。底栖动物放养主要是放养双壳类、瓣鳃类和螺蛳等大型底栖动物作为杭州湾国家湿地公园“生物操纵法”的生态工程工具物种，利用其滤食和生物絮凝，对富营养化水体的控藻、SS的降低及净化能力提高发挥作用。

本项目拟投放种类主要以滤食性的蚌类、刮食性的螺类为主。蚌类对水体起到好的过滤作用。螺类（图 6-20）释放一些起到絮凝作用的物质，可以吸附氮磷营养盐，降低水中的悬浮物颗粒。

图 6-20 螺类

3）鱼类群落构建。鱼类是影响杭州湾国家湿地公园水质和生态系统的主要因素，鱼类的数量和活动，对水质的影响尤为突出。鱼类游动可以促进水体对流，并为水生植被提供所需的营养盐转化产生条件，若草食性或杂食性鱼类密度过多，就会破坏水生植被生长，导致系统崩溃。鱼类调控的主要目的是通过驱除和放养肉食性或肉食性偏杂食性鱼类控制工程区内野杂鱼密度数量；减少草食性鱼类对水生植被的牧食破坏，减少杂食性鱼类的牧食行为生活习性导致的沉积物再悬浮。

（3）微生物系统构建。微生物是本项目水生态系统的重要组成部分，位于食物链的前端和末端。它对水中的污染物进行分解、吸收、吸附，是净化水质的重要贡献者。它同时把其他生物无法吸收的有机物通过自身代谢作用，转化为无机成分，供水生植物利用。

微生物在水体中的分布包括底泥微生物群和悬浮微生物群，前者对沉积物进行分解，后者对溶解性污染物进行分解，两者生态位互补，形成立体净化功能。研究表明，一个新的景观水体缺乏足够量的分解者微生物，因此在水体中应该添加一定量的微生物制剂，使分解有机物的微生物占优势群落，可以促进水中有机质的矿化。微生物制剂必须含有一定量的活菌，一般要求每毫升含 3 亿个以上的活菌体，并且活力要强。

6.2.3.3 治理效果

治理效果如图 6-21 所示，图 6-21（a）中桥下是隔离带，左侧治理后水质清澈，桥右侧是未治理的水，水体浑浊泛黄，水生态修复效果对比明显；

图6-21 (b)中水下森林形成了良好的景观；图6-21 (c) 为治理1个月后，情况水体透明度达到1.5m以上。

(a) 桥左右侧水生态修复效果对比

(b) 景观的完美结合（水下森林）

(c) 治理1个月后水体透明度达到1.5m以上

图6-21 治理效果

6.3 仙居朱溪港文化节点建设

6.3.1 区位分析

浙江省位于中国东南沿海，仙居县地处以上海为中心的长三角南翼，浙江海滨城市台州市的西部，东连临海，南接永嘉，西邻缙云，北靠磐安、天台，位于台州与温州、丽水、金华三市的交汇处。古堰文化广场位于仙居县县城东南 10km 左右的下各镇杨硃头村的西南位置，汤归堰堰坝右岸（图 6-22）。汤归堰系宋代著名引流灌溉古堰，也是仙居名副其实的第一座古堰。

本项目是根据永安溪综合治理与生态修复工程的五个区块 7 个点的水文化建设空间布局，结合区块实际情况，在保护永安溪流域水生态的前提下，衔接不同用地功能，以仙居县古堰的历史文化为载体，配套建设古堰文化广场建设工程。

该项目基地周边有省道 S28 台金高速以及在建的高铁，交通便利。古堰文化广场区位分析图如图 6-22 所示。

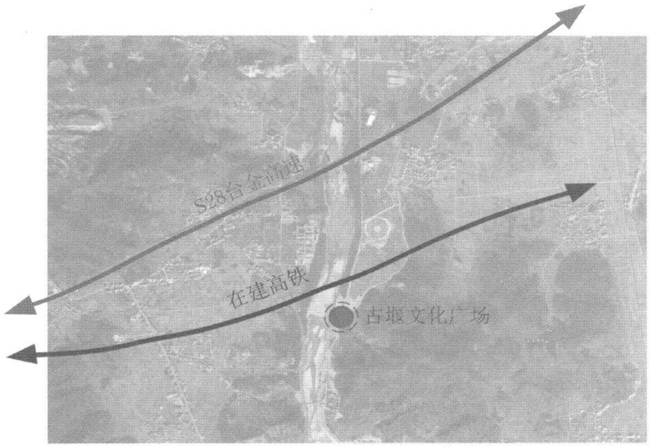

图 6-22　古堰文化广场区位分析图

6.3.2　现状情况

项目北邻省道台金高速以及在建的高铁，西侧为永安溪一级支流朱溪港，周边有农田、垃圾堆放场和山，东面有机动车道，广场中间有启闭机室，基地东西向宽度在 5～33m 之间。项目占地面积约 5000m²，设计时需根据当地地形进行合理布局，发挥场地内部环境与周边河流、堰坝、启闭机室、农田和山体的有机融合。

场地内无任何建筑和植物景观，缺少必要的交通游览道路系统；启闭机室与周边环境没有有机融合，缺乏当地必要的文化元素；堰坝上游场地杂草丛生，以原生植物为主，缺少梳理，景观效果不佳；堰坝上游场地内建筑垃圾随意堆放，缺少安全防护标识；渠道岸边已硬化，两岸缺乏必要的植物景观，缺少安全标识标牌；水资源丰富，水质较好，但整个场地缺乏文化底蕴，不能体现当地文化特色。项目现状情况如图6-23所示。

图6-23 项目现状情况

6.3.3 解决方案

1. 功能分析

广场内分别包括古堰文化展示区和湿地自然保护区两个功能区块（图6-24）。

图 6-24 古堰功能区块平面图

（1）古堰文化展示区。古堰文化展示区为主要景观节点，是整个广场古堰文化展示的重要组成部分，同时也为人们提供一个科普、观光、休闲的活动场所。在广场的其他区域，也设置了不同功能的活动空间，满足不同的休闲观光需求，比如观景平台、堰坝上游湿地自然保护等景观节点。在广场上，通过古堰分布地雕、浮雕台和石灯柱、感恩亭、分水石、观景台、汤归堰碑文等情景小品向人们展示古堰文化，既给广场增添了一道风景，也让游人学到了水利科普知识，通过广场传承古代先民的治水精神，保护古代先民留下的珍贵古堰坝水文化遗产。地雕展示仙居主要古堰分布，该地雕分别用红、蓝、黑三种颜色符号标注河道的流向及古堰坐落的位置；四个浮雕台分别展示羊溥、汲渊义舍家财修凿汤归堰、堰公舍身疏通感德堰、吴芾出资主持修建十里小西湖和吴淳率领村民修建白马堰；四个浮雕台中间的石灯柱是仙居文化的象征，是先人留下的宝贵历史文化遗产；羊傅、汲渊雕塑和感恩亭是为了纪念和传承古代先民大公无私、勤劳勇敢和舍小家保大家的精神。

（2）湿地自然保护区。该区域是在保留自然湿地风貌的基础上，进行植物种类与数量的充实和完善。游客主要是观赏该区域优美的湿地风景、远观古堰风景，而不会过多地在其中活动。

2. 当地景观文化具体展示

设计古堰文化广场，在广场内考虑游览系统，增加必要的散步道；启闭机室建筑形态和风格考虑与周边环境有机融合，并融入当地文化元素；清理建筑垃圾，保留堰坝上游场地内生长较好的树木，引种当地湿地景观树种和少量适应当地气候的外来树种，并能够耐洪水冲刷。沿岸种植四季常绿的植物，进行美化；并设置具有文化特色的安全标识标牌系统；将当地古堰文化与景观设计充分融合，营造成具有仙居古堰文化特色的广场。

(1) 鸟瞰图。鸟瞰图具体展示了两个功能分区的全貌（图6-25）。

图6-25 鸟瞰图

(2) 湿地自然保护区图。湿地自然保护区位于古堰上游，平面图如图6-26所示，效果图如图6-27所示。

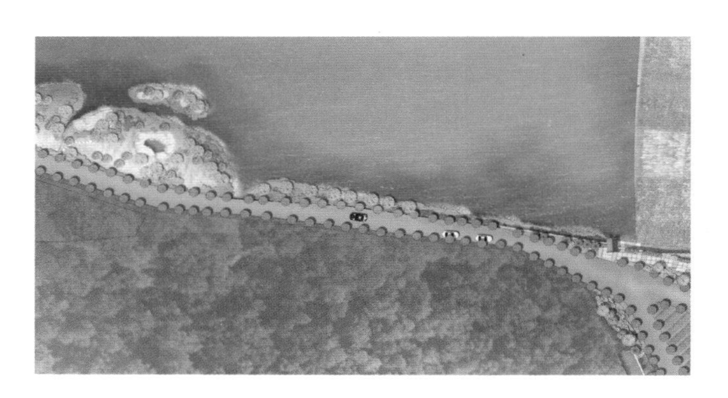

图6-26 湿地自然保护区平面图

(3) 古堰文化展示区平面图。古堰文化展示区位于古堰下游，平面图如图6-28所示，各节点竹林、停车场展示如图6-29所示，卫生间展示如图6-30所示，古堰文化广场入门展示如图6-31所示，分水石及地雕展示如图6-32所示，浮雕台和石灯柱展示如图6-33所示，感恩亭和观景台展示如图6-34所示，羊傅、汲渊雕塑展示如图6-35所示，汤归堰碑文展示如

图 6-36 所示，启闭机室展示如图 6-37 所示。

图 6-27　湿地展示效果图

图 6-28　古堰文化展示区平面图

图 6-29　竹林、停车场展示

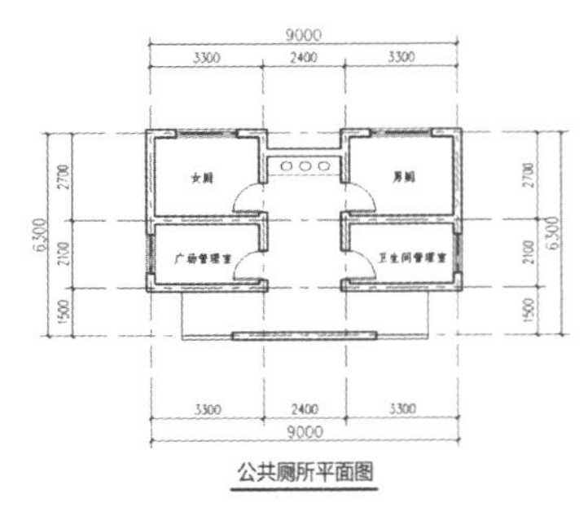

图 6-30　卫生间展示

图 6-31　古堰文化广场入门展示

图 6-32　分水石及地雕展示

图 6-33 浮雕台和石灯柱展示

图 6-34 感恩亭和观景台展示

图 6-35 羊傅、汲渊雕塑展示

图6-36 汤归堰碑文展示

图6-37 启闭机室展示

6.4 丽水瓯江水生态系统治理（水阁南山示范段）

6.4.1 工程概况

丽水市位于浙江省西南部山区，东南与温州市接壤，西南与福建省宁德市、南平市毗邻，西北与衢州市相接，北与金华市交界，东北与台州市相连。辖区面积1.73万km^2。丽水市区坐落在瓯江中游大溪与好溪汇合处的丽水盆地，是丽水市政治、经济、文化和交通中心，是丽水市人民政府所在地和浙西南中心城市、交通枢纽、货物中转枢纽，经济社会地位重要。

瓯江干流水生态系统保护与修复是落实丽水市“生态立市、工业强市、绿色兴市”发展战略，实现“秀山丽水”目标的重要实践，也是坚持科学发展观，探索治水新思路，实现人水和谐发展的重要举措。

2006年底编制完成的《瓯江干流水生态系统保护与修复总体规划（2006—2020）》被水利部列为全国水生态保护与修复工作的五个试点单位之一，规划明确了近期的主要建设内容包括：河流生态保护、人文历史景观保护、饮用水源与水质保护、河道疏浚工程、生态岸线建设工程、景观生态建设工程等六大工程。

其中生态岸线建设工程对水阁开发区和南山工业区沿岸采砂破损的岸线进行生态修复，开展水阁与南山生态岸线样板段的建设；在大港头和碧湖镇进行生态岸线的修复与建设，做好重点城镇的防护；对玉溪电站下游、任村至新治河口及临河公路等现有的硬质堤防进行生态修复处理，提高防洪等级；对玉溪、保定等直立土质岸线进行自然硬质护脚，防止淘蚀；其他河段提高防洪等级，建设自然式生态岸线。

6.4.2 主要问题

水阁与南山工业功能区段均位于丽水市莲都区53省道西侧，瓯江干流右岸。两处场地的形成都由瓯江河流凹岸的泥沙沉积而成的小块盆地，且都已发展成为丽水城市的经济技术开发区，成为城市的重要组成部分。

水阁区段（水阁0+950.00～2+550.00道路东侧至瓯江之间的河岸及河滩地）河道无序采砂后遗留的坑塘，开发区开山后的大量堆渣，使河道自然形态受损严重。堆渣为原丽水经济开发区段场地平整遗弃的土方，土质疏松，颗粒大，现已经过一段时间的自然堆积，达到了一定的密实度，需要采取进一步的处理措施，进行生态重建。水阁0+000.00～0+550.00地段植被长势良好，只需进行梳理。水阁区段现状如图6－38所示。

南山工业功能区段（南山0+722.00～1+300.00道路东侧至瓯江之间的河岸及河滩地）因长期采砂形成洼地，沿江道路与滩地之间有比较大的高差，需对滩地进行平整加高，（南山0+000.00～0+722.00）地段植物长势良好，只需进行梳理。南山工业功能区段现状如图6－39所示。

图6-38 水阁区段现状

图6-39 南山工业功能区段现状

6.4.3 解决方案

建设与完善瓯江干流南山区段与水阁区段的生态防洪工程，保护与修复河流自然岸线与生态系统。

1. 生态防洪护岸建设

建设生态防洪堤，以满足水阁与南山工业功能区段防洪要求；设计生态护岸的原则和宗旨是确保河道基本功能，恢复和保持河道及其周边环境的自然景观，改善水域生态环境，改进河道亲水性，提高土地的使用价值。河道岸线布置基本延续现状河道走向，河面宽度小于控制最小宽度的河段拓宽至控制最小宽度，河面宽度大于控制最小宽度的河段按现状河岸线修整，保持河道的自然蜿蜒曲折；局部地段根据需要适当调整。岸线布置以自然、徐缓、连贯的弯曲为原则，不宜过度的弯曲。

本工程示范段采用了绿化混凝土（图6-40）、连锁水工砌块（图6-41）、三维植物网、三维排水柔性生态袋、椰网植生带等几种护坡型式。

图6-40 绿化混凝土护坡施工

图6-41 连锁水工砌块护坡施工

水下护坡挡墙采用鱼巢砖（图6-42）和格宾石笼（图6-43），为水生动物提供一种具有空间通透性、可供水生动植物生长栖息的环境。

图6-42　水下鱼巢砖施工

图6-43　格宾石笼挡墙施工

2. 生态系统恢复和保护

(1) 生态河流整治过程中应加强对河道的保护。在河道内营造港、湾塘、沙洲、岛屿的多重生境环境，增加生境复杂性，并丰富岸线的变化系数，形成水流的缓急快慢变化，在河底部形成深浅不同的浅滩和深谷交错的地形，满足不同生态条件要求的鱼类生存空间，并进行植被群落的恢复，同时利用植被群落来固沙防冲，恢复河滩自然形态。

(2) 重视河岸带生态系统的修复。河岸带生态系统具有明显的边缘效应，是地球生物圈中最复杂的生态系统之一。作为重要的自然资源，河岸带蕴藏着丰富的野生动植物资源、地表和地下水资源、气候资源以及休闲、娱乐和观光旅游资源等，是大自然赐予人类的珍贵财富。本工程的重点即为河岸带的生态恢复与重建，主要包括以下三部分：①河岸带生物恢复与重建；②河岸缓冲带生态环境恢复与重建，在河岸带生物恢复与重建的基础上建立起两岸一定宽度的植被，其目的是通过采取各类技术措施提高生态环境的异质性和稳定性，发挥河岸缓冲带的功能；③河岸带生态系统结构与功能恢复技术。

(3) 通过水生生态系统保护与修复，实现工业园区的水生生态系统的良性循环；同时给周边山区县市提供示范和借鉴作用，实现瓯江全流域水生生态系统的良性循环。

3. 地形重塑，构建湿地景观系统

在生态堤防建设的同时，增加自然生态的游览道路和少量的观景设施，以方石和木材为主，原则上不大量外运材料，由于不同地区材料物质的相互关联度小，非本地的构建材料对生态链胁迫作用大，不符合生态堤防的特性。

南山工业功能区的地形塑造以保护为主，场地上结合江滨路上的两个主要入口设计了2m宽卵石的游步道，游步道设计高程在61.00m以上，在主园路里侧设置了景观竹亭，供游人休息观景。游步道材料采用就地取材的河滩卵石为主要材料，卵石直径在5～100cm之间。侧石运用上也采用条状的河滩石竖卧。同时，在本区块中还设置了健身场地及两处亲水平台，健身场地的划分和设置充分结合场地的生态修复和保护的宗旨。亲水平台的设计也采用就地取材，利用河滩石形成亲水平台，达到一定条件的亲水，并结合南山段主入口设计了一处管理用房（兼顾厕所功能）。

丽水经济开发区段结合水阁西路的出入口设计了2m宽的主游步道，主出入口结合道路节点形成景观石景，入口两侧步道规格为5m宽。同时场地内还有1.5m及1.2m两种规格的次游步道，游步道设计高程在56.50m以上，游步道材料采用就地取材的河滩卵石为主要材料，卵石直径在5～100cm之间。侧石运用上也采用条状的河滩石竖卧，在平面上也设计了几种卵石步道平面。在水阁区段也设置一处管理用房（兼顾厕所功能）。图6-44为地形重塑后构建的湿地景观系统。

图6-44　湿地景观系统

6.4.4　工程效果

该工程已于2012年完工，经过多年的保护，岸线得到加固，生态护坡效果明显（图6-45），沿线生态和环境得到良好的恢复（图6-46）。

(a)绿化混凝土护坡　(b)连锁水工砌块护坡

(c)三维植物网护坡　(d)三维排水柔性生态袋护坡

(e)椰网植生带护坡　(f)格宾石笼挡墙

图 6-45　生态护坡效果图

图 6-46　滨水生态恢复和保护

6.5 其他河道生态治理

【1】贵阳南明河的生态治理之路，河道硬化与生态之间的抉择

1. 概况

南明河是贵阳市的母亲河，属长江流域，是乌江水系清水河的源头河流。20 世纪 70 年代前南明河曾是贵阳市的直接饮用水源。然而，从 20 世纪 70 年代开始，贵阳市经济不断发展，人口快速增长，河水逐渐变黑发臭。到 90 年代，南明河污染状况已经触目惊心：沿河两岸近百个生活污水和 207 家工业企业排污口，每天向河中倾泻 45 万 t 生活污水和工业废水；沿岸到处是煤灰垃圾，破烂的棚户区遍布河流两岸；水体严重富营养化，污泥淤积，河床抬高，河流狭窄，防洪能力明显降低，洪涝灾害给城区居民造成严重的经济损失，河水水质严重恶化，鱼虾绝迹，进入市区河段的为劣Ⅴ类水体。那时，南明河近乎成为一条“失去生命的河流”。

2. 南明河整治历程

为解决长期以来的南明河污染以及城市防洪等问题，贵阳市政府进行了一系列南明河综合整治改造工程。

2001 年，贵阳市政府制定了关于南明河水环境综合整治的“三年变清南明河”工程，包括对南明河进行截污沟改造、河流清淤、排水大沟出口改造等相关整治工程。截至 2004 年，南明河初次实现“水变清、岸变绿、景变美”目标。

2007 年 5 月，按照贵阳市人大常委会要求，南明河启动新一轮整治工程规划，包括雨污分流规划和建筑方案设计等，并注重解决水流量和污水处理能力问题。

2012 年 11 月，贵州省政府对南明河再次进行大规模河床淤泥清理工程，涵盖完善废水收集处理系统、河流内源污染控制，河流面源污染控制措施等整治工作。

2013 年 3 月，南明河水环境综合整治工程指挥部向媒体发布信息，开启南明河翻板坝改造、支流整体治理、防渗衬墙浇筑、上游清淤等涉水工程。

经过多年一系列大规模的整治工程，短期内取得了一定的效果，提高了南明河源头污染控制和城市防洪、泄洪能力，节约了土地资源，建设了城市河滨

商圈。但是南明河整治以水利工程治河为主，也存在着诸多问题：工程量大、耗资巨大、效果并未凸显，且陷入几乎每年都要定期清淤等整治工程的恶性循环。同时，南明河的生态景观造成一定影响，景观丰富性和生物多样性减少，河流生态功能弱化。从城市河流生态保护可持续发展角度看，南明河没有真正获得长期的生态效益，并未从根本上解决南明河的环境问题。

3. 南明河生态治理思路

南明河生态化，是贵阳市实现全国生态文明示范城市建设的重要标志之一。南明河整治工程应该坚持城市河流可持续发展思想，回归生态治污、治河，以长效生态效益为导向，将南明河建设成为生态河流。

（1）保持南明河河床内生境生态化。南明河在贵阳市的主要河流段河水流速缓慢，加之受城市发展影响，出现水体富营养化缺氧现象。应避免河床过度固化，阻隔了河床内生态系统各要素（底泥—生物—水—空气）之间的交换与平衡，严重影响了河床内水生生物（包括微生物、无脊椎动物及鱼类等）生态链的正常运转。

（2）塑造南明河河岸带生境景观。河岸带是河流水体与陆地的生态缓冲地带，对维持河流生物多样性和生态平衡等具有多重作用。南明河河岸带多固化成了生活和商业区，植被等覆盖较少，堤岸固化后使城市污水直接流入河流而缺少河岸植被过滤等作用，这也是造成南明河污染和洪灾的关键原因。塑造南明河河岸带生境景观是实现南明河生态治理的关键。

4. 南明河生态治理措施

（1）丰富南明河河流形态。根据生态学理论，自然弯曲的河流常可以减少水土流失，扩大生境面积和多样性，具备更高的生态效益。城市河流经过人工改造直线化，僵硬笔直的河槽让其成为城市排污纳垢的“下水管道”。南明河因城市建设和人工改造工程后改变了原有接近自然的流路，其生境多样性遭破坏而变得单一。应按照城市区域功能划分因河制宜，丰富南明河河滩和弯道，打通断头浜，消灭断头河，清除各类违章围堰、堤坝等挡水建筑，拓宽束水段、理顺河网水系，恢复南明河的自然属性和生境多样化。

（2）修复南明河河床断面。

1）城市河流集防洪与生态功能等于一体。城市河流改造往往过多考虑其防洪和泄洪功能，河床多被水泥钢筋混凝土硬化，阻隔了河流底泥与水之间的动态交换，大大降低其生态功能，逐渐失去了生命活力。南明河市区段两岸多是生活和商业区，河床多固化，这利于城市排洪，却对河床生态造成诸多不利影响，需要对河床进行生态修复。

2）清淤、平整深坑。清淤工作采用“干河施工法”，以人工加机械进行清淤。在河床整治过程中，由大型机械碾压、清除过高突兀的自然河床，使河床形成千分之一的纵坡，便于河水冲刷泥沙和人工清除河床上的垃圾。同时，对河床上大小不一的深坑，施工人员则搬运毛石修补。平整过的河床不仅没有淤泥堆积，且河床十分平整，明显更深更宽。

（3）建立南明河河岸带生态系统。城市发展过程中，河岸带是最容易遭受破坏的部分，据报道目前我国很多城市河流河岸带植被不复存在或河岸破坏严重，退化明显。

南明河治理工程一直积极响应贵阳市生态文明示范城市建设号召，河岸两侧景观绿化程度不断提高。南明河城区段不同河段具有不同的要求，如上游建立湿地公园、花溪湿地公园和小车河湿地公园以及保护区，进行源头保护；中下游应严格控制垃圾、污水输入，丰富河岸带生态景观，重视生境生物种群丰富、结构优化配置与河岸湿地公园的结合，营造具有自然之美的城市休闲河岸生态走廊。

5. 观点

南明河整治要想实现其长远可持续生态效应，需积极融入生态治理理念，且应结合贵阳市湿地公园建设和诸多环保工程，如城市雨-污水分离（雨水排入河流，污水从专门管网进入污水处理厂）、设置翻水坝或曝气池增加河流溶氧量等环保措施。另外，加强贵阳市民保护母亲河的环保意识教育和相关法律政策制度建设也显得十分重要。总之，实现南明河生态化，才能真正意义上符合国家关于贵阳市生态文明示范城市建设的目标。

【2】河道滞留塘系统处理山区污染河水

河道滞留塘技术是直接在河床上建堰拦水，通过重力沉降、植物吸收和微生物降解等作用对水质进行净化。在污染河流治理技术中，河流滞留塘、人工湿地等生态技术具有成本低、运行管理简单、能持续发挥水质净化作用等优点，因此该技术在治理污染河流上具有一定的优势。目前，河流滞留塘技术、人工湿地工艺已经开始被应用于流域规模的污染河水处理中，也取得了一定的效果，显现出了其优越性。

1. 概况

都拉小河位于贵阳某水源地上游，河水来自地下水，沿途汇集集镇2000余人的生活污水和农田排水，该集镇处河段地势平坦，水体流动性差，部分季节会出现恶臭现象，河流淤泥厚度在1m以上，氮、磷含量高，总体上属于《地表水环境质量标准》（GB 3838—2002）的劣V类水体。其中：COD为6～83mg/L，NH_3—N为0.43～4.94mg/L，TN为4.28～11.52mg/L，TP为0.19～1.53mg/L，pH为7.4～8.5，DO为0.9～6.1mg/L。

2. 处理工艺选择

贵州省是一个海拔较高、纬度较低、喀斯特地貌典型发育的山区，河流、沟渠落差大，并且是亚热带湿润温和型气候，这为采用生态技术治理污染河流提供了保障。

根据贵州农村人口的文化素质和经济水平，采用的工艺应简单易懂、操作维护方便、成本低、能耗低、效率高。山区河流天然的落差大，具有建设梯级滞留塘的优势。另外，该河流直接进入水源保护区，为保障出水水质，采用人工湿地进行强化处理。

通过优化设计，实现物理沉降、自然曝气、微生物、水生植物、水生动物和基质的有机结合，共同构成一个复杂的湿地系统，较大程度地增加工程生态系统的多样性和稳定性，从而使整个系统具有较强的抗污染负荷冲击能力。该组合工艺由2级滞留塘系统、1个跌水曝气和1个滚水坝曝气系统、3级潜流湿地系统组成（图6-47）。

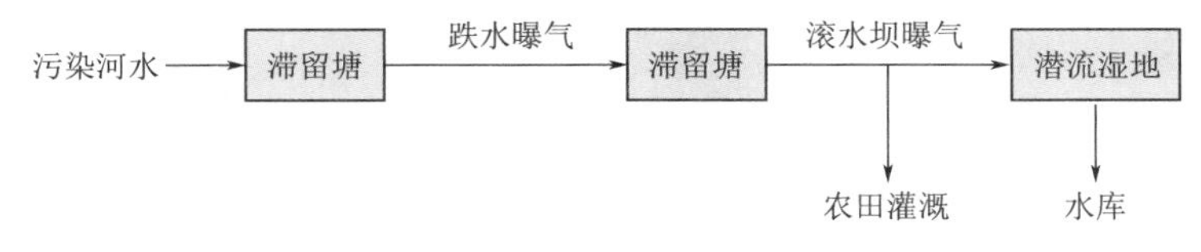

图6-47 滞留塘系统

3. 工艺流程

（1）工艺特点。

1）根据当地地形落差大的特点，利用河流进行跌水曝气、滚水坝曝气，无需额外动力。

2）通过工艺和结构优化，集成了滞留塘和人工湿地的优势；滞留塘串联延长了水力停留时间，可充分发挥其物理沉降和厌氧消化功能，拦截大部分漂浮杂物及悬浮物，防止湿地堵塞。

3）在滞留塘内种植各种水生植物，不仅可以直接利用氮、磷营养物质，补充氧气、美化环境，而且还为微生物提供附着载体，提高了净化效率；另外，滞留塘内还可以放养鱼类，实现增收。

4）人工湿地为潜流湿地，从下向上依次填充大小不一的碎石和细沙，这种结构有利于微生物的附着并防止堵塞；湿地种植美人蕉、菖蒲、高羊茅和石菖蒲，美人蕉和菖蒲的生物量大，净化功能强，但不能越冬，而高羊茅和石菖蒲虽然生物量相对较小，但四季常绿，这种搭配消除了湿地冬季净化效果不明显和景观差的弊端。

5）不投放药剂，无二次污染；管理运行简便，无需专人管理和运行经费，这是经济欠发达地区农村污水处理系统良好运行的保证；处理效果稳定可靠，出水灌溉可以缓解农村用水紧张。

（2）工艺设计。整个系统分为5个梯级单元，具体如下：

1）第1单元为河流植物带滞留塘，长约150m，宽20～30m不等（受地形限制），坝高为1～2m（两岸浅，河中央深），泄水孔在1m高度处，直径为0.3m，以满足河流对生态用水和景观用水的需要。河流中央种植金鱼藻、狐尾藻等沉水植物，岸带有喜旱莲子草、李氏禾和蕉草等，发挥河流植物带的水质净化功能。另外，此单元拦截大量的漂浮物和泥沙，便于清淤。

2）第2单元为跌水曝气系统，长约70m，宽4～15m，落差约为5m。通过在河流中放置各种石块，挡水回旋并溅起水花实现自然复氧。跌水曝气可增强水质净化效果。

3）第3单元为漂浮植物滞留塘，长约90m，宽约60m，水深3～6m，滚水坝溢水。水面种植喜旱莲子草和水芹菜，覆盖度约40%，吸收水体中的氮、磷，同时为微生物挂膜提供载体；该单元主要起到缓冲、延长水力停留时间、厌氧消化、促进颗粒物沉降的作用，可以减轻后续单元的污染负荷。

4）第4单元为斜面式滚水坝曝气系统，利用滞留塘水坝，在出水面利用石块建成斜面式溢流堰，坡度为75°。其作用是增加水体的溶解氧含量，提高水体的自净能力。溢流堰出水部分进入人工湿地，多余部分沿河流流出。滚水坝也

具有一定的水质净化能力。

5）第 5 单元为潜流碎石床湿地，由三级串联，面积分别为 $394m^2$、$444m^2$、$448m^2$，处理规模为 $500m^3/d$。湿地间由过水堰隔开，水流经过水堰进入下一级湿地；湿地种植美人蕉、菖蒲、石菖蒲和高羊茅，根据植物习性进行配置，种植密度为 10 株/m^2。

4. 观点

滞留塘与潜流碎石床湿地对轻污染河水的净化效果都非常显著，但是在一年多的运行过程中发现：潜流碎石床湿地破坏较为严重，维护成本相对较高，而且在雨季，由于湿地的处理能力有限，较多的污水不能进入湿地系统进行处理，而滞留塘基本不需要进行维护。鉴于贵州省当前农村的经济现状和人们的环保意识，选择滞留塘系统处理轻污染河水是比较适合的。滞留塘系统管理粗放，建设成本低，基本不需运行费用，是贵州省山区污染河流治理工艺的理想选择。恢复河流植物带可以提高滞留塘系统的净化效果，但在冬季植物枯萎时要及时收割，以免形成二次污染。

【3】塞纳河—诺曼底流域水环境修复

1. 概况

塞纳河—诺曼底流域由塞纳河及其支流奥伊施河、马恩河、雍纳河、诺曼底沿海地区河流组成，位于法国西北部，面积约为 9.7 万 km^2，接近法国国土面积的 18%。流域人口为 1750 万人，占全国人口的 30%。流域经济活动异常活跃，仅工业产值就占国内生产总值的 40%，流域内有全国 60%的汽车工业和 37%的炼油业。该流域还是法国的重要农业区，著名的香槟酒和勃艮第就出自该流域，法国 80%的糖、75%的油料作物、27%的面包谷物也来自该地区。

40 多年前，塞纳河还是一条“死亡之河”。那时，工业和农业污染严重，当地鱼类灭绝，植物几乎消失，不能游泳。1964 年，法国颁布实施水法，成立塞纳河—诺曼底流域水管理局，并采取了一系列措施，对流域进行管理。40 多年来，塞纳河—诺曼底流域发生了巨大变化。今天，塞纳河环境已经得到恢复，夏季巴黎市甚至在塞纳河上组织钓鱼比赛。塞纳河—诺曼底流域，在改善水质、保护与恢复流域环境方面探索出了一条适合自己的路径，受到国际社会的瞩目。

2. 人类活动导致流域水问题严重

人口增加对水的压力日趋增加。塞纳河—诺曼底流域有 5.5 万 km 长的河流。塞纳河及其支流的河流平缓，在洪水季节，河水溢出河流进入洪泛平原，在一些地方宽度超过10km。

洪涝是流域内的一个主要问题。这些年，流域内硬化面积增加，径流随之增加。同时，河床下切、挖泥等也影响了水流。为削减洪峰流量，塞纳河—诺曼底流域内修建了水坝，但这些远离城区的水坝削峰能力有限，对洪水影响一般不大。

人类开发对河流生物造成了危害。流域内只有不到20%的水坝设置了鱼道，60%的水电厂不能通过洄游鱼类。为了满足航运需要，人类对河流进行改造，成为导致洄游鱼类种群数量下降的主要原因。从河流取水对水量产生了影响，目前一些河流中的水，完全是污水处理厂中排放出来的废水。

从流域的水质看，在过去40多年中，尽管河流中溶解氧浓度有所增加，但塞纳河下游硝酸盐浓度总体上是显著增加的，地下水中硝酸盐浓度也有所增加。目前，流域内25%的地下水测量点，每升水中硝酸盐含量超过40mg。12%的测量点中每升水中硝酸盐含量超过50mg。硝酸盐和磷一起，可引起富营养化和有毒藻类的繁殖。目前，进入河流的磷已有较大下降，但仍然很高。金属不仅在自然状态下的水生环境中存在，还来自未经充分处理的污水和城区地表径流中，这些年金属浓度有所下降。多氯联苯浓度虽有所下降，但仍然惊人，与金属、碳氢化合物一起，成为沿海地区海水污染的第二大原因。在塞纳河—诺曼底流域，杀虫剂是一个严重问题，杀虫剂如三嗪存在于地表水、沿海水体和地下水中。

由于水污染严重，鱼类种类和数量减少。研究发现，面源污染和河床淤积导致小河流中鱼类数量下降，而大河中，由于存在天然障碍，加之城区污水排入，鱼类数量下降。目前，由于受到人口压力的影响，有7种鱼类已不见踪迹。

3. 水和环境对人们的生活和福利构成挑战

该流域大多数的饮用水由地下水提供。对地下水来说，通过保护水井和对抽取的水稍微进行消毒，就能符合生物学标准。巴黎及其周边地区的饮用水主要来自河流。根据原水水质，决定如何对水进行处理。与40多年前相比，目前的饮用水质量大为改善，标准更高，处理技术更加有效。随着人们健康要求的提高，饮用水需要满足更高的要求。《欧盟水框架法令》要求考虑48个参数，包括微生物、有毒物质等。目前每一类地表水都需要进行处理。

在塞纳河—诺曼底流域，沿海地区是重要的旅游场所，也是贝类养殖业基地，海水污染影响了旅游活动，也影响了水产品质量。

污水系统、地表水径流和沿海河流中的微生物污染，威胁着经济活动。自1990年以来，虽然情况有了很大改观，但是每当出现大暴雨，仍然会发生一些事件。

在污水处理方面，也存在着诸多挑战。尽管流域污水处理厂的处理能力已相当于2070万居民排放污水的量，在去除悬浮颗粒物质和可氧化物质方面非常有效，但在去除氮、磷方面，就逊色多了。特别是在暴雨径流超过排水网络和处理厂的处理能力时，每年还有6000万m^3的水直接流入河流。目前，在发生暴雨期间，污水处理厂在处理高污染径流方面能力不足。

家庭也是面源污染的来源。污染物质由地表径流带走，很少得到处理，而是直接进入江河。城镇和城市公共区域的废物和动物粪便，也是污染的主要来源。污水处理厂淤泥的处置也存在问题，大多数淤泥由农民进行循环利用，这反过来又将重金属分散在农田里，由此带来更广泛的污染问题。

农业发展也对水带来了挑战。在塞纳河—诺曼底流域，90%的灌溉用水为地下水，水质一般很好，用水量也有明显增加。但是，灌溉会对水质产生间接影响，灌溉会使河流中的化学物质增多。另外，化肥、杀虫剂、液体肥料，喷施在作物上的不可降解物质，畜牧养殖中产生的物质，最终要进入河流和地下水中，这也会对环境和水产生不利影响。

在工业方面，每年工业发生的意外污染事故大约30起，超过半数的上报事件发生鱼类死亡情况，污染物蔓延超过3km。

同时，流域内的生物多样性和服务于旅游业的水环境也存在问题。由于环境破坏，78种筑巢鸟类中有12种数量在减少；在94种过冬鸟类中，15种数量减少。实际上，在过去的30多年中，人们发展农业、建设航运工程、开发水电项目、建设道路和铁路等，将湿地中的水排干，导致半数湿地消失。同时河流和海滩正受到富营养化的威胁。夏季，水中氮磷含量较高，导致一些海滩发生绿潮入侵现象。

可以说，在塞纳河—诺曼底流域，要保护生物多样性，为户外娱乐创造一个富有魅力的、健康的环境，就必须做好两项工作：保护湿地，防止水体富营养化。

4. 努力恢复水环境

为恢复塞纳河—诺曼底流域的水环境，法国不断出台新的法律法规，重视发挥流域水管理局的作用，积极引导公众参与水环境修复，采用经济手段治理污染，这些努力在流域水环境恢复中发挥了重要作用。

在治理恢复水环境方面，法国的水法发挥了重要作用。20世纪60年代早期，随着城市和工业的发展，水污染加剧，同时用水需求显著增加，在这样的情况下，急需对各地的大量用水及责任进行协调。1964年，在这样的背景下，法国第一部水法诞生，这部水法建立了“水管理局”这一新观念，规定每个水管理局都要成立“水议会”或“流域委员会”，由此奠定了法国水管理体制的基础。1992年第二部水法颁布，强调下放水管理权力，加强水管理局职能，制定“水管理总体规划”，同时规定流域委员会须起草均衡的流域水管理指导方针。2000年，欧盟颁布了《水框架法令》，确定了流域综合水资源管理原则，要求各成员国采用各种措施，到2015年实现各种水体“状态良好”目标。从体制上看，《欧盟水框架法令》采用了法国的体制。

法国水管理体制的特点可以概括为三个方面：地方责任重大，公私部门为合作伙伴关系，在流域尺度上进行协作并把各种用水都考虑在内。

自19世纪以来，城市一直负责与水有关的各项服务。今天，它们不仅负责建设新的自来水厂，负责水设施运行，还对服务质量和向社区用户收取水费负有法律责任。城镇一般要建立社区间协会，负责饮用水供应，为流域67%的人口供水，负责污水处理网络运行。它们还通过各类合同，把供水和污水处理服务转包给私人公司，以此建立公私合作伙伴关系。

除供水和污水处理服务外，水管理还涉及许多职责，例如对私有河流的管理。从理论上说，对这些河流进行管理是河岸所有者的责任，但是实际上常常由社区间的志愿者组织来进行管理。

所有用水户都必须执行水法确定的标准，国家机构的地方代表负责对执行情况进行监督，因此国家是资源保护人。同时，国家还负责维护公共河流，这项工作主要委托法国适航水道管理局来负责。

而对复杂的职责分工，流域水管理局的作用是，推动采取措施，保证水资源和需水之间保持平衡。它的作用主要是融资，负责以贷款和补贴的形式，为符合水管理局规划目标的项目分配资金。因此，流域水管理局通过评估有关建议，监测资助工程，发挥咨询作用。目前，这一作用得到了合作伙伴的普遍认可。该机构分配的资金来自用水户交纳的税费，这些税费是根据用水和排污的量来收取的。水管理局从所管理的流域中收取各种用水税款，其公认的中立地位也使它能够扮演协调者的角色。

积极把公众参与引入流域管理中。流域委员会是一个咨询和决策机构，它由三个代表小组组成——选出的官员、用水户和国家任命的人士。在研究流域内情况后，委员会根据水管理局及其理事会制定的五年规划，对用水收税和水费提出建议。水管理局规划必须遵循《水管理总体规划》确定的指导方针，而《水管理总体规划》的指导方针与水法的要求是一致的，也是广泛协作的结果，许多参与者要参与规划进程。水管理局参与有关政策讨论，这些政策由那些直接参与的人士制定并由其给予财政支持。但是，水管理局对采取的各项行动行使行政管理。在地方级别上，采取权力下放机制，对地方责任进行划分。通过部门间协议、社区间协会，特别是地方参与计划，如地方水管理计划来进行合作。

流域委员会和地方参与计划指导委员会的构成，原则上保障了水管理在一定程度上对公众是开放的。然而，实际上，这种对公众公开的努力，有时候是无效的。用户在参与讨论中发挥的作用往往不大，地方投入常常受到支付能力的制约。面对这一局面，水管理局需要鼓励公众更多地参与，《欧盟水框架法令》生效后，更需要公众参与。

用经济手段管理水资源，防止污染。与市政供水网络连接的家庭用户和工业用户，其所交水费，能够收回饮用水配置、污水收集及处理的成本。水价因水处理、管理、供应条件、污水排放而不尽相同。水费账单还包括污染税和资源回收税，由水管理局征收。这些税在全部水费账单中仅为一小部分。用水户代表根据流域《水管理总体规划》框架要求，起草一个五年规划，水管理局据此以无息贷款或补贴的形式重新分配这些收入。这种财政援助意味着，水管理局鼓励用水户通过投资或改进技术，减少对资源的影响。向各种类型用户分配的财政援助额度大致与他们上交的税收相当。但是，在流域不同类型的用水户之间以及不同的地理区域之间，资金会根据“流域一盘棋”的原则，稍微有些转移。例如，巴黎市的家庭用水是从上游抽取的，他们的用水及排水对下游的污染影响很大，故这些家庭平均支付的污染税和回收税比他们得到的援助要多。《欧盟水框架法令》建议，水的实际成本应当完全由用户承担；应确定一个实际成本指标；为了改善水质，应收取适当水费。塞纳河—诺曼底流域以及法国的其他地方，是根据配置和处理的成本来对消费者收费的，但是用水户不为面源污染特别是来自农业的面源污染导致的环境破坏“埋单”。在不同类型用水户之间、国家和公共机构之间转移资金方面，流域须做得更加透明，须考虑用水环境影响造成的成本。

水管理局污染税计算的依据是实际受到污染的水量。目前，已根据水处理效率和污水的去向，为工业配置了水处理设施，因此可根据工业排放到环境中和当地污水系统中的实际污水量，对其进行收税。在塞纳河—诺曼底流域，水管理依据的原则是“谁污染，谁付费”。水管理局的所有收入都用来支持减污和清洁行动。对一种具体用水对另一种用水带来的损害也进行计算，并计入水价。

5. 流域水环境恢复取得重大进展

在流域水管理局的努力下，如今污水处理厂已遍布流域。20 世纪 60 年代，水管理局首次采取财政支持措施，受到这一措施的鼓舞，当时许多犹豫不决的城市，不惜花巨资，实施了水处理规划。在水管理局的首个五年规划期间，流域污水处理厂的数目增长了 3 倍。1972—1976 年，为提高污水处理厂的效率，又采取了财政激励措施，污水处理厂的效率由此从 40%提高到 70%。

从 1971 年开始，污水处理技术支持部门雇佣人员，对污水处理厂的运行进行监督。1976 年，居民开始对其产生的污染负责，现在居民要为污染付费，污水收集和处理网络得到了修复。同时，水管理局开始资助私有污水处置系统。1977—1981 年，水管理局通过与地方采取联合行动，并将此纳入河流开发规划，集中恢复河流水质，资助对污水收集系统进行诊断研究，加大对污水处理技术支持部门人员的培训力度。1982—1986 年，重点仍然放在改善污水收集系统上，水管理局当时建立了“强化行动区域”，在这些区域征收更高的污染税，使这些地区获得更多财政援助。1987—1991 年间，水管理局第五个规划重在治理重污染区，通过广泛采用多年度合同协议方式，鼓励城区开展长期污水处理工作。目前，塞纳河—诺曼底流域已有 2100 家污水处理厂，从 3200 个城市或社区协会收集污水。当前的工作重点是寻求更有效的污水处理方法，特别是解决污水中的氮污染问题；开发更适用于农村的方法。水管理局鼓励小污染者遏制污染的蔓延，还参与饮用水厂建设，目前正在资助开发过滤技术。

收取污染税对各行各业系统高效地采取净化措施起到了激励作用。在水管理局的支持下，为在源头上减少污染，目前越来越多的公司采用清洁工艺，减少源头污染。

目前，乡村合同的实施，提高了人们的意识，把地方行动者有效地凝聚了起来，共同解决水问题特别是面源污染问题。在塞纳河—诺曼底流域，一个令人鼓舞的迹象是，为防止污染，特别是农业面源污染，地方和区域联合制定政策。为了减少面源污染，水管理局资助开展示范项目，开发不带来污染的农业技术，帮助利益相关者使其设施符合保护水的规章。同时，还制定了规则，对农业排泄物的储存进行管理，大多数畜牧业者要交纳与排放物进入环境所带来影响相当的动物饲养税。用水灌溉的农民要根据其申报的灌溉面积交纳固定税。如果他们安装有水表，所交纳的税要低些，安装水表会得到水管理局的资助。为帮助畜牧业者改进耕作措施，水管理局还向他们提供财政援助，鼓励他们改进粪坑，使其符合硝酸盐控制要求，做好地表覆盖，避免渗漏。2002 年 9 月后，农业部禁止除草剂莠去津的销售，2003 年 6 月后已不再使用。对一些化学品的管理也已产生了有益效果。无磷洗衣粉越来越多得到利用，加之工业采取了一些具体措施，水中磷的含量显著减少。由于含磷化肥生产中的副产品不再排放到环境中，塞纳河河口淤积物中镉的浓度在过去 5 年中有了下降。

湿地保护有了进步，维系河流的努力取得成果。水管理局一直在购买湿地，例如 2001 年，获得了 643hm^2湿地，几乎是 1999 年的 10 倍多，过去 5 年中获得了 1262hm^2湿地。此外，水管理局参与研究，雇用地方看护人和技术人员。此外，在过去 7 年间，水管理局采取鼓励措施，通过为一年一度的竞赛提供奖金和奖品，来恢复湿地。2000 年，水管理机构投入 150 万美元，用于湿地保护与恢复，是 1998 年拨款的 2 倍多。

水管理局与地方当局和渔民联合会共同建立了技术支撑部门，对河流进行维护，鼓励起草河流合同，一些措施已经结出硕果。例如鲑鱼已被重新引入诺曼底的图昆河，为徒步者和钓鱼者改善了河岸。到 2002 年，大约有 200 座水坝修建了鱼道。

开展风险管理，重点解决水短缺、洪水与健康问题。塞纳河—诺曼底流域的主要风险是洪涝、严重低水位和饮用水水源污染。22%的易受洪水危害社区制定了洪水风险预案，洪水风险信息会及时告知当地人口，他们也可以通过因特网获得相关信息。目前，该地区详细的洪水风险图已经完成。现在正在利用透水路面，减少洪涝影响。为控制洪水，流域内已建设分洪区。

塞纳河上的大坝，其建设由水管理局资助，能保证马恩河、雍纳河和塞纳河在夏季不会因为巴黎地区取水而干枯。现在，专家们利用水力模型研究主要含水层，特别是这些河流干涸的风险。风险极限一旦确定，如果超出这些极限，就要采取管理计划中规定的具体措施。地下水用户之间签订含水层合同，保证在发生危机事件的情况下，由所有用水户根据优先配置计划，共同承担水短缺带来的风险。

6. 从“手段规范”向“结果规范”转变

过去40多年里，塞纳河—诺曼底流域在流域管理、环境修复方面取得了很大进步。但是，流域的一些环境问题依然没有得到根本解决。

所有这些问题都已纳入水管理局的议程。为了更有效地消除硝酸盐污染，将征收与农业污水排放相称的硝酸盐税；为了减轻洪水危害，将根据透水地面面积、妨碍河流流动的建筑物和阻碍洪水扩展的障碍物，征收“水势改变税”。为减少化学产品如杀虫剂、含磷洗衣粉的使用，已经对一些化学品征收“生态税”。

《欧盟水框架法令》确认了法国的水管理原则，具体政策将需要进一步扩展，覆盖到所有用水领域，对整个环境影响还要进行评估。对那些涉及水管理的人来说，这将意味着要从“手段规范”——依法办事，不注重结果转向“结果规范”——为实现法律要求的质量目标而做需要做的事情。

【4】日本和韩国河流整治工程借鉴

目前，水资源短缺、洪涝灾害频繁、水质污染严重和水生态环境恶化四大问题制约了我国经济社会的健康、可持续发展。日本及韩国河流生态化整治工程建设的做法，对我国实施以水资源的可持续利用支持经济社会可持续发展的治水新思路，促进人与水的和谐共存，推进我国河流的生态化整治工程具有重要的借鉴作用。

1. 完善排水管网系统，实施彻底的截污工程

彻底的截污工程是河流生态化整治的基础，因此必须加大城市排水管网建设的投资力度，完善截污系统，提高城市污水集中收集和处理能力，为城市环境的改善奠定良好的基础。

2. 河流治理开发要注重保护生态环境

近年来，日本及韩国注重水利工程建设的生态平衡问题，重视人类活动与

水环境的协调，大体经历了从景观设计到兼顾生态系统的多自然型河流整治模式，再到流域综合治水模式等几个阶段。目前，我国治河工程的生态建设水平大致处于日本20世纪后期重视景观设计的阶段。

要跨越治河工程生态建设的初级阶段，一是要正确处理好河流治理和生态环境保护的关系，既要反对“自然环境论”者所主张一切要保持生态环境原始化的观点，也要反对急功近利和掠夺型的水资源开发行为；二是要研究探索河流生态化整治工程建设的各种新途径，克服以牺牲生态和环境为代价发展涉水工程的做法；三是要将流域生态系统建设与管理作为流域水资源保护与管理的重要工作纳入正常的轨道。

3. 转变传统治河方式，实施河流生态化整治

传统治河工程对河流形态的多样化重视不足，忽略了河流湖泊与陆地生态系统的有机联系，忽视了江河堤防迎水坡面采用的硬质材料对植物生长和生物栖息的影响。为克服传统治河工程在生态环境与生物多样性保护方面的不足，应借鉴发达国家在兴建治河水利工程中注重人类活动与环境的协调、重视河流生态系统平衡的做法。

首先针对具体河流的实际情况和特点，开展河流生态化整治工程建设的试点工作，积累经验，逐步推广；其次，拟定河流生态化整治工程建设规划，有步骤、有计划地实施生态工程建设；再者，拟定河流生态化整治工程的有关技术指引，包括河流形态多样化、河岸覆盖层、水生植物和陆生植物的保护等，以增强河流的环境和生态功能；最后，要注意引入公众参与机制，让沿河流域的居民充分行使参与权和建议权，在河流改造的初期就广泛开展宣传，让更多的人了解、理解并支持河流的改造，让河流的生态化整治工程真正成为利民工程、惠民工程。

4. 遵循河流自然演变规律，重视利用河流自然力量恢复生态环境

传统的治水工程强调的是人的力量，认为依靠工程措施开发和改造自然是人类力量的具体体现。尽管目前治水工程的科学技术水平得到高度的发展，治水事业取得很大的成就，但是距离科学地认识自然的演变规律和趋势、重视保护和利用河流自净能力、实现因势利导、统筹兼顾、综合治理的目标还有很大差距，很难实现“水利工程其本质都应该是生态工程”这一要求。

因此，坚持“人与自然和谐相处”，除了采用工程和非工程措施建设和恢复

河流生态环境外，还要充分发挥河流的自我修复能力，维护和恢复河流生态环境。

5. 进一步完善治河工程的环境、生态、文化、景观等功能

近年来，我国堤防工程建设取得很大成就，特别是完善工程的环境、生态、文化、景观等功能方面均不同程度地取得良好的效果。不足之处在于，不少城市的堤防工程对环境、生态、文化以及景观功能的考虑还不够到位。

堤防工程建设要努力创造人与水相和谐的环境，通过改善空间环境，形成优美的景观，提供完善的文化、体育、休闲娱乐、亲水活动的场所保护水环境，确保足够的水量和清洁的水质，维持水域的自净功能恢复良好的生态环境，形成良好的植物生长和动物栖息繁衍环境，为生态系统可持续发展和演替提供条件。

6. 观点

为了建设富有魅力的滨水空间和充满生机的河流，日本及韩国河流生态化整治工程基本可归纳为：①在满足防洪和水资源利用的同时尊重自然的生态多样性；②依照现存的自然条件，建设和恢复良好的水生态环境；③采取有效的工程措施和管理措施，创造河流人工生态系统，同时尽最大努力保护自然生态系统。

【5】让你想家的河流治理——日本紫川

日本紫川是日本北九州市南北流向的标志性河流，发源于北九州市小仓南区的福智山，流经北九州市中心，在位于小仓北区的北九州港入海，全长 22.4km，流域面积 113km^2。随着经济的高速增长，沿河大量未经处理的工业废水和生活污水排入河中，导致紫川的水质日益恶化，曾经在此生存的大量鱼类，如香鱼和白虾虎鱼也随之消失。

1. 概况

1988 年，紫川被日本建设省（相当于中国的“住房和城乡建设部”）列为“我的家乡，我的新河流”重点整治项目。该项目总投资高达 3000 亿日元，主要包括两部分：一是通过减少紫川下游的桥墩数量、拓宽河流和河底清淤等措施，提高紫川抵御洪水的能力；二是将紫川综合整治与周边地区的再发展规划以及道路建设结合起来，建设一个以河流为城市象征的美丽城区。2001 年，“我的家乡，我的新河流”项目获得由日本土木工程协会颁发的“土木工程突出

成就奖”；2003 年该项目获得国土交通省颁发的“家乡建设成就奖”。紫川的成功治理给我们带来了很多启示。

2. 紫川治理亮点

（1）完善污水管网系统。1963 年，北九州市污水管网系统扩建工程开始动工，到 2012 年污水管网覆盖面积已占全市总面积的 82%左右，服务人口 99 万人（全市人口为 101 万）。北九州市能取得如此骄人的成绩，有三方面原因：①北九州市人口分布集中在城区（人口密度大约为 2000 人/km^2）；②在经济高速增长时期，企业纳税额持续增加，为工程的实施提供了资金保障；③根据“受益者付费”制度，将建设省发放的补贴进行优化分配。在此期间，河流水质和生态环境得到极大的改善，由此可见，彻底的截污工程是河流生态化整治的基础。

（2）提高污水处理水平。北九州市的污水处理能力为 77.7 万 m^3/d，每年处理的污水达到 1.7 亿 m^3，处理后的出水一部分作为中水被再次利用。北九州市污水处理厂采用先进的污水处理技术，最大限度地降低出水中氮、磷及其他污染物的浓度，防止水体富营养化。北九州市污水处理系统工程所需资金包括两部分：①雨水、污水相关处理设施的建设费用，其来源主要是国家和市政部门发行的企业债权长期贷款；②相关设备的运行费用和维护管理费用，其中，雨水输送费用包括在城市市政预算中，污水处理费用来自于企业等交纳的污水管网系统使用费。

（3）拓宽桥梁综合功能。对紫川下游的几座桥梁进行改造和扩建，紫川下游座桥梁的共同点是以自然为主题进行设计建造，同时每一座桥梁的建设都具有各自独特的设计理念和工程方案。

（4）建设亲水设施。

1）喷泉瀑布。紫川的喷泉瀑布景观是根据北九州市市民的提议而建成的，瀑布层次感强，具有自然瀑布的特性，瀑布前的浅水区和喷泉是游人休息玩要的场所。

2）滨河广场。滨河广场离入海口 2000m，是游客休闲娱乐及举办传统文化活动的场所，该工程获得了年度“家乡建设成就奖”。

3）河畔的护堤。为了让在河畔散步的人们可以直接观察潮水的变化，特意在河边修建了护堤。企业与政府分工合作建成了包括大型酒店、散步小道和护堤在内的综合整治工程。

4）大草坪广场。大草坪广场与紫川联为一体，面积约 6 万 m^2，既可以供市民休息，又可以为市中心举办的各种活动提供场所，还可作为地震等灾害的避难场所。

5）水边舞台。为丰富市民的文化生活，在胜山公园的大草坪广场岸边修建了舞台以及观众席等，可以举办露天音乐会等活动。

（5）兴建水环境馆。为让市民更好地了解紫川的历史、现状，亲身感受紫川的生态环境状况，同时也为了纪念市民、企业和政府在紫川生态化综合整治过程中所作出的贡献，北九州市建设了紫川水环境馆。2000 年 7 月，以河流、自然和环境为主题的体验型学习设施——紫川水环境馆正式开放，既可以向公众介绍紫川的历史变迁，还可以让市民和游客了解河内栖息的生物种类，游客还可通过位于地下的观察窗观察到河流内部的情形。

（6）同步进行街区及道路整治。在对紫川进行河流综合整治的同时，北九州市还依托河流综合整治工程对紫川流域周边的街区进行了改造。各项街区整治和开发工程的展开，在紫川流域形成了北九州市新的城市中心，有效促进了地区经济发展。

（7）香鱼放流活动。作为净化措施之一，自 1983 年起，北九州市每年都向紫川中放养香鱼，近年来，香鱼沿着紫川上溯回游的事实证明紫川已经完全具备香鱼的生存条件，紫川的生态系统得到很好的恢复，实现了人与自然的和谐发展。

北九州青年会议所开展了“还紫川以清流”的活动，拉开了全市范围的紫川净化运动的序幕，净化运动取得了显著的成果，随着城市环境基础设施的不断完善，紫川的环境质量得到了明显的提高。

3. 观点

河流承载了我们太多的记忆，人们亲水的需求是与生俱来的。回想起儿时戏水的场景，你是否眼角涩涩，然而面对如今脏乱不堪，冷冰冰的河岸，远离你的不是水流，而是乡亲，而是记忆。日本紫川河的整治，最核心的内容不是河面整洁，两岸整齐，而是时时刻刻都把人们亲水需求放在心头，想方设法融入亲水元素。这也许是我国目前大多数河流治理者所无法企及的地方。

【6】瑞士 25 年河流生态保护与治理经验

1991 年以来，瑞士实行了一套新整合的河流治理措施，其主要内容包括：

以蓄积代替全面泄洪；为河流预留出更多的空间；在采取工程措施以前必须优先制定土地开发规划，以维护好河流的过流能力；采用多种手段确保各保护目标，抵御洪水；密切关注天气的变化。25年来，瑞士在河流环境改善方面的成效有目共睹，有非常多值得我们学习借鉴的好思想、好理念与好技术。

瑞士实行新的河流治理措施以来，经梳理总结主要包括以下9条基本原则。

1. 风险分析

对于保护河流进行合理性的评估，建立起水文、水利以及河流主要风险因素的理论体系是必要的。对存在的危害与矛盾可以通过对洪水情况的论证、数据体系的建立、灾害信息图的制定等加以沟通和解决。各类风险的实际情况应定期进行修改。

2. 生态多样性评估

完善合理的生态系统应能够提供丰富的沿河植被，并且可以为水生、两栖类、陆生生态系统的多样性提供广阔的生存空间及栖息地。

3. 保护对象的差异化

不同保护对象间的保护概念是有明确区分的。价值较高的受保护区域和对象应该享有比价值较低的被保护区域更高的保护措施。基于这个简单的原则，对农田和孤立楼舍所采取的保护措施应低于对城镇、工业企业或基础设施的保护。另外，对低收益的农业区不做专门的保护。然而，评估灾害造成的危害程度，要根据不同的评估对象和实际情况，进行合理地评估和判断。

4. 该保留的要保留，该放弃的要放弃

为了削减洪水，在情况允许的情况下要对蓄滞洪区采取泄洪措施。因此，天然的蓄滞洪区不仅仅是维护的问题，而且也是需要在适宜地区重建的，通常只准许不经削减地直接把洪水排向下游需要的地方。在狭窄的居住区应建立起完善的河流体系，以备洪水来临。

5. 减小影响

拥有合理过流能力的过流区域是确保防洪安全、保持沉积物合理分布以及泄洪安全的基本条件。否则，进行区域防洪的安全性就会减小。

6. 检查失误与不足

大自然的不确定性要求我们必须对防洪设施的安全性进行调整和优化。此外，在非常情况下，对防洪设施的功能和结构安全性需要进行强化检查，及时发现并消除隐患。

7. 维护与保障

对河流进行合理的维护是一项长期的任务，以保证防洪设施的正常运行，河流拥有良好的过流能力。

8. 确保河流的过流能力

一般河流的河流空间应比沟渠大，而大河的河流空间要比一般运河的大。河流附近土地的使用需要留出合理的宽度，要在防洪体系建造、土地资源开发利用及所有土地利用活动方面充分考虑河流的过流空间。

9. 重视需求

对公众而言，河流附近通常是休闲和娱乐的地方。这就需要考虑对持续稳定水资源的需求，尤其在水电方面。

瑞士水治理的最大特点是保护对象的差异化，使有限的资源发挥最大的作用。为了保护河流与湖泊水系水质，法律规定不能将未处理的工业和生活废水直接排入附近任何水体，连近湖建筑物上的雨水也必须经屋檐排水槽引入地下，经过处理后才可排入水体。由于实施了严格的环境保护，瑞士全国几十条河流、上千个湖泊常年清澈透明，且水质全部符合饮用水标准。

【7】清潩河污染现状与整治对策

清潩河是淮河流域上游沙颍河水系的三级支流，干流流经长葛市、许昌县和魏都区3个行政区，全长51.46km，是河南省许昌市市区最大的景观水体。由于清潩河流域天然径流匮乏，加之在许昌市境内主要接纳沿途工业废水和生活污水，自20世纪90年代，污染物入河量已严重超出河流水环境容量，导致水体被严重污染，河流生态遭受严重破坏，水质为劣Ⅴ类。近年来，许昌市加大了清潩河流域的水污染治理力度，采取的一系列河流治理措施已取得明显成效，但仍然无法满足流域水质目标考核及功能水体水质要求。

1. 清潩河水环境质量现状

（1）水质污染严重。清潩河流域除天然降水外，无生态径流，天然径流匮乏，入河水源主要由城镇生活污水、工业废水构成，主要监测断面显示水质为劣Ⅴ类。

（2）表层沉积物淤积。由于清潩河沿岸水土流失，生活类污染物及由点源超标排放的悬浮物入河并在河流内沉降、富集，导致河流内大量污染物形成淤泥淤积，而淤积污泥作为内源不仅会向水体不断释放污染物，加剧水质污染，还会使河床底部严重厌氧化，从而导致底栖生物死亡、河床发黑发臭、河流水生态系统破坏、水体自净能力丧失。此外，清漯河干流上橡胶坝的修建使得水流速度变慢，坝前污泥淤积严重，其厌氧腐化过程所产生的气体聚集到一定程度，则将淤积层成片掀起，在橡胶坝阻挡区形成坝区淤泥上浮现象，并将水体搅浑，导致水质严重恶化。因此，要彻底改善清漯河水体质量，除了严控点源及面源的排放外，还需对河流内源进行综合整治，采取清淤、原位修复等措施重建河流生态系统，恢复河流自净能力。

(3) 河岸生态环境与景观较差。由于缺乏合理的垃圾处置场所及有效的监督管理机制，清漯河城区段上游城乡结合部及农村部分地区向河流倾倒垃圾问题突出，导致清漯河沿岸存在无组织倾倒和堆存的垃圾，这些垃圾会随降水的地表径流排入河内，造成水体污染。此外，河岸植被无序，杂草丛生，由岸至水的生物结构尚未形成科学合理的系统，物种间关联性不强，无法对排入河流内的污水起到预净化作用，且河岸环境景观也较差。

2. 整治对策

(1) 提升环境准入门槛，推进产业转型升级，大力提高点源污染防治水平。加大产业结构调整力度，积极推进流域产业结构调整升级，按照控制规模、逐步减产、完全退出“三步走”的原则，制订出淘汰清漯河流域重污染行业的实施方案，逐步淘汰落后产能。同时，鼓励发展无污染、节水和资源综合利用的项目。

(2) 加强城镇环境基础设施建设，加大农村及城乡环境整治力度。加快推进城镇污水处理厂配套管网和城镇污水处理厂等市政基础设施建设工程。对分区开发不衔接、排污设施不配套形成的市政污水排放口，通过加快完善区域污水管网建设，实现污水管网有效衔接和覆盖。

推进雨污分流和现有合流管网系统改造。加强雨水口的综合整治力度，在查清雨污混流排水口污水来源的基础上，对因排污管网不完善造成雨污混流的，加快完善管网建设，实施雨污分流改造。

清理河流水面漂浮物和沿岸垃圾，清除河流内排污口、水闸等附属设施周边区域的废物、堆积物，彻底消除影响水环境的各种污染物，改善清漯河沿岸的景观面貌；加强对河流日常巡视和管理，保持河面无垃圾漂浮物，沿岸垃圾及时收运，实现河面无漂浮物、河岸无垃圾；认真履行河流整治执法职责，依法依规拆除影响城市行洪、截污治污、河流景观改造的违法违章建设，完善河流环境卫生长效管理机制。

（3）系统构建流域水生生态系统，有序开展底泥污染治理与修复。在清漠河流域有条件的地区，因地制宜地建设人工湿地或生物浮床等生态工程，有选择地种植水生、陆生植物，打造河流生态景观，提高水环境承载力，同时能够对入河污水起到深度净化的作用，进一步削减入河污染负荷。

（4）提升环境监管水平和执法力度，加强公众监督。加强重点污染源监管，针对清漠河流域的重点污染源按照“一企一档”的原则建立规范的动态监管档案；加强对重点污染源在线监测设备运行状况的监督与检查，同时开展定期和不定期的监督性监测，一旦发现超标，立即停产并限期整改。

3. 观点

随着人口和经济规模的增长，污染物产生量势必会逐年增加，加之随着社会经济的发展，人民群众对居住环境提出了更高的要求，清漠河流域水环境保护与质量改善压力也与日俱增。清漠河流域水质较差，难以满足使用功能和考核要求的现状，调查发现清漠河流域存在水资源短缺、工业污染物排放量大、底泥淤积、河流景观生态环境破坏等问题，亟须解决。为提升清漠河水环境质量，需从优化产业结构、重点工业点源整治、城市污水管网和污水处理厂建设、农村垃圾收集与环境治理、流域生态环境构建与底泥疏浚治理、环境监管能力提升几个方面制定具体措施，开展流域水环境综合整治。

【8】北方城市近郊河流再生样板——山西晋城丹河综合整治

1. 概况

丹河是山西晋城市的母亲河，横穿整个晋城东部，为沁河最大支流，发源于晋城高平市丹朱岭，流经高平市、泽州县，于河南沁阳县入沁河。晋城境内干流全长128.3km，流域面积2965km^2。

晋城丹河支流众多，是流域内工、农业及生活用水的主要来源，同时也是晋城居民生活污水和煤矿、工业废水的最终接纳水体；但流域汛期集中、支流多为季节性河流，无洁净水补充，尽管城市生活污水、工业废水污水处理设施逐渐完善，但仍对河流中下游水质和生态环境造成较大的威胁。由此可见，晋城丹河为我国北方典型河流，其水质提升及生态环境改善将对我国北方地区近郊河流治理具有典型示范作用。

2. 存在的问题分析

20 世纪 80 年代以来，随着晋城市煤化工行业的快速发展，大量煤矿废水、工业废水及生活污水排入丹河；且入河支流均为季节性河流，无洁净水补充，昔日的丹河污水横流、臭气难闻，丹河水质长期为劣Ⅴ类，河内鱼虾绝迹、水体自净能力基本丧失。监测结果显示，2005 年丹河近郊监测断面——水东桥断面水体 NH_3—N、COD 年平均浓度分别高达 48mg/L 与 52mg/L，而水体溶解氧年平均值仅为 3.3mg/L，水质污染严重。

丹河水质污染使下游农田遭受污水侵蚀，严重影响周边地区饮用水安全，东焦河水库的蓄水、发电以及珏山景区、龙门景区旅游的效益。由于丹河为跨省河流，丹河中上游污染使下游河南省焦作市青天河水库受到严重污染，生态遭到严重破坏，更是引起了“晋豫”两省的水环境纠纷。“晋豫”两省水污染纠纷及丹河水污染信访案件引起国家有关部门的高度重视。2006 年晋城市人民政府开始开展丹河综合整治工程，项目实施方为武汉中科水生环境工程股份有限公司。

河流治理方案要坚持污染控制与生态修复并重，坚持源头管控、沿程消减入河污染负荷，在此基础上实施生态修复、构建生态河流，最终恢复河流的生态系统。

丹河综合整治工程，通过巴公河人工湿地工程与丹河人工湿地，对上游居民生活污水及晋城主要工业区工业废水进行深度处理、消减入河污染负荷。在此基础上，在人工湿地下游实施生态河流工程和水库生态修复工程，通过渗滤坝、人工水草及水生植物恢复等技术人工强化河流自净能力，加速河流生态系统的恢复。为了进一步彰显丹河综合整治的生态环境效益，加强人工湿地长效管理、水资源保护宣传，以巴公河人工湿地和丹河人工湿地为特色景观，通过对两大湿地间河流及沿岸景观提升，建设丹河龙门湿地公园。

3. 治理措施

(1) 自由表面流湿地。采用水体生态修复并模拟天然湿地处理工艺，在水体内种植沉水植物、浮水植物和挺水植物，通过植物的生物功能对水体进行充氧、净化，并在水体内放养鲢、鳙等鱼类，水域中心部位构筑小岛，为动植物提供生存环境，形成一个自然的水体生态系统，对水体进一步净化，去除污水中的污染物，减轻垂直流人工湿地的处理负荷，保障垂直流人工湿地的安全运行和出水水质稳定达标。

（2）垂直流人工湿地。经过表面流人工湿地预处理的河水，通过管道进入垂直流人工湿地，湿地床厚1.5m，共5层，从上到下，碎石填料由小到大（3～100mm）。湿地表层种植芦苇、香蒲、黄花鸢尾等植物。通过碎石层过滤、层内微生物降解及表层植物吸收等共同作用净化水质。净化后的水体通过溢流管道，回流至丹河中。

（3）渗滤坝。在丹河人工湿地下游水东桥至东焦河水库22 km的河流范围内设立三个渗滤坝（坝宽45m，壅水区长500m，坝顶宽5m，坝高1.5m）。通过滤坝填料形成的过滤层截留悬浮物，坝体中附着微生物分解、去除水体中污染物。坝上与坝下形成两种不同的水流形态及生境，有利于生物多样性的提升。渗滤坝上游水流减缓，水力停留时间增加，能够增加上游水生生物对水质的净化效果；同时，渗滤坝会产生跌水曝气的效果对水体复氧，增加水体自净能力。

（4）人工水草技术。在22 km河流下游东焦河水库深水区布设人工水草。“人工水草”是由非极性高聚物和极性高聚物（泡沫塑料、聚丙烯）改性、比选、优化复合而成，通过提供巨大比表面积，可以为水中微生物和附着藻类的生长、繁殖提供巨大的附着表面，并利用生物工程化原理和精确设计的水惰性机制来帮助选择优势微生物种群，构建适合于不同微生物群落生长繁殖的三维复合结构，数百倍地放大自然界的生物降解作用，有效降解水中的有机污染物，抑制藻类生长，恢复水体生态系统。

（5）水生植物。构建人工湿地对上游来水水体净化及悬浮颗粒物的去除，为下游生态河流的构建和沉水植物的恢复创造了良好条件。除渗滤坝外，在22km河流内进行水生植被恢复，构建生态河流；除人工水草外，在东焦河水库浅水区种植各类沉水水生植物。通过人工强化，加速河流、水库生态系统的恢复，提高水体自净能力，形成以水生植物为重要支撑、以水生动物进行生态调控的原位净化系统，对河流及水库水质进行进一步净化并改善其生态环境。

（6）湿地公园建设。以巴公河人工湿地和丹河人工湿地为特色景点，通过对两大湿地间河流及沿岸景观提升，将该区域打造成“国家级色叶林河流湿地公园”。治理效果经过丹河中游一系列的整治工程，丹河水质日渐改善，而今的丹河已是草长莺飞，鱼虾生息，到处一片生机勃勃的自然景象。尤其壮观的是鹭鹤成行、鸭鸥成群，观测到的鸟类达20余种，群鸟欢飞在蓝天绿地之间，向人们展示着这里的变化，讲述着这里的天蓝、草绿和水美。2012年12月，丹河人工湿地被中国环境保护产业协会评为“二〇一二年国家重点环境保护实用技术示范工程”。

4. 观点

北方河流多为季节性河流，河流支流多，洁净水补给少，水域内外均存在较大的生态环境问题。尽管城市生活污水、工业废水经过污水处理厂处理后达到一定的排放标准，但仍对近郊河流水质和生态环境造成较大的威胁，因此入河水体深度处理是北方河流治理的难点与重点。丹河综合整治工程坚持污染控制与生态恢复并重，将污水深度处理和生态修复相结合；整个工程根据污染源分布特征及水文水质特点分期、分段实施，对北方近郊河流治理具有典型的示范作用。

【9】北方山区河流生态综合治理模式

目前，关于河流生态治理的模式有多种，例如坝塘组合净化模式和塘—湿地组合净化模式，但是这两种模式在北方山区河流河道综合生态治理中都存在缺陷。坝塘组合由于湿地系统的缺少，降低了北方山区河流水质净化功能；塘—湿地组合净化模式由于缺少能够拦蓄洪水、阻挡泥沙和泥石流的坝，导致河道冲刷强、河床侵蚀严重等生态破坏现象。鉴于我国北方山区河流特点，我们将生态学原理与河流治理工程相结合，利用河流现有的洼地、空塘、河岸带以及湿地构建适用于北方山区河流的生态综合治理模式，即生态透水坝—库塘—湿地生态综合治理模式。更具体地说，在北方山区河流上游的支流和河流交汇处设置生态透水坝、中下游设置库塘和湿地的生态综合治理模式（图6-48）。

1. 技术参数

生态透水坝在山区河流支流及其交汇处均有设置，通过测量筑坝河道的深度、宽度、堤坡、边坡等尺寸和相关的设计资料，估算生态透水坝的尺寸。生态透水坝的坝体由碎石、砂石或砾石材料构筑而成，背水面为下宽上窄的阶梯形状，增加坝体的牢固性；迎水面固定有三角锥木桩石笼，其内填充有避免沿河道滚下的石块直接撞击坝体的砾石层，同时起到净化水质的作用；另外，在

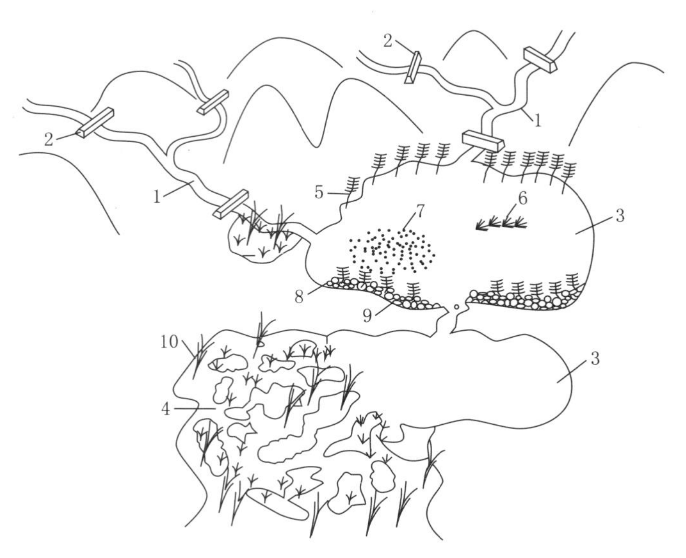

图6-48 北方山区河流生态综合治理模式示意图

1—山区河流；2—生态透水坝；3—库塘；4—湿地；5—挺水植物；
6—沉水植物；7—浮水植物；8—木桩；9—砾石；10—水生植物

生态透水坝上种植水生植物，以提高氮、磷等污染物质的去除效果。生态透水坝示意图如图6-49所示。

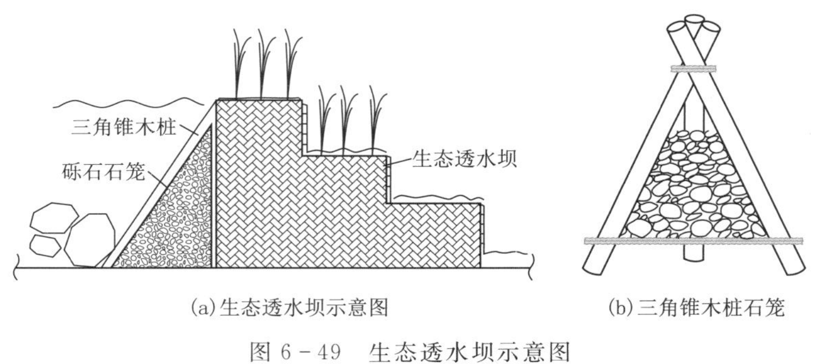

(a)生态透水坝示意图　　(b)三角锥木桩石笼

图6-49 生态透水坝示意图

库塘的位置、形态和深度依据山区河流当地的地形地貌特征，充分利用现有的洼地、空塘和开阔地进行构建，尽量保存原有河道的自然景观，恢复河流的自然流态和生态功能。库塘的设置数量可为一个或多个，多个库塘依次相通，以增强其蓄水、防洪和净化能力。在库塘中种植挺水植物、沉水植物和浮水植物，以增强对污染物的降解能力。库塘的周围设置有岸边缓冲带，岸边缓冲带采用木桩和砾石护岸，并种植有水生植物。

在山区河流生态库塘下游利用现有的湿地和开阔区域设置湿地系统，并在湿地中种植水生植物，利用湿地中的土壤基质、水生植物和微生物对水质进行进一步净化。在实际应用过程中，根据山区地形地貌特征，不同类型的湿地系统可以通过串联或并联的方式进行组合，以达到逐级消减污染物负荷的目的。

在山区河流两侧恢复河流岸边带生态系统，构建河流岸边带水系统。在河流岸边带内种植水生植物，为鱼类、微生物和两栖动物提供生物栖息地，达到恢复河流岸边带生态系统和河流自然景观的目的。为了保持山区河流的自然形态，防御洪水及水流对河岸的冲刷，河流河道非拐弯处和拐弯处均设置三角锥木桩石笼，如图 6－50 所示。

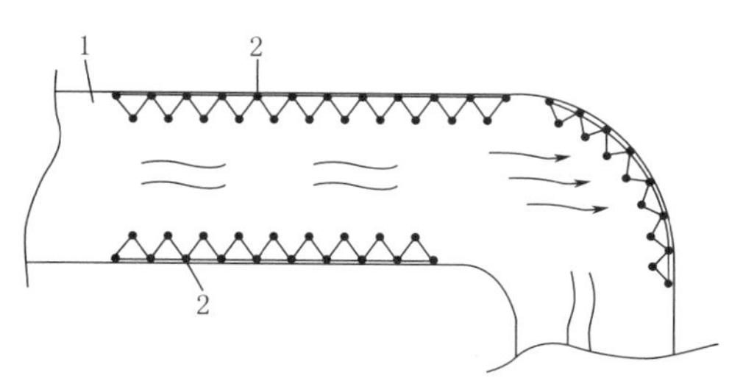

图 6－50　三角锥木桩石笼护岸结构平面示意图

1—山区河流河道；2—三角锥木桩石笼

2. 结构原理

北方山区河流生态综合治理模式包括构筑于北方山区河流支流及其交汇处的生态透水坝、设置于山区河流中下游的库塘以及与库塘相通的湿地三个子生态系统。

生态透水坝是由透水结构的石块垒筑而成，能够截留山坡上被降雨冲刷下来的泥沙和石块，起到了“截”的作用，并且生态透水坝能充分利用坝前的河道储存一次或多次降水径流，在水资源短缺时能够减缓河水的快速流失，有利于山区河流生态系统的稳定。生态透水坝利用坝体上微生物和植物的共同作用吸收和降解水中的氮磷等污染物质，有效降低面源污染负荷。此外，在生态透水坝前放置三角锥木桩石笼，既保证了透水性，又可避免河流中的石块对坝体的直接撞击。因此，生态透水坝具有调节径流流量、拦截面源污染、阻挡砂石和泥石流的作用。

库塘在中国已有千余年的历史，能够有效地用于生活污水、工业废水以及暴雨径流的处理等。将库塘应用到北方山区河流生态综合治理中，利用库塘存储容量大的特点来蓄积、沉淀和净化河水，并延长河水的停留时间，缓冲山区洪水，起到了“蓄”的作用。另外，库塘系统利用其内植物以及微生物的吸收和降解作用，能够有效削减面源污染，净化河流水质。

湿地系统是一种处于水域和陆地交汇处的独特生态系统，目前在国内外应用广泛，主要应用于城市污水和面源污染的控制。湿地生态系统主要通过沉积作用、植物吸收以及土壤的吸附、截留、过滤和微生物分解等作用对水质进行进一步净化，起到了“保”的作用。它不但能够净化水质，而且具有调节径流、恢复河流岸边带、营造河流自然景观的作用。

根据流域污染物的特点，植物要选择对流域特征污染物去除能力强、生物量大并且适应北方山区河流水量变化大的本地优势物种。同时，物种的多样性、季节性搭配、经济性和植物群落配置最优原则等问题也是需要考虑的。芦苇、富蒲、水葱和美人蕉等植物在我国北方广泛存在，并且已有研究报道表明这些植物能够有效地去除氮、磷等营养物质。在基质材料选择时，也应尽量选择吸收能力强、资源相对丰富的本地或附近区域的材料。传统工程材料往往是破坏河流生态环境的主要因素，所使用的混凝土等材料硬质渠化河道，阻断了水土交换，破坏了生态平衡。基质材料选择时也要考虑材料的生态友好性，使北方山区河流治理达到最好的工程和生态治理效果。

该北方山区河流生态综合治理模式将三个子系统有机组合形成生态透水坝—库塘—湿地系统，不但能够调节河流径流量、减轻防洪压力、消减面源污染等，而且在非汛期水资源极度缺乏的情况下，能够对降雨径流进行多级有效蓄积，减少河流断流天数，改善山区河流的水文条件，从“截—蓄—保”三个方面实现了对北方山区河流的生态综合治理。

【10】江苏南通地区河流生态修复

1. 概况

江苏南通滨江临海，水网纵横，原本是我国东南沿海地区水资源最丰富的地区之一。但相悖于近年来工业化及城市化进程的快速推进，配套治污设施的不完善导致部分地表河流污染严重，多条河流水体均出现不同程度的功能退化，实际上已成了水质型缺水型城市之一。顺应社会经济发展需求，为了有效治理日趋恶化的水环境，南通市通州区政府针对区域内河流退化问题，制定为期3年的河流整治方案，对北山湾、中心横河、一号横河、中心竖河4条河流同期开展实施生态修复类工程项目。该生态整治可为区域水体环境生态修复类工程项目提供参考。

2. 治理措施

(1) 污水口预处理系统。这次河流整治针对污水排放口加设污水预处理系统。污水预处理系统利用水生植物强化局部高浓度地区的生物净化，辅以过滤等手段，为污水入河成功地建立了第一治理关口。同时兼顾景观效果，以达到水质与水景并重的建设效果。

(2) 底质处理。底质是河流的重要组成部分，也是水生生态系统和生物多样性的载体，河流的自净和缓冲能力很大程度上取决于底泥的生态质量，合理的底质厚度是沉水植物、底栖生物生存的前提和保证。

北山湾浅水区河流原本为混凝土基础，部分还淤积建筑垃圾，不利于沉水植物、底栖生物的生长。在这次河流整治中，先清理建筑垃圾，再人工回填土方，保证回填底质厚度达 20cm，并用生石灰对水体及底质进行消毒及中和酸碱性的改良。

而针对中心竖河等部分河流底泥过厚，通州区政府则投资 400 余万元引进生态清淤及快速处置一体化新技术。该技术不需抽干河流施工，清淤船将河底的淤泥通过管道输送到几百米外的大型脱水设备上，经过筛分、浓缩、沉淀等一系列工艺处理，最后分离出的尾水排放到河里，脱水后的淤泥则运去填塞废沟呆塘，并与土地治理相结合，平埋成可耕种田块。生态清淤可以大大缩短清淤、堆放、固化的时间，具有无二次污染、节约土地、处理周期短、综合成本低等特点。

(3) 新型生态浮岛技术的应用。新型生态浮岛是这次河流治理过程中的最大亮点。在这次河流治理工程中，4 条水体均采用了这项技术，可广泛应用于景观水体、富营养化水体以及黑臭水体的水质改善与恢复、景观营造与美化。尤其针对水体富营养化等水体污染，生态浮岛技术有很好的修复作用，同时可达到预期的景观效果。浮田型浮岛较其他类型生态浮岛的优势：植物的生长不受水域类型和水底地形等条件的限制，植物根系可以与浮岛材料融为一体。因此，种植的水生植物更为广泛，可以把水生、湿生、陆生等植物在一个系统中完美地组合，构建的生态系统更密闭和完备，具备更高的营养物质和其他元素的同化吸收效率。

通州市政府在河流整治过程中，共选用多种可漂浮材料为基质，主要构建 3 种类型。

1) 第一种类型，又称为漂浮湿地。漂浮湿地其实属于人工湿地的一种改进类型，相比传统的人工湿地，它更具有集中式、针对性的有机污染物净化潜能，应用位置多安置在水体中央。选用陶粒作为漂浮材料，上载有少许种植土。这次河流治理采用的是页岩陶粒，其孔隙率高、密度小，具有较好的漂浮性能，是一种理想的自然基质材料，同时对水中污染物质兼具一定的吸附固定效果。基质上种植植物有狄叶栀子、矮向日葵、非洲菊、小雏菊等，植物也能发挥一定的植物净化作用。漂浮湿地较其他类型生态浮岛的优势：植物的生长不受水域类型和水底地形等条件的限制，所以种植的水生植物更为广泛，可以把水生、湿生、陆生等植物在一个系统中完美地组合，构建的生态系统更密闭和完备，具备更高的营养物质和其他元素的同化吸收效率。

2）第二种类型，强化吸附性能又称为生态吸附浮床。外形、结构均与漂浮湿地接近，但漂浮材料选用碳素纤维球作为基质。碳素纤维球具有巨大的比表面积，所以污染物吸附能力更强，而且其巨大的比表面积可充当生物膜载体，利用生物膜上大量微生物的新陈代谢等活动，来达到对污水中有机物的彻底降解。其安放地点主要在近岸污水排放口附近，进一步强化附近高浓度污水的污染物吸附降解，减轻水体自净负担。

3）第三种类型，景观生态浮床。这种采用吹塑中空材质作为载体，拼接组装成类似于小船竹筏的漂浮体，主要起固定水生植物的作用。水生植物插种于其中，生长成型后自行固定。这种浮体材料的好处是整齐划一、浮力大、物美价廉，特别是因为浮力大，因此可栽种一些大型水生植物，如美人蕉、泽泻尾等，景观可操作性强，但不能构建复杂的生态系统。

生态浮岛的建成使得河流水体环境整治效果斐然，浮岛上的植物可供鸟类栖息，下部植物根系形成鱼类和水生昆虫生息环境；比表面积很大的植物根系及基质更是在水中形成浓密的网，吸附水体中大量的悬浮物，并逐渐在表面形成生物膜，膜中微生物吞噬和代谢水中的污染物转化成无机物，使其成为植物的营养物质，进而转化为植物细胞的成分，如此形成良性循环。采用生态浮岛水净化技术，不仅可以直观上增加河流水体的美观，而且有效地提升了水质的透明度，改善了水质的富营养化趋势。

（4）生物多样性的直接补给。工程实际经验表明，生物多样性的直接补给有助于受损生态系统恢复。例如：有意识地投加枝角类浮游动物，可以通过直接调节浮游动物进而控制蓝藻水华；在河近岸侧栽培苦草、金鱼藻等沉水植物，能有效降低生物性和非生物性悬浮物浓度，提高水体透明度；有意识地投加鱼虾及螺、贝等底栖动物，栽种睡莲类浮叶植物，将有助于生态系统的优势种群结构的调整。以上种种措施修复或完整食物链，有效地促进了河流生态系统的自我修复，对水污染起到一定的防治作用。

(5) 增氧造景，点缀河流。河流水生态修复还增加了景观照明、景观喷泉和人工曝气，提高了河流的观赏性，能给人视觉上的享受；人工充氧更是直接提高了水体的溶解氧水平，促进微生物快速降解水中的污染物，缓解水生生物因缺氧带来的生存危机，进而改善局部水环境。另外，部分河段还实施了生态廊道工程。水清堤绿，为居民提供健康、舒适、优美的休闲环境。景观照明更是营造出霓虹闪烁，流光溢彩的华美画面。

(6) 其他配套性工程建设。河流治理过程中也配套有一些常规的工程措施，包括河流调水、岸坡修复、疏浚清淤等。

所谓河流调水，是指通过人工手段，利用水利工程合理适量调引源水。通州区针对这 4 条城市内河，兴修水利，分别从运盐河和通吕运河调集水源，有效迅速改善了河流水质。究其原因，不仅仅是通过增加水量以稀释污水，水流速度的增加有利于水体复氧，强化好氧微生物降解，进而达到增加自净能力及环境容量的目的。虽不能根治，但不失为一种较好的应急方法。

在岸坡修复中，通州区政府采取了区分河段针对性护岸对策。稳定河段尽量保持河流自然岸坡，种植草皮和水生植物覆盖，避免填埋、裁弯取直以破坏河流的自然属性和河形的自然景观。不稳定河段和特殊河段，则尽量采用生态工程措施的原则进行护岸处理。

河流淤积严重的，还将列入全区河流轮浚规划，按设计断面进行全断面治理。

3. 治理后续存在的问题

(1) 截污不到位，致使生态整治效果大打折扣。应加大截污纳管的建设力度，严防雨污合流；提高污水处理设施的利用率，防止污水直排入河。

(2) 需要加大宣传力度，增进与公众的沟通。生态修复本是利国利民的好事，但还是出现当地居民因担心影响自家构筑物结构，而阻挠工程施工的现象，需要加大宣传力度。

4. 观点

通州区此次河流治理崇尚自然规律，遵从生态治理理念，通过生态清淤、生物补给、人工浮岛等技术应用，促进水生生态系统实现自我修复。尤其新型生态技术——浮田型生态浮岛的应用，构成的植物根系和基质在吸收、吸附悬浮污染物的同时，为微生物和其他水生生物提供了栖息、繁衍场所，具有净化污染、修复生境、恢复生态、改善景观等多种功能。而内河水流缓慢，水体规模较小，也更适合生态浮岛的应用推广。

河流整治不可能毕其功于一役，需要后期不断的维护管理。随着生活水平和生活品位的提高，人们越来越关注身边的环境，而一个地区的水环境不仅仅是环境因子的一部分，更承载着当地的水文化及人文内涵，相信只要我们坚守河流治理的初心，就能引导人们与自然和谐相处。

【11】生态修复长广溪

1. 概况

长广溪河流位于江苏省无锡市西南郊，该地气候温和，雨量充沛。根据气象资料，无锡市年平均气温15.5～16.0℃，年平均降雨量1050～1150mm，蒸发量1200～1500mm，年平均降雨日数134～144d，主要集中在4—9月。20世纪50年代，该河流还是湿地景观，随着地区工业发展、人口增长等因素，导致河流湿地面积急剧缩小，水质变差，生态功能大大降低，长广溪河流的水资源环境遭到破坏。

2. 生态修复基本思路

根据长广溪河流的实际情况，在进行生态和景观修复时要考虑如下问题：

（1）相关修复工作应在不影响河流御洪能力的前提下进行，尽可能不破坏河流的基本坡面。

（2）在河堤、河滩种植的植被应选择根系发达、抗冲刷能力强的乔木、灌木及草本植物，且生长速度较快，环保效果显著，具有一定的分解油污、有毒化学物质的能力，同时注意要严格避免外来物种入侵的现象发生。

（3）在设置岸坡消落带时，应重点考虑植物品种的选择，兼顾防水浪冲刷和鱼巢的功能。

（4）在调整河流整体结构时，要力求自然美，宽度和弯度不可强制修改，对浅滩和湿地进行修复处理。

（5）水生动物和微生物可以分解吸收水中的营养成分，对净化水质有着积极作用，可在河段内进行适量的放养。

(6) 在河流沿线对污水口进行截流和分流处理，严禁工业和生活污水直接排入河中。

3. 具体修复措施

经过实地调查，长广溪河流的上游和中游段河面宽度较大，存在大量的浅滩和鱼塘，对该地段采取疏通河流中泓、重塑弯曲河谷及修复浅滩、鱼塘和湿地等工程措施。在河堤处布置植被，滩面主要种植材林和经济林，包括杨树、水杉、银杏、板栗等。其中杨树靠近水流一侧，适宜行间距为2m×2m，板栗为5m×5m。在堤肩处可将银杏和水杉进行间隔种植，间距为4m。在水面上种植水生植物，诸如睡莲、水葫芦和虾草等，在浅水区和湿地区种植诸如菖蒲、水葱、毛茛等湿生植物。

(1) 边坡类型。长广溪堤岸边坡有垂直面岸坡、斜面岸坡和消落带3种类型，在进行生态修复时可以根据具体边坡类型采取不同的修复方式。

1) 在对垂直面岸坡进行处理时，根基可采用喷播植被混凝土形式进行。植被混凝土主要由干粉土、腐殖质、水泥、保水剂和化肥等材料组成。喷播作业完成后，在岸坡上扦插植物。

2) 在对斜面岸坡（50°左右）进行处理时，可在原浆砌石坡面上间断打孔，孔深应达到土壤层，为植物提供水分和营养。在坡度较陡的地段，仍然采用喷播植被混凝土的形式。此外，为保持物种的多样性，可在坡体中央种植一些小型灌木。

3) 堤岸消落带（宽度1.5～2m），因抗冲刷性能及水浪可能带走种植基，一次性铺砌多孔生态混凝土构件，之后在构件的孔洞中填充种植基，种植基的成分和植被混凝土类似，然后再种植相应的湿生植物。

(2) 河岸生态修复技术措施。河流护岸工程应注重生态保持，维持自然化河坡，保持地表地下水的交换，蓄洪补枯，保持水土，恢复河流生态，利用生态系统的自我恢复功能净化水体。由于该河流防洪级别较高，四周洼地较少，河坡较陡，整治工程主要采用自然型护岸和人工自然护岸搭配。其中使用的几种重要生态护岸类型有：山石护岸、块石护岸、仿木桩护岸、石笼护岸、生态砖护岸等。其构筑形式分述如下：

1) 山石护岸（图6-51）就是在坡脚处使用砂浆砌石构筑岸基，再在岸基上砌磕或放置景观石。用碎石子处理山石缝隙，留给动植物生存的空间，保证水土的循环。

2）块石护岸（图6－52）适用于低水位河段。在护坡上先铺设土工无纺布，然后在布上倾倒块石，形成护岸。注意修正护坡使其坡面自然弯曲，平整美观，之后再在表面铺撒种植土，填充块石缝隙。这样，在过水之后，坡面很容易生长出大量植物。

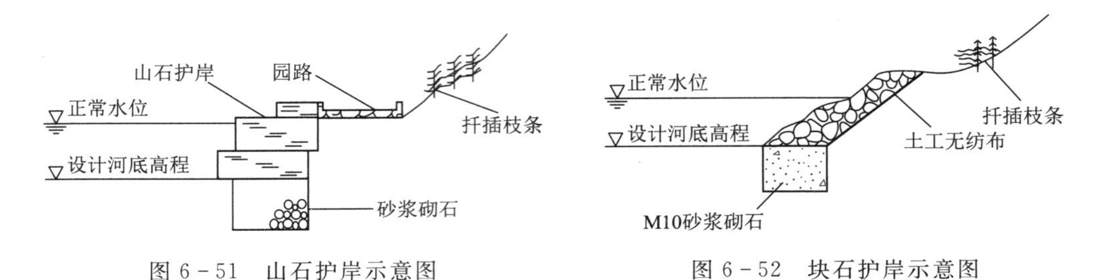

图6－51　山石护岸示意图　　图6－52　块石护岸示意图

3）仿木桩护岸（图6－53）是在坡脚处用C25钢筋混凝土浇筑形成护岸基础和水泥桩，对桩体外表面进行拉毛处理后，刷涂SPC界面剂。再用配好颜色的水泥在桩体表面绘画或雕刻花纹，做出仿生的树的枝干、年轮和纹理。最后在仿生桩和护坡间铺土工布，填充卵石作为返滤层。卵石缝隙中能生长水生植物。

4）石笼护岸（图6－54）是将格栅或铅丝石笼根据实际边坡的高度依靠护岸码放，同时在其上扦插根系发达强壮的植物，经过一段时间的生长，植物根系会将各层石笼连接在一起，从而加固堤岸。这种护岸良好的透水性可以补枯和调节水位。

5）生态砖护岸是一种新的尝试。它主要由鱼巢砖和多孔植物生长砖构成，两砖之间插筋连接。鱼巢砖是V形，摆放开口朝河内，供鱼类栖息。植物生长砖缝隙由植物种子和天然土壤等肥料配好作填充剂充实，为植物根系提供营养和水分。植物根系穿过砖体表面延伸到地下土层，加固堤岸。

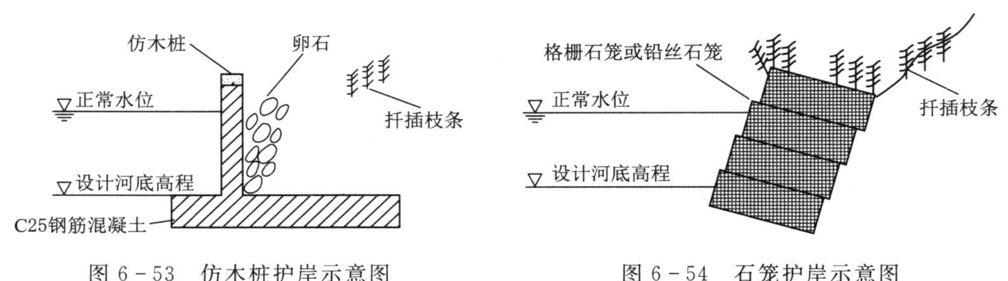

图6－53　仿木桩护岸示意图　　图6－54　石笼护岸示意图

4. 观点

长广溪河流的生态修复措施，包括河岸和水生动植物的恢复、河堤固化工程以及河流护岸工程，同时客观总结评价了各种保护和修复措施的技术效果，为制定生态环境保护规划提供了科学依据。在工程实践中，还应按照河流地形特征及可使用的材料，选择适当的护岸类型和治理措施，在达到护岸标准和生态修复目标的前提下尽量控制工程成本。

【12】浦阳江治理工程实践

浦阳江，自浦江县天灵岩南麓而出，经诸暨、萧山，蜿蜒三百里后，汇入浙江的“母亲河”钱塘江。浦阳江曾孕育了长江下游最古老的稻作遗存“上山文化”，留下了西施浣纱沉鱼的美丽传说。然而，早在 1984 年 8 月，为寻求脱贫致富之路，虞宅乡马岭脚村创办了浦江首家水晶玻璃工艺品加工企业，简单粗放的玻璃珠加工技术由此进入当地产业，并在随后 30 年的时间里迅速蔓延。古朴沉静的古村，开始日夜充斥着轰鸣的水晶打磨声，加工废水四处横流，伴随外来人口的蜂拥而至，大量未处理的生活垃圾让粉墙黛瓦的村庄一片狼藉。10 多年后，全县 85% 的溪流被严重污染，随处可见的“牛奶河”让人触目惊心。多年来，受沿岸低小散产业特别是小水晶加工业的严重污染，浦阳江成为全省江河水质最差的河流之一。水晶产业在给浦江带来巨大财富的同时，也给浦阳江水体带来严重污染。从浦阳县城至出境断面，均为劣Ⅴ类水质，浦阳江成为钱塘江流域污染最严重的支流。浦阳江治水难，难在它河长 150km，流域面积 3452km^2，横跨三地；难在它发源于浦江县西部岭脚，污染源头是近 2 万家从事水晶生产的小企业，涉及到近 20 万人的利益；难在浦阳江污染程度之烈，超过一些比较大的江河湖泊。曾几何时，一条条“牛奶”溪，一条条“黑水”河，汇合成酱紫色的浦阳江，环保部门测出的指标均是劣Ⅴ类水质。

1. 浦江治水经验——把浦阳江打造成为安全、生态、美丽、富民的廊道

(1) 整治直指污染源头。浦江县因水而名、因水而兴，县内共有 577 条河流，浦阳江是浦江的母亲河，但发达的水系并没有为浦江带来好景好风光。

过去的 30 年，浦江作为“中国水晶之都”声名远扬，水晶产业是第一富民产业。遍布全县的水晶加工企业由于小而散，所到之处垃圾遍地、污水横流，成为浦阳江的头号污染源。加上印染、造纸等工业排污，生活污水收集率低、

畜禽养殖问题突出、污水处理设施有限等问题，浦江水环境质量不断下降。

整治前，浦江90%的河流沦为“牛奶河”“垃圾河”“黑臭河”，每到夏天，沿河居民甚至不敢开窗。而伴随水晶产业的发展，违法建筑也在县里“遍地开花”。

在打响治水攻坚战后，一场轰轰烈烈的污染源整治行动迅速席卷浦江全境。1000多名县乡干部组成各种各样的工作组、巡查队、突击队，以“清水零点行动”“金色阳光行动”等专项整治行动为载体，对全县无照经营户、违法经营户、污染物偷排经营户进行了一轮又一轮的整治，啃下一个又一个钉子户、硬骨头……

两年来，浦江全县水晶加工户已由22000家锐减至1376家，淘汰机器9.5万台，转移流动人口近10万人。全面关停禁养区内的645家畜禽养殖场。“三改一拆”也势如破竹，全县共拆除违建562万m^2，拆违完成情况居全市首位，顺利通过省级“无违建县”验收。

在源头治理的基础上，浦江投资50.9亿元，大力推进46个治水项目建设，并依法查破水污染案件280起，行政拘留303人，决心之大、力度之强，前所未有。

铁腕治水换回了绿水青山。浦江提前一年完成浦阳江水质整治目标，断面水质从连续8年的劣Ⅴ类基本达到Ⅲ类水。全县462条“牛奶河”、577条“垃圾河”、25条“黑臭河”已彻底消灭，成为全省首批“清三河”达标县（区）。

（2）长效管理全民治水。人治水，水砺人。“五水共治”，治的不仅是水，也是人。浦江治水，干部带头是前提，全民参与是关键。通过层层动员、广泛发动，浦江全面营造了县、乡、村三级联动的全方位治水格局，上下联动，干群协同作战，形成全民治水强大合力。

在治水攻坚战中，浦江采用了“什么办法灵就用什么办法，什么法条管用就用什么法条，哪支队伍有战斗力就上哪支队伍”的战术。治水工作成为锤炼干部队伍的熔炉，涌现出大批勇于担当有作为的干部。金狮湖区块是浦江环境污染最严重、社会治安最混乱的地方，金狮湖保护与开发项目于2013年底启动，首要任务是拆违和征迁，浦江定下拆违治污染、保安全、立规矩、求公平、见美丽、转作风的工作基调，由60人组成精干力量，对涉及的779户居民开展征迁工作，6天内签约99.1%，12天内100%完成签约。

治水中，县四套班子成员敢碰硬上一线，分头对接一个乡镇（街道）抓督导，分工负责全县劣Ⅴ类支流抓整治，分类联系工程项目抓建设。在乡镇，一双雨靴、一把竹夹、一个大号垃圾袋是干部的标配，只要辖区里有脏乱差就第一个上前。浦江还实行干部网格化监管，明确“每个排污口就是一个枪口”，落实一名干部负责把守堵“枪口”。

治水难，最难的是群众观念的转变。通过前期的宣传、领导干部的身先士卒，浦江百姓们看到了河流整治的效果，治水的热情也开始高涨，从“要我整治”转变为“我要整治”。

浦江先后发动群众开展清洁垃圾河（渠道）专项整治行动、消灭“垃圾河”万人大会战、“清三河”万人大决战和“清三河”扫尾攻坚战等行动。全县成立外来务工人员护水队等302支义务护水队，轮番开展大规模“清三河”万人大会战，累计发动全县群众46万余人次，清理河流577条、池塘1000余个，清理垃圾6.9万t，清淤疏浚64万余m^3。在村边、在河边到处都有群众治水的身影，并涌现了一大批“最美治水人”。

为了“清三河”，浦江还设立了“河长制”，由河长领衔“一条龙”治水。目前，全县已建成较为完善的县、乡、村三级联网“河长”制，由32名县级河长统筹引领、64名镇级河长落实推进、257名村级河长常态监管，每个排污口落实到干部负责。

（3）倒闭产业转型升级。近年来，浦江水晶产业始终停留在低技术、高能耗、高污染的无序发展和恶性竞争阶段，缺乏核心竞争力，已经遭遇发展瓶颈。治理水晶污染不但没有让水晶产业倒下，反而促进水晶产业以更高水准发展起来。

两年来，在关停取缔水晶企业的同时，浦江也加快水晶产业集聚园区建设，168幢厂房即将投用。余下的水晶制造企业将有序入园，通过“园区集聚、统一治污、产业提升”推动水晶产业可持续发展，最令人担忧的水污染问题将不复存在。此外，浦江绗缝产业走向以标准规范质量、以质量主导价格的有序发展之路，产值突破70亿元。

在传统产业二次腾飞的同时，浦江的经济业态也不断衍生，电子商务、旅游业等产业迅速崛起。在电子商务方面，网络零售额首次超过水晶行业产值，跨境零售发货量超过1000万件，跃居全省县（市、区）第二位，被评为浙江省电子商务示范县。

不造水晶做旅游，治水换回的绿水青山也让旅游业蓬勃发展，2014年，浦江县乡村旅游人数同比增长105%，旅游收入同比增长41%。尤其是深厚的文化底蕴、秀美的山水风光、质朴的老街古村，都成了浦江的特色和资源优势。比如浦江的虞宅乡马岭脚古村原是水晶加工发源地，目前已与知名品牌“外婆家”联营，着手打造一个黄泥墙、黑土瓦、石板路、参天树的精品民宿——“马岭中国村”。

经历两年的阵痛后，走上转型新道路的浦江不断迸发出后劲和活力，并入选了“2014浙江经济年度样板”。

2. 三地联动，全流域治理

（1）防洪工程。浦阳江治理工程浦江段的主体工程完工，沿岸防洪标准从原先的5年一遇提升至20年一遇。浦阳江是浦江县的母亲河。过去，浦阳江浦江段的堤防标准相对较低，2011年汛期浦阳江沿岸就曾遭受重大损失。浦阳江治理工程浦江段总投资4.7亿元，是我省重点工程。3年来，工程新建、加固堤防42.8km，新建生态堰坝9座、橡胶坝2座，拆除重建阻水桥梁7座，新建排涝泵站1座，在浦阳江沿岸筑起了一个防洪闭合圈，大大提高了两岸村庄及农田的防汛安全系数。

不单是浦阳江上游的浦江，处于中游、下游的诸暨市和杭州市萧山区也齐头并进。两地分别开展了治理工程，推动浦阳江全流域治理。在诸暨，已累计完成堤防加固128.24km，新建及加固水库106座，改造（新建）电排站17座，排涝能力较2011年增加一倍以上；在萧山，浦阳江治理一期工程已完成投资6.4亿元，一期工程的19.7km和二期工程的24.5km已完工。

浦江、诸暨段和萧山段的浦阳江治理工程主体部分都已基本完工。下一步，将进一步加快推进该流域各项水利工程建设，实现洪涝旱联防，上下游、左右岸联治，保障全流域安全。

（2）清淤。2016年，从源头浦江县天灵岩南麓的岭脚村一直到汇入钱塘江的三江口，浦阳江全流域清淤。浦江、诸暨和萧山三地联手打破地域藩篱，共同进行浦阳江清淤。

清淤，是浙江省“五水共治”工作的重点。如何提高清淤效率、加大淤泥的资源化利用、建立长效管理机制，是各地推进治水工作面临的难点。从浦阳江开始，以治水倒逼转型，浙江坚定踏上了绿色发展的征途；从浦阳江出发，浙江寻找到了清淤疏浚、水清岸绿的奥秘。

1）生态清淤。浦江县在对浦阳江西溪口至和平桥段、东溪口至中山桥段清淤整治工作全面完成的基础上。近日，又聘请了江苏生态清淤有限公司采用淤泥脱水干化处理技术的生态清淤方式，对余下的浦阳江城区段8.3km河流内的淤泥进行全面清理，工程于2014年4月底前完工。

浦阳江河流内长年累月堆积的淤泥，不仅影响到防洪、排涝、灌溉、供水等各项功能的正常发挥，也影响到周边人民群众的生活质量。为恢复河流正常功能，浦江县根据浦阳江河流的实际情况，采用传统清淤和生态清淤相结合的方式，对河流内的淤泥进行全面清理。

生态清淤是用生态清淤船上的水泵将河底的淤泥、垃圾吸上来，留下河底部分的砂砾石，再通过漂浮在水面的管道运往处理厂进行处理，淤泥进行脱水固化，河水返回，固化处置后的淤泥可实现多途径资源化利用，经净化处理后的尾水清澈透明，达到了排放标准。清淤后整个河流底泥基本无残留，河水的自净能力得到增强，将进一步改善浦阳江水环境、修复浦阳江生态，逐步实现水清、河畅、岸绿、景美的目标。通济桥水库生态清淤一方面是深水作业挖底泥，另一方面还要将有机质含量高、含水量高的流泥、浮泥进行快速干化和固化处理，这在全国中型水库深水生态清淤工程中尚属首例。

2）摸清底数，制定清淤计划。诸暨展开全市河湖清淤摸排工作，分河段、湖泊、塘库等不同水域查明淤积地点、淤积深度、淤积总量等基本情况，并重点对诸暨市域范围内的浦阳江流域“一干五支”淤泥淤积存量进行排摸梳理，掌握清淤底数，建立“一河一策”“一湖一策”清淤机制。

萧山区经过对全区范围内河湖淤泥的测量调查，摸出275条（段）河流、243处湖泊和池塘存在不同程度的淤泥淤积，淤积方量为856.6万m^3。在摸清家底的基础上，萧山制定了全区2016年清淤322.47万m^3的目标任务。

除了制定当年的任务量之外，萧山区还细化了2017—2020年的清淤工作时间表、任务书，制定出了未来4年时间内，共计493.28万m^3的清淤任务量，其中浦阳江流域萧山段4年内将完成清淤137.3万m^3。

3）科学清淤，因“淤”制宜。淤泥清出之后，如何加强分类处置和综合利用，是各地目前一直在探索解决的问题。浦阳江流经的三地，群策群力，从根本上解决运输难、堆放难、投资大等清淤过程中的常见问题。清出的淤泥，减少“二次污染”，变废为宝，有了更好的去处。

诸暨清出的淤泥用于03省道东复线诸暨段两侧绿化带和北三环线两侧绿化带的肥料。同时，清出的淤泥经检测确定无重金属等有害物质后，将富含有机质的淤泥作为土壤改良剂和有机肥料，运到苗圃、葡萄园当作种植土。含有水晶废渣的淤泥则被固化脱水处置后，运到砖厂，作为原材料，混合烧制水晶砖。含砂量高、有机质少的淤泥干化后则用于回填、堆积公园假山等。

4）清淤长效管理，群策群力。浦江县提出“责任清淤”，由各级河长对牵头河流的清淤负总责，一抓到底。由县“五水共治”工作领导小组办公室、农办、环保等部门负责指导规范清淤。萧山区河流清淤工作则实行“属地管理”原则，农村河流由农办、水利部门牵头，属地各镇、街（场、平台）负责实施；城市河流由住建部门牵头，城市河流管理处负责实施。

诸暨市因地制宜，针对不同地理情况的河流，详细制定了不同的清淤周期。其中，山区溪流以10～20年为淤积监测周期，湖畈河网以5年为监测周期，人口密集区、主要航道则以3～5年为淤积监测周期。用明确的清淤周期，加强回淤监测，完善清淤长效机制。

（3）三地共同治水带动浦阳江生态经济大发展。

1）浦阳江生态补水工程。浦阳江生态补水工程的建设任务是将浦江县仙华水库水电站设计流量2.32m^3的水量通过与金坑岭水库并联的输水系统输送到金坑岭下游的水厂或河流中，实现水厂“双源互补”，既可发挥仙华水库、金坑岭水库双源供水，保证金坑岭水库水体不受仙华水库水体污染影响，并且还能为浦阳江补水创造条件。

2）诸暨市浦阳江城区段水环境整治及生态化改造工程。该工程位于诸暨市城区，南起三环线，北至东浦阳江东江电站、西浦阳江王家堰电站，总长约15.87km，主要建设内容为水面清理、截污治污、绿化造景和重建生态等，着力将浦阳江城区段打造成“水清、岸绿、景美”的城市滨水生态长廊。设计时考虑四大区块，其中三环线—会义大桥至西施大桥段为生态绿道，西施大桥至西江大桥与东江大桥段为城市河流，东江大桥至东江电站为自然滩地，西江大桥至王家堰电站为水生植物带。

该项目是浦阳江水环境整治“一河一策”的重点项目，也是该市贯彻实施“五水共治”的重要工程项目。项目建成后，对提高城市品位、构建人水和谐具有显著的推动作用。

3）浦阳江萧山区段治理工程。该工程集防洪、生态、旅游等功能于一体，是加快建设“三生融合、美丽萧山”的重要抓手，是带动浦阳江旅游生态经济区建设的重要举措，要力争将其打造成浙江省“五水共治”的标杆工程。

萧山境内浦阳江左右岸堤防总长55.06km。目前，除省管14km堤塘外，其余均为20年一遇的防洪标准。自2011年开始，上游诸暨市投入10多亿元，对境内浦阳江干流堤塘全面实施了高标准堤塘建设，堤塘防洪能力得到了极大的提高，洪水下泄速度也明显加快。

因此，实施浦阳江治理工程，首先是提高萧山境内堤塘防洪标准、保障人民群众生命财产安全、保障经济社会发展成果的迫切需要。同时，以治水为突破口，针对沿江两岸路堤合一的格局以及零乱滞后的滩地治理，通过方案策划，倒逼转型升级。

浦阳江是萧山南部中轴线所在，更是南部发展的根与魂。浦阳江生态经济区是杭州最具潜力的增长极之一，更是杭州重要的生态屏障。

浦阳江治理工程建设的目标，是对沿线两岸堤防实施提标建设、滩地整治利用和堤塘内景观规划，强化沿线江、滩、堤、城的有机结合，打通浦阳江与湘湖的水上旅游通道，构建水、陆双行景观和滩地自然生态景观，形成水上旅游线、岸上慢行线和堤下交通线三大经济发展圈，努力将浦阳江两岸打造成为美丽生态带、休闲旅游带、运动健身带和南部绿色产业发展带。

加减乘除——打造美好生态“方程式”

强基础、提标准，为群众安全做“加法”；拆违章、控排放，为两岸美景做“减法”；提品质、重利用，为生态经济做“乘法”；去污染、堵源头，为环境优化做“除法”。通过这个生态“方程式”，许家后塘2.3km试验段建设已顺利完工验收，试验段的美景为进一步推广治理工程提供了范本。

群众安全，要不断“加码”。浦阳江治理工程是以防洪为重点的水利项目，堤防防洪能力提升和达标治理是工程的首要任务。随着经济社会的快速发展，再加之长期运行，浦阳江沿线堤塘老化破损较为严重，防洪标准偏低偏弱的状况日益凸显。本轮浦阳江治理工程大会战，首先着力于堤塘的强基提标，通过实施堤塘提标、江道疏浚拓宽和沿线灌排设施的增容扩量，提升浦阳江洪涝旱联防联治的水安全保障能力。

两岸美景，要“减去”脏乱现象。浦阳江两岸居民大多逐水而居，因水而兴，也造成了两岸民房林立，砂石、煤炭、水泥厂等企业星罗棋布，零乱无序。结合浦阳江治理工程，借力“三改一拆”和“最清洁城乡工程”等行动载体，通过实施拆违、清障、通路等措施，借力做好减法，减去沿江两岸脏乱差，治出宜居宜业良好水环境、水秩序。

生态经济，要合力做好“乘法”。萧山区以浦阳江为轴线，通过实施沿线滩地整治利用、沿江水环境治理，发展生态旅游，将沿江两岸自然、人文、绿色、特色、舒适等元素和资源整合融入浦阳江治理工程建设之中，着力提升萧山的城市品位和生活品质，实现浦阳江治理工程生态效益、经济效益和社会效益的共赢共享。

环境优化，要巧妙做好“除法”。浦阳江流域内涉及的8个镇主打“生态牌”，牢牢把握治污、治岸、治水这三大抓手，通过强力推进“清三河”、除污染、堵源头等清水治污措施，共建共享生产、生态、生活“三生融合”的美丽新萧山。

当前，浦阳江水质明显改善，沿线“三河”全部消灭，已初显“一江秀水、两岸青山”的诗画江南好风光，为建设萧山南片生态经济区打下了坚实基础。

绘制蓝图——突显“五个三”的特点

治理中挥起“铁手腕”，蓝图里展望新美景。从规划来看，浦阳江治理工程主要有“五个三”的特点：

一是有三大治理板块，即堤防提标、滩地整治利用和水环境治理。通过治理建设，使境内55km堤塘防洪标准由目前的20年一遇提升到50～100年一遇，并对沿江两岸滩地进行整治利用和生态修复，将其规划成湿地公园、农业生态园等。

二是三大治理内容，即治洪保安全、治污保生态和治岸保环境。在全面提升浦阳江沿线堤塘、涵闸等水利设施防洪排涝能力的基础上，强势推进“三河”治理，深化“河长制”管理，并全力推进浦阳江沿线砂石关停、重污染企业关停等“五关停一改一集中”整治行动。

三是提升三通能力，即通水、通船和通路。通过实施江道拓宽、疏浚、滩地建筑物拆除等措施，着力提升浦阳江行洪通水能力，打通钱塘江、浦阳江、湘湖水上黄金旅游通道，实施堤路分离，构建堤顶慢行道和堤下交通抢险道双行通道，实现两岸道路全线贯通。

四是实现三个看，即水上看生态、堤上看景观、路上看发展的立体化整治格局。通过治理，使钱塘江、浦阳江、湘湖“三江一湖”生态旅游线路融为一体，进一步挖局“山水林田湖”的自然景观和人文景观。

五是达到三大突破，即达到建设理念、建设主体、建设资金的三个突破，使浦阳江治理工程治理理念从以往单一的堤塘建设，转变为集水利建设、旅游发展、生态环境于一体的综合治理。工程建设主体由以往的投资方、建设方向监管方、服务方转变。工程建设资金打破了以往水利项目建设由区财政投资的单一渠道，形成了省（部）级补助、区级财政和区交投集团融资“三驾马车”并驾齐驱的新模式。

绿水青山就是金山银山。浦阳江治理工程起点高、历时长、任务重，而通过蓝图中的生态“方程式”，以浦阳江为轴线，将沿江两岸自然、人文、绿色、特色、舒适等元素和资源整合融入浦阳江治理工程建设之中，则能够“乘”出更好的效果，实现浦阳江治理工程生态效益、经济效益和社会效益的共赢共享。

（4）河长制跨界治水。

1）诸暨建立了河长信息平台，实行了河长保证金制度。河长巡查实时在线，小河长大权威。巡查开始前河长先打开手机软件，该软件记录了一天巡查的结果和轨迹，如果是能解决的问题，河长及时处理掉；不能解决的通过手机上报到上一级河长协调解决。这种河长制管理系统就像千里眼将诸暨市市、镇、村三级河长的巡查轨迹与管理信息尽收眼底。

河长的巡河会有相应的轨迹、照片、日志都会上传到河长信息平台里，然后能一目了然地看到他什么时候去过、有没有达到要求。

在诸暨市，村、镇、市每一级河长都有自己的职责范围。各级总河长都由党政一把手担任，这样，镇级总河长抓产业整治时，就方便协调各方面关系：既能抓河里的水体治理，又能抓岸上的产业整治。不过，每一级河长都有自己的辖区界限，但是，河水是流动的，如果有污染，也会流动。上游治不好，下游就跟着遭殃。在全民参与重抓责任的环境下，诸暨将河长制的思路进一步创新，发展为全流域治理，与浦江县一起，上下游一盘棋，上游治好了，下游获益，治水不设圈地为牢的边界，真正实现共治。流水不腐，只有创新的治水思路才会既保证山青水碧，又保证产业兴旺，百姓安宁。

2）浦江县推行从县级领导到村级工作人员的多级“河长制”。近年来，浦江在“五水共治”工作中取得了良好的成绩。为进一步巩固“五水共治”成果，实现全民治水、铁腕治水、依法治水、科学治水的长效机制是后治水时期工作的重点，推行从县级领导到村级工作人员的多级“河长制”。以上率下、层层落实，不断健全治水长效机制。

浦江县河长制主要内容如下：

完善常态化的河长负责机制。不断完善以“河长制”为基础的组织领导和责任落实体制机制，健全治水长效体系。目前，浦江县完善形成了由 32 名县级河长统筹引领、64 名镇级河长落实推进、257 名村级河长常态监管、618 名保洁员日清日洁的四级管护格局，所有河流均配备了一名“河流警长”、一名“部门河长”，所有河流都设置了“河长制”公示牌和河流保洁监督公示牌，接受群众监督。制订了浦江县级、镇级“河长制”工作手册，明确责任人，完善河长责任制。建立每月定期分析水情制，县级河长召集各级河长分析问题，研究措施；建立问题“销号制”，对每条河流排污口、截污纳管、河流保洁等问题进行建档立库，确保及时有效解决。

强化常态化的问题处理机制。建立部门“河长制”、村级“塘长制”，促进工作下沉、责任到位；完善河长责任制，健全县级、镇级“河长制”工作手册，推行河长工作日志；实行微信交办机制，建立县、乡、村三位一体的微信交流工作群，实现问题反映“微上传”、任务交办“秒处理”、整改落实不过夜；联合执法严惩制，依法从严从快从重打击各类环境违法行为。

建立常态化的督查问责机制。严格执纪问责、厉行污染监管，是推动“五水共治”落到实处的有力保障。成立多部门联合督查工作组，加强明察暗访、追查问责。由县政府分别同 32 个部门、15 个乡镇（街道）、开发区签订生态县建设暨“五水共治”目标责任书，把“五水共治”工作纳入各单位综合考评、领导班子年度实绩考核范围。完善《浦江县河流地表水江段长制度考核办法》，明确全县 2 条干流、51 条支流、73 个断面水质目标，落实责任人员，对水质反弹、达不到考核目标要求的江段长由县委县政府进行约谈、问责。按照“问题到点、执法到面、督查到底”的要求，进一步完善全方位、全天候的督办问责机制，深入一线巡查监督，确保提水质工作落到实处，取得实效。由县人大、政协牵头，组织开展“已治理河流”监督活动，充分动员各级代表委员“问水”

在一线，履职在一线。由县纪委、组织部、考评督查办牵头，对全县治水工作不力的责任单位和责任人进行追查追责，问责到底。由县“五水共治”办牵头，组织16个督查组进行轮番明察暗访，对履职不力的江段长、支流长约谈问责、停职交流，取消评优评先资格，扣发责任奖。

【13】彰显生态理念 让河流靓起来——平阳县中小河流治理重点县建设纪实

“河流不臭了，沿河设有景观亭，两岸进行了绿化，像个干净的小公园，经常来这里锻炼，真的不错”。清晨，家住平阳县下灶垟河附近的陈大伯沿着河边一边做着运动一边夸起了河流的整治效果。

平阳县中小河流治理重点县综合整治试点，涉及5个镇10个项目区共计150条、186km河流，下灶垟河是昆阳镇东片区的其中一条河流。自2012年入选试点后，平阳县高度重视，加强组织领导、健全工作机制，突出生态理念，强化整体推进，以清淤疏浚、岸坡整治、生态修复等为重点，多措并举，建管并重，倾力打造生态河流。目前，平阳境内主要县乡河流功能逐步得到恢复，水环境得到明显改善，初步实现“河畅、水清、岸绿、景美”的综合整治目标。

1. 注重河流生态打造亮点工程

冬日午后，漫步在黄山头河岸边，只见阳光下的黄山头河河面碧波荡漾，河岸整洁美观，草木葱郁，眼前的美景让人很难想象黄山头河脏乱差的过去。“以前这条河没整的时候，有很多养殖场污水直排入河，导致河流很脏，现在整治后，河水变清，环境也改善了，百姓反映都说很漂亮。”提起该河流脱胎换骨式的转变，黄山头村的村干部难掩喜悦之情。

自列入中小河流治理重点县项目后，黄山头河历经清淤疏浚、岸坡整治等一番大刀阔斧的整治。目前，该河流还采用生态浮岛修复技术，通过搭建水生植物浮船，利用水生植物能吸收水体中的氮、磷等有机污染物质的功能，使水质变清变好，成了治河的一个亮点。

注重采用新材料、新工艺、新技术，摆脱过去河流渠化、河岸硬化的传统治河模式，注重尊重河流自然面貌，平阳县中小河流治理重点县项目始终把“生态治河”理念贯彻全过程。根据河流的不同类型，平阳县因地制宜选择治理措施，包括水系沟通、河底清淤、河流清障、岸坡整治、堤防加固等，恢复并提升河流的综合功能。其中，在清淤疏浚方面，平阳县根据河流所处地理位置、淤泥形成原因等，注重运用生态清淤方法，设计了抓斗式、普通绞吸式，环保绞吸式、水力冲挖式等多种施工方案，因地制宜开展清淤工作。在坡岸整治方面，根据不同河段所处的地理位置、功能需求等因素，采取干砌石块护岸、斜坡假山式护岸、复式亲水台阶生态网格护岸等多种护岸方式，注重河流孔隙率及透水性，为水下小鱼小虾、水草的生长提供天然的生存环境，改善河流状况。

2. 强化整体推进统筹谋划治水

作为全国中小河流治理重点县，平阳县根据中央、省、市有关要求，通过统筹谋划、科学安排，一改以往下游治理上游脏的治水模式，实现水系连通、河流连片、同步治理。

腾蛟镇区片趁着水利冬休的有利时机，多处堰坝工程落实了施工事项。根据设计方案，该片区共修建 9 座堰坝来抬高水位，形成水面，从而实现水系联通，改善水生态。据县水利局相关负责人介绍，平阳县中小河流治理重点县项目包括山区河流和平原河流，其中山区河流调蓄功能相对较差，一到枯水期河流会出现断水等现象，影响河流生态环境；另外，平原河流部分穿村水系局部地段堵塞，形成了断头河，水流流动性差。通过修建堰坝、涵闸、引排水沟渠、打通断头河等水系沟通工程，不仅能增强河流调蓄功能，还能畅通水网，形成一盘棋治水的局面。与此同时，平阳县把中小河流治理与五水共治、美丽乡村建设、农村生活污水治理、滨水公园建设等当前重点工作结合起来，打破原有千篇一律的治理模式。平阳县还率全市之先提出拆违、治污、护岸、河流清理、绿道建设和滨水小公园打造等“六位一体”综合整治理念，系统推进河流综合整治。

万全镇岭下村以岭下河列入中小河流治理重点县项目为契机，全面启动该村农村生活污水处理设施建设等工作。“污染在河里，根源在岸上。自列入中小河流治理重点县项目后，我们村统筹推进农污、农村垃圾收集等工作，积极推进美丽乡村建设。”据该村党支部书记陈玉林介绍，以前岭下村的部分生活污水直接排入河道，通过统筹推进河流治污和农污处理设施建设，村里的环境变美了。

萧江镇直浃河村的直浃河穿村而过，是该镇镇区范围内的一条河流。近年来，由于村庄发展，越来越多的村民开始占用河流，在河上建房子盖厂房，河流被 50 多间违建所霸占，占地约 3500m^2。自纳入中小河流治理重点县项目后，该镇抢抓机遇、克难攻坚，拆除了沿岸的违建，为村庄建设创造良好环境。“直浃河的拆违工作已基本结束，下一步继续做好直浃河生态河流整治的文化提升工作。”该镇负责人说，此次直浃河拆违不仅为市民打造了一个良好的清水平台，而且也提升了城镇的整体形象。

随着工程的继续推进，如何丰富河流文化内涵已经摆上议程。“茶文化是我们垟教村的特色，接下来要在沿河设置些茶具等设施，当作村文化宣传阵地。”据介绍，与垟教村一样，平阳中小河流治理重点县项目治理河流流经的不少村庄都有自己的当地特色，平阳县早在当初的设计规划中，就把加强河流水文化建设纳入方案设计内容，努力将河流建设成为传承地方民俗风情的新节点，成为彰显地方历史文化的新载体。

3. 落实长效管护机制巩固河流整治成果

沿着河边行走，原先一条条淤积严重、河岸破坏严重、河里飘着垃圾的河流已经换了容颜，映入眼帘的是一幅幅水清、岸绿、精美的乡村画卷。“中小河流治理重点县项目是改变村庄面貌的一个契机，这些河流基本都是容易被忽视的农村小河流，以前可能由于资金等困难，就拖在那里没有整治，或者整治后又反弹了。目前的成绩来之不易，这也提醒我们要做好管护工作。”据县水利局有关人员介绍。

在河流养护、保洁、管理方面，平阳县推行“五位一体”河流管理模式，实行属地管理，按照“村级实施、乡镇主管、水利部门督查、县政府考核”的四级管理模式运作。一方面，建立健全监督考核机制和运行管理制度，明确管护责任人、管理范围和职责。严格落实河长制和警长制，在河流醒目位置设置“河流管理公示牌”，上面清楚地书写着河流名称、长度以及河长姓名和职责等，并标明联系电话，接受群众监督，确保河长守河有责、护河尽责；建立河面长效保洁机制，各乡镇成立保洁队伍，村里聘请保洁员，对河流进行日常管护。另一方面，充分动员全社会力量参与护水，发挥志愿者、市民监督团等队伍，传播绿色生态理念，带动更多人惜水护水。此外，水利部门定期组织工作人员对河流保洁情况进行督查，发现问题，及时督促有关部门和人员落实整改。

据平阳县水利局相关人员介绍，近期，平阳县以成功入选全国河湖管护体制机制创新试点为契机，正在大力探索创新河流管护的体制机制建设，这也为做好中小河流治理重点县项目的管护工作带来了利好。

目前，该工程昆阳镇东片项目区已完工验收，万全镇郑楼宋桥片项目区主体工程已基本完成，其他项目区正在有序推进。项目建成后，将直接受益村庄数有 178 个，受益总人口达到 27.4 万人，改善灌溉面积 28.5 万亩。

第 7 章

河湖生态系统治理的经验

7.1 治理误区

世界上大部分河湖治理都经历了从“被动防御，抵抗洪水”到“科学规划，依法治河湖”两个阶段。对天然河湖的人工改造为人类带来巨大利益的同时，也不可避免地对河湖的生态环境造成了无法估计的破坏。一些国家在经济发展过程中，为了抵御洪灾建造了大量的硬质挡墙和护岸，污染物无序排放也造成了严重的河湖污染，河湖传统开发治理模式显现出越来越多的弊端。20 世纪 90 年代，很多西方国家对破坏河湖自然环境的做法进行了反思，逐步对遭受破坏的河湖自然环境重新进行修复，在欧洲，许多国家正积极拆除六七十年代建设的钢筋混凝土河堤，修建生态岸堤，进行污染治理，恢复河湖形态。这些措施取得了良好的效果。

目前，河湖生态治理的理念是大势所趋，这也是本书所倡导的，但由于我国大部分地区的河湖治理经验不足，容易出现很多误区。

1. 污染源治理与生态治理不同步

大部分河湖水质恶化的主要原因是沿线点源和面源的排入。河湖生态治理设计时，有些设计往往只关注生态措施的应用，而对引起水质恶化的源头未采取措施，污染源治理与生态治理不同步，治标而不治本，采用再多的治理措施也达不到好的效果，无法体现河流生态治理的精神和目标。

因此，在设计时应分析河湖的主要污染来源，并对主要污染源采取截流纳管、就地处理、沟渠净化、湿地净化等措施，有效降低入河湖污染物量后再开展生态治理，这样才能事半功倍。

2. 不重视河湖的流通问题

“流水不腐”体现了流动水体的净化能力及水质维持能力。但是，有些设计不重视河湖的流通问题，对断头浜或者不流通的水体，根据现场情况采取生态护岸、植物构建、强化净化等生态措施，以期达到改善水质的目标。这些措施可能会达到预期的效果，但其稳定性不能保证，且运行维护管理工作量较大，运行费用高。

故设计时应积极探寻水体流动的方案，如：水系连通，利用涵管、新开挖沟渠等连通水系；水体循环，采用循环泵、搅拌机等改善水体流态，将水体循环流动起来；合理调度，利用外河水位差使水体流动，充分利用流水的自净能力及水质维持能力改善水质。

3. 过度强调陆域景观设计

陆域景观能充分展现河流的治理效果，给人们留下美好的印象，而水生生态系统位于水下，肉眼难以判别其好坏，也无法判定水质改善程度。因此，有些设计过度强调陆域景观设计，将生态治理的资金大部分用于陆域景观的建设，将陆域绿化带设计的主题鲜明、美轮美奂，而忽视水下生态的构建，本末倒置，偏离了河流生态治理的总目标。

陆域景观园林化和景观化并不意味着生态化，思想要从“注重景观”转变到“生态与景观并重”，加强陆域及水域生态理念的体现，特别是要发挥陆域绿化的生态拦截缓冲功能。

4. 河湖本底调查不全面

传统的河湖治理本底调查主要收集水文、泥沙、地质、规划、征地移民、地形等方面的资料。河湖生态治理除以上资料外，还需要对河湖的污染源、水质、水生态、底泥、陆域植物群落、水工构筑物调度运行等资料进行收集，必要时还需对水质、水生态、底泥等开展补充监测和调查。目前，大部分河湖生态治理时很少对河湖本底进行全面调查，至多收集水质方面的资料，对其余资料收集较少，或者仅收集不到相关的资料，而补充调查费用较高，建设方不愿意承担。

因此，河湖本底资料不全面，很难对河湖生态系统存在的问题进行正确诊断，无法说明生态系统受损及缺失的主导原因，则很难根据实际情况制定出针对性强、可行性好的生态治理方案。

5. 忽视其他生境的构建

目前，从事河湖生态治理的设计单位大部分是水利行业的，许多单位尚未配套生态、环境专业方向，或者仅有从事生态、环境设计的人员，对河湖生态治理内涵理解不够深刻，部分设计人员认为河湖设置了生态型护岸就是进行了生态治理，配上植物治理后就是生态河湖了，其他的均按照规划断面进行设计，忽视其他生境的构建。

河湖生境包含平面形态、断面形式、护岸材料、河（湖）底生境等，这些组合在一起才能形成连续而多样的生境基底，为水生动植物提供适宜的栖息环境。生态护岸只是河湖生境构建的一部分，重视它的建设而忽视其他与之密切相关的生境的构建，达不到生境多样的目标，水生动植物生存仍会受到较大限制，制约了生态系统完整性的构建。

6. 生态护岸与周边功能定位不符

生态河湖建设中，采用了许多新型建筑材料来替代传统的水泥和混凝土构建护岸或挡墙，在提高河湖美观效果的同时，也增加了水陆系统的交互性，体现了新材料的生态亲和性。亲水性材料多种多样，主要有天然材料（木桩、柳枝、土坡等）、生态织物（生态袋、椰壳纤维毯等）、格宾网，土工合成材料（土工格栅、土工网等）、多孔性生态砌块等，这些材料外形及特征均不相同。有些设计在河流穿越农村段采用较为刚性的护岸材料，使河流看起来较为生硬，与周边地块景观不相容；而在城镇区域的护岸中使用柳枝等材料，虽然生态性较好，但是城镇人口密集，安全性相对较差。

因此，设计人员在选用护岸材料时，一定要先掌握河湖周边的地块功能，选择与之配套的护岸材料，才能凸显出河湖的生态性。

7. 随意配置水生植物

相邻河湖的水质及水生动植物的生长情况受入河湖污染源不同、河（湖）底地形各异及人类干扰等影响表现出不同的特性。有些设计人员对于同一个地区内的河流，不探究生态系统受损的主要原因，不考虑其水质、水生态现状的差异和对现有植物的保留及保护，配置的水生植物基本是一致的，无法体现河湖生态治理的特点，不利于植物群落的恢复和生态系统的构建。

8. 完全排斥使用硬质挡墙

传统河湖治理中硬质挡墙的使用，阻隔了水陆生态系统的物质、能量交换，从生态角度来看弊端较大。但是，硬质挡墙结构安全性好，占地面积小，优势也很突出。河湖生态治理是在确保防洪安全性的前提下实施生态措施的，防洪是河湖的基本功能，护岸结构稳定性是第一位的。

河流生态治理中如遇到河流窄、过流量大的河段，为了确保护岸安全，无须完全排斥硬质材料，可适当使用硬质挡墙或硬质材料与生态材料组合而成的挡墙结构。同时，在局部河段设置生态补偿区，适当放宽河流，采用亲水性好的生态型材料建设护岸，使河段的水陆物质能量交换集中在该区内予以补偿。

7.2 观点

我国传统的河湖治理一直以“除水害、兴水利”为目标，主要是对河湖进行清淤、建设或者加固堤岸，对河流裁弯取直、修筑大坝、开挖河道，辅以河流岸坡的水土保持等一系列工程措施。这些措施虽然能满足人们对于防洪、排涝、供水、灌溉、娱乐、航运等多种需求，但也可能带来严重的负面影响。河湖生态治理的理念是大势所趋，虽然问题、误区很多，但经过共同努力、不断总结，坦然面对出现的误区，避免让他人再走弯路才是可持续发展的方向。全国各地在河湖生态治理的探索中产生出了比较好的经验与实践，为生态河湖建设起到了很好的示范作用，但工程设计上依旧还有误区存在，值得进一步探讨和完善，需要不断地深入研究，营造出人与自然真正和谐相处的生态河湖。

在城市发展进程中，河（湖）岸滨水区的健康发展是每个开发者不可回避的问题，天生丽质的河湖生态水系、自然优美的山水景观是需要人类予以关爱与保护的。未雨绸缪，高瞻远瞩地去认识和保护身边的河湖，而不是“亡羊补牢”地花费巨资去修复，这是城镇化加速发展道路上需要认真思考的问题。

参 考 文 献

[1] 卓未龙．我国城市河道综合治理的发展新趋势［J］．经济师，2017（4）：67-68.

[2] 江苏省地方志编纂委员会．江苏省志·水利志［M］．南京：江苏古籍出版社，2001.

[3] 朱玫．且行且思，太湖治污走上攻关路［J］．环境经济，2013（7）：40-46.

[4] 董哲仁．生态水利工程原理与技术［M］．北京：中国水利水电出版社，2007.

[5] 董哲仁．论水生态系统五大生态要素特征［J］．水利水电技术，2015，46（6）：42-47.

[6] 贾兵强，朱晓鸿．图说治水与中华文明［M］．北京：中国水利水电出版社，2015.

[7] 王站付，胡鑫．河流生态健康评价在生态河流建设中的重要意义［J］//中国（国际）水务高峰论坛——2014河湖健康与生态文明建设大会论文集［C］．2014.

[8] 曾德惠，姜风岐，范志平，等．生态系统健康与人类可持续发展［J］．应用生态学报，1999，10（6）：751-756.

[9] 卢志娟，裴洪平，汪勇．西湖生态系统健康评价初探田［J］．湖泊科学，2008，20（6）：802-805.

[10] 尹志杰，刘晓敏，陈星．湖岸带健康状况综合评价与生态环境保护——以常熟市南湖荡为例［J］．安徽农业科学，2011，39（6）：3485-3487.

[11] 袁辉，工里奥，黄川，等．三峡库区消落带保护利用模式及生态健康评价［J］．中国软科学，2006（5）：120-127.

[12] 汪兴中，蔡庆华，李风清，等．南水北调中线水源区溪流生态系统健康评价［J］．生态学杂志，2010，29（10）：301-308.

[13] 尤洋，等．温榆河生态河流健康评价研究［J］．水资源与水工程学报，2009，20（3）：19-24.

[14] 孟伟，等．河流生态调查技术方法［M］．北京：科学出版社，2011.

[15] 刘春．浙江省山溪型近自然河流建设探析［J］．中国园艺文摘，2013（5）：93-94.

[16] 陈庆锋，郭贝贝．我国北方山区河流生态综合治理模式探究［J］//2015年水资源生态保护与水污染控制研讨会论文集［C］．2015：238-243.

[17] 虞国华，王武．浅述山溪性河流生态构建技术［J］．浙江水利科技，2008（4）：28-29.

[18] 汤金顶，严杰．浙江省平原河流生态修复模式初步研究［J］．浙江水利科技，2011（3）.

[19] 杨桂山，等．中国湖泊现状及面临的重大问题与保护策略［J］．湖泊科学，2010，22（6）：799－810.

[20] 刘信勇，关靖，等．北方河流生态治理模式及实践［M］．郑州：黄河水利出版社，2016.

[21] 邹琼，张筏鹏，鲜英．净水剂在滇池蓝藻清除部分应急工程中的应用［J］．云南环境科学，2000，19（4）：37－39.

[22] 余冉，吕锡武，费治文．富营养化水体藻类和藻毒素处理研究［J］．环境导报，2002（4）：12－16.

[23] 徐颖．苏南地区航道底泥重金属污染评价和处置对策［J］．环境保护科学，2001，27：33－34.

[24] 田伟君．生物膜技术在污染河道治理中的应用［J］．环境保护，2003（8）：19－21.

[25] 陈小刚．流域污染源治理的工程体系构建［J］．环境工程技术学报，2016，6（2）：180－186.

[26] 徐建安，等．水系连通性对水生态的影响［J］．城市建设理论研究，2013（35）：50.

[27] 徐祖信．河流污染治理技术与实践［M］．北京：中国水利水电出版社，2003.

[28] 贾海峰．城市河流环境修复技术原理及实践［M］．北京：化学工业出版社，2017.

[29] 侯新，张军红．水资源涵养与水生态修复技术［M］．天津：天津大学出版社，2016.

[30] 韩玉玲．河道生态建设——河道植物资源［M］．北京：中国水利水电出版社，2009.

[31] 牛贺道．城市生态河流规划设计［M］．北京：中国水利水电出版社，2017.

[32] 夏品华，林陶，张邦喜．梯级滞留塘/人工湿地组合工艺处理山区污染河水［J］. 中国给水排水，2012，28（17）：88－90.

[33] 王少军．塞纳河—诺曼底流域水环境修复之路［J］. 中国水利，2007，11：51－54.

[34] 北极星环境修复网．贵阳南明河的生态治理之路 河道硬化与生态之间的抉择［EB/OL］.［2016－04－13］. http：//huanbao. bjx. com. cn/news/20160413/724320. shtml.

[35] 威海水利．日韩两国河流整治工程借鉴作用［EB/OL］.［2017－09－12］. http：//www. sohu. com/a/191551076_99926945.

[36] 北极星环境修复网．让你想家的河流治理——日本紫川［EB/OL］.［2016－03－01］. http：//huanbao. bjx. com. cn/news/20160301/711978. shtml.

[37] 北极星环境修复网．瑞士 25 年河流生态保护与治理经验［EB/OL］.［2016－02－25］. http：//huanbao. bjx. com. cn/news/20160225/710860. shtml.

[38] 北极星环境修复网．清潩河污染现状与整治对策［EB/OL］.［2016－02－01］. http：//huanbao. bjx. com. cn/news/20160201/706041. shtml.

[39] 北极星环境修复网．北方城市近郊河流再生样板 山西晋城丹河综合整治［EB/OL］.［2016－01－11］. http：//huanbao. bjx. com. cn/news/20160111/699989. shtml.

[40] 北极星环境修复网．江苏南通地区河道生态修复 手段切实可行的实践案例［EB/OL］.

[2015－12－24]. http://huanbao. bjx. com. cn/news/20151224/694872. shtml.

[41] 北极星环境修复网．生态修复长广溪 我们来把关[EB/OL]. [2016－01－07]. http://huanbao. bjx. com. cn/news/20160107/699024. shtml.

[42] 方亮．浦阳江治理[EB/OL]. [2014－05－29]. https://hzdaily. hangzhou. com. cn/hzrb/html/2014－05/29/content_1735431. htm.

[43] 平阳县水利局．彰显生态理念 让河道靓起来——平阳县中小河流治理重点县建设纪实[EB/OL]. [2015－03－09]. http://info. cjk3d. net/viewnews－1002289.